Lösungsheft

Mathematik *plus*
Gymnasium Klasse 8
Berlin

Herausgegeben von
StD Dietrich Pohlmann und Prof. Dr. Werner Stoye

Autoren:
Susanne Bluhm, StD Karl Udo Bromm, OStR Robert Domine, Angela Eggers,
Prof. Dr. Marianne Grassmann, Gerd Heintze, Erika Hellwig, Dr. Gerhard Koenig,
StD Peter Krull, StD Jochen Leßmann, Heidemarie Rau, Stefan Rudeck,
OStD Dieter Rüthing, Matthias Schubert, Dr. Uwe Sonnemann, Prof. Dr. Werner Stoye
unter Mitarbeit von Dr. Tilman Pehle und Axel Siebert

Redaktion und technische Umsetzung: Axel Siebert

www.cornelsen.de
www.vwv.de

Unter der folgenden Adresse befinden sich multimediale Zusatzangebote
für die Arbeit mit dem Schülerbuch:
www.cornelsen.de/mathematik-plus
Die Buchkennung ist **MPL 009458**

Die Internet-Adresse und -Dateien, die in diesem Lehrwerk angegeben sind,
wurden vor Drucklegung geprüft (Stand Februar 2007).
Der Verlag übernimmt keine Gewähr für die Aktualität und den
Inhalt dieser Adressen und Dateien oder solcher, die mit ihnen verlinkt sind.

1. Auflage, 1. Druck 2007

© 2007 Cornelsen Verlag, Berlin

Das Werk und seine Teile sind urheberrechtlich geschützt.
Jede Nutzung in anderen als den gesetzlich zugelassenen Fällen bedarf der
vorherigen schriftlichen Einwilligung des Verlages.
Hinweis zu § 52 a UrhG: Weder das Werk noch seine Teile dürfen ohne eine
solche Einwilligung eingescannt und in ein Netzwerk eingestellt werden.
Dies gilt auch für Intranets von Schulen und sonstigen Bildungseinrichtungen.

Druck: Druckhaus Berlin-Mitte

ISBN 978-3-06-009468-4

 Inhalt gedruckt auf säurefreiem Papier aus nachhaltiger Forstwirtschaft.

Inhalt

	Seite
Vorbemerkungen	5
Terme und Gleichungen	**8**
Variablen und Terme (Schulbuchseiten 6 bis 9)	9
Struktur von Termen; Termwertberechnungen (Schulbuchseiten 10 bis 14)	11
Addition und Subtraktion von Termen (Schulbuchseiten 15 bis 19)	13
Multiplikation von Termen (Schulbuchseiten 20 bis 27)	16
Das Pascalsche Dreieck (Schulbuchseiten 28 bis 29)	21
Bruchterme (Schulbuchseiten 30 bis 35)	22
Nutzung von Variablen in mathematischen Beweisen (Schulbuchseiten 36 bis 39)	26
Unser Thema: Programmierung mathematischer Algorithmen (Schulbuchseiten 40 bis 47)	29
Lösen einfacher Gleichungen und Ungleichungen (Wiederholung) (Schulbuchseiten 48 bis 51)	36
Gleichungen mit Klammern (Schulbuchseiten 52 bis 55)	37
Lösen von Sachaufgaben (Schulbuchseiten 56 bis 59)	39
Bruchgleichungen (Schulbuchseiten 60 bis 63)	40
Gleichungen mit Parametern (Schulbuchseiten 64 bis 65)	41
Umstellen von Formeln (Schulbuchseiten 66 bis 67)	44
Ungleichungen (Schulbuchseiten 68 bis 69)	45
Bruchungleichungen (Schulbuchseiten 70 bis 71)	46
Teste dich! (Schulbuchseiten 72 bis 73)	47
Funktionen	**50**
Zuordnungen und Funktionen (Schulbuchseiten 76 bis 79)	51
Darstellen von Funktionen (Schulbuchseiten 80 bis 88)	54
Proportionale und antiproportionale Zuordnungen (Schulbuchseiten 89 bis 92)	59
Lineare Funktionen (Schulbuchseiten 93 bis 96)	61
Eigenschaften linearer Funktionen (Schulbuchseiten 97 bis 106)	62
Die Betragsfunktion (Schulbuchseite 107)	68
Monotonie und Nullstellen (Schulbuchseiten 108 bis 109)	70
Teste dich! (Schulbuchseiten 110 bis 111)	71
Zufallsversuche	**73**
Daten, Stichproben, Häufigkeiten (Wiederholung) (Schulbuchseiten 114 bis 115)	74
Zufallsversuche und Ereignisse (Schulbuchseiten 116 bis 121)	75
Häufigkeiten und Wahrscheinlichkeiten (Schulbuchseiten 122 bis 127)	78
Unser Thema: Simulation mit Zufallszahlen (Schulbuchseiten 128 bis 135)	82
Mehrstufige Zufallsversuche und Baumdiagramme (Schulbuchseiten 136 bis 141)	85
Teste dich! (Schulbuchseiten 142 bis 143)	89
Körper und Figuren	**91**
Ermittlung des Erdumfangs (Schulbuchseite 146)	92
Umfang von Kreisen (Schulbuchseiten 147 bis 148)	92
Flächeninhalt von Kreisen (Schulbuchseiten 149 bis 151)	93
Historisches: Zur Geschichte der Kreiszahl π (Schulbuchseiten 152 bis 153)	94
Prismen und Pyramiden (Schulbuchseiten 154 bis 158)	95
Darstellung von Prismen und Pyramiden durch Schrägbilder (Schulbuchseiten 159 bis 163)	98
Netze von Prismen und Pyramiden (Schulbuchseiten 164 bis 166)	103
Kreiszylinder und Kreiskegel – Grundbegriffe (Schulbuchseiten 167 bis 170)	105
Zweitafelbilder (Schulbuchseiten 171 bis 174)	107
Flächeninhalt von Dreiecken, Vierecken und anderen ebenen Figuren (Wdh.) (Schulbuchseiten 175 bis 176)	111
Oberflächeninhalt und Volumen von Prismen (Schulbuchseiten 177 bis 181)	111
Oberflächeninhalt und Volumen von Pyramiden (Schulbuchseiten 182 bis 183)	113

Oberflächeninhalt und Volumen von Kreiszylindern (Schulbuchseiten 184 bis 186) ... 114
Darstellung und Berechnung zusammengesetzter Körper (Schulbuchseiten 187 bis 189) ... 116
Lesen einfacher technischer Zeichnungen (Schulbuchseiten 190 bis 191) ... 119
Teste dich! (Schulbuchseiten 192 bis 193) ... 120

Lineare Funktionen und lineare Gleichungssysteme ... **122**
Funktionen als mathematische Modelle (Schulbuchseiten 196 bis 197) ... 123
Anwendungen linearer Funktionen (Schulbuchseiten 198 bis 201) ... 125
Lineare Gleichungen mit zwei Variablen (Schulbuchseiten 202 bis 205) ... 128
Lineare Gleichungssysteme mit zwei Variablen (Schulbuchseiten 206 bis 209) ... 131
Das Gleichsetzungs- und das Einsetzungsverfahren (Schulbuchseiten 210 bis 213) ... 135
Das Additionsverfahren (Schulbuchseiten 214 bis 216) ... 139
Systeme linearer Ungleichungen (Schulbuchseiten 217 bis 221) ... 143
Lineare Gleichungssysteme mit mehr als zwei Variablen (Schulbuchseiten 222 bis 224) ... 150
Anwendungsaufgaben (Schulbuchseiten 225 bis 227) ... 152
Teste dich! (Schulbuchseiten 228 bis 229) ... 153

Übungen und Anwendungen ... **154**
Heuristische Strategien (Schulbuchseiten 232 bis 234) ... 154
Zahlenspielereien (Schulbuchseite 235) ... 157
Umwelt und Verkehr (Schulbuchseiten 236 bis 237) ... 158
Gesundheit: Alkohol – die Alltagsdroge (Schulbuchseiten 238 bis 239) ... 159
Rund ums Bauen (Schulbuchseiten 240 bis 241) ... 161
Aus der Welt des Sports (Schulbuchseite 242) ... 162
Ganz schön knifflig (Schulbuchseite 243) ... 162
Na so ein Zufall... (Schulbuchseiten 246 bis 248) ... 163

Anhang: Vergleich der Inhalte des Rahmenlehrplans mit dem Schulbuch ... **165**

Vorbemerkungen

Das Schulbuch *Mathematik plus* für die Klassenstufe 8 Berlin gehört zu einem Lehrwerk, das passgenau für den neuen *Rahmenlehrplan Sekundarstufe I Gymnasium Mathematik* (erschienen 2006) entwickelt wird. Zusammen mit dem Schulbuch *Mathematik plus* für die Klassenstufe 7 Berlin und den zu beiden Büchern gehörigen Lehrer- und Ergänzungsmaterialien liegt damit ein Angebot des Cornelsen Verlages zur Realisierung des neuen Rahmenlehrplans für die Doppeljahrgangsstufe 7/8 in der Unterrichtspraxis vor.

Welche Intentionen hat der neue Rahmenlehrplan Mathematik für Berlin?

Die neuen Rahmenlehrpläne sind die Grundlage für die Umsetzung der von der Kultusministerkonferenz beschlossenen und für alle Bundesländer zum verbindlichen Bildungsziel erklärten *Bildungsstandards* im Land Berlin. Der Beitrag des Faches Mathematik zur allgemeinen Bildung liegt danach besonders in den folgenden allgemeinen fachlichen Zielen:

- Entwickeln von Problemlösefähigkeiten
- Entwickeln eines kritischen Vernunftgebrauchs
- Entwickeln des verständigen Umgangs mit der fachgebundenen Sprache unter Bezug und Abgrenzung zur alltäglichen Sprache
- Entwickeln des Anschauungsvermögens
- Erwerben grundlegender Kompetenzen im Umgang mit ausgewählten mathematischen Objekten

Welche Besonderheiten des neuen Rahmenlehrplans Mathematik waren zu berücksichtigen?

a) Stoffauswahl und Gliederung
Der neue Rahmenlehrplan ist als Doppeljahrgangsstufenplan abgefasst. Er formuliert Wissensstandards und Kompetenzstandards jeweils für das Ende der Doppeljahrgangsstufen 7/8 und 9/10.
Darüber hinaus wird der zu vermittelnde Stoff detailliert in Form von Schüleraktivitäten aufgelistet, und zwar gebündelt in Pflichtmodule und Wahlmodule. Die Reihenfolge der Module ist nicht vorgeschrieben – gewisse Vorgaben bestehen nur für das 1. Halbjahr der Klasse 7. Insbesondere können die Module nicht ohne weiteres als sinnvolle Unterrichtseinheiten angesehen werden; sie gliedern den Stoff vielmehr unter übergeordneten Gesichtspunkten wie etwa „Mit Funktionen Beziehungen und Veränderungen beschreiben" oder „Mit Variablen, Termen und Gleichungen Probleme lösen" etc. Die Schulbücher *Mathematik plus* machen einen konkreten Vorschlag zur Umsetzung des Lehrplans in die Unterrichtspraxis. Dieser Vorschlag basiert auf langjähriger Unterrichtserfahrung und ist wohldurchdacht, lässt aber dennoch im Sinne des Lehrplans gewisse Freiheiten vor allem in der Stoffauswahl und Reihenfolge zu. Den direkten Vergleich mit dem Lehrplan ermöglichen die Übersichtstabellen am Ende dieser Handreichung. Spezielle Hinweise zum Aufbau des Buches für die Klassenstufe 8 folgen weiter unten.

b) Leitideen
Der neue Berliner Rahmenlehrplan Mathematik ordnet die einzelnen mathematischen Gegenstände zentralen Leitideen unter. In der Regel kann ein und derselbe Stoff – und sogar ein und dieselbe Aufgabe – unter verschiedenen Leitideen gesehen werden. Die blaue Fußzeile der meisten Seiten von *Mathematik plus* gibt daher nur eine grobe Tendenz an, welche Leitidee auf der betreffenden Seite im Vordergrund steht. Es handelt sich um eine zusätzliche Orientierungshilfe, nicht um eine verbindliche Klassifikation.

c) Behandlung der Wahlbereiche in der Reihe *Mathematik plus*
Die Wahlbereiche W1 bis W4 des Rahmenlehrplans erfüllen nach unserem Verständnis zwei unterschiedliche Funktionen: Einerseits die Ausgliederung zwar mehr oder weniger „gewöhnlichen", trotzdem verzichtbaren Unterrichtsstoffs zum Zwecke der Entlastung des Unterrichts von einer übergroßen Stofffülle, andererseits die Bereicherung des Unterrichts um interessante und zunehmend wichtige Stoffgebiete, die zurzeit noch etwas abseits vom üblichen Schulstoff liegen.

Zur ersteren Kategorie gehören in der Doppeljahrgangsstufe 7/8 die Wahlmodule W2, W3 und W4, deren Inhalte in *Mathematik plus* enthalten sind in den Kapiteln „Geometrie in der Ebene" (W3 und W4; Klasse 7), „Körper und Figuren" (W2; Klasse 8) und in dem Abschnitt „Unterhaltsame Geometrie" (W3; Klasse 7). Wenn diese Dinge behandelt werden, dann nach unserer Überzeugung am besten in ihrem natürlichen Umfeld – deshalb die Entscheidung, diesen Wahlthemen im Buch keine gesonderten Kapitel zu widmen.

Zur zweiten Kategorie gehört in der Doppeljahrgangsstufe 7/8 das Wahlmodul W1, das eine an praktischen Anwendungen orientierte Einführung in die Graphentheorie vorsieht. Wir haben entschieden, diesem Thema und seiner Fortführung in Klasse 10 (Wahlmodul W1 9/10) eine gesonderte Veröffentlichung zu widmen.

Wie setzt das Lehrwerk Mathematik plus die allgemeinen fachlichen Ziele und die didaktischen Grundsätze des Lehrplans um?

Mathematik plus 8 bietet ein **sorgfältig ausgearbeitetes Aufgabenangebot**, insbesondere offene Einstiegsaufgaben und viele Aufgaben in Form von Arbeitsaufträgen oder kleinen Projekten.
Die Grundanlage des Schulbuchs zielt auf einsichtiges Lernen von Mathematik. Aufgaben führen an den Lehrstoff heran und vertiefen ihn auch. Dabei entscheidet vor allem die aktive, tätige Auseinandersetzung mit den Problemen über den Erkenntnisgewinn der Schülerinnen und Schüler. Deshalb werden sie immer wieder aufgefordert, sich mit Argumenten auseinanderzusetzen, etwas auszuprobieren, etwas zu begründen, mit anderen Schülerinnen und Schülern etwas gemeinsam zu untersuchen oder zu diskutieren.

Das **umfangreiche Übungsangebot** gewährleistet, dass einmal Verstandenes in den Fällen, in denen es notwendig ist, auch in Richtung sicherer Fertigkeiten entwickelt werden kann.
Auf einigen Seiten findet der Nutzer auch **Aufgaben zur Wiederholung**. Diese Aufgaben sind nicht unmittelbar mit dem Lehrstoff der entsprechenden Seite verknüpft. Sie sind als Angebot für Übungen zur Wiederholung von Grundkenntnissen und Grundfertigkeiten gedacht, die z.B. in Form von täglichen Übungen gestaltet werden können.

In **kontextbezogenen „Methodenkästen"** werden Arbeitsmethoden (z. B. Strategien zum Lösen von Sachproblemen, Internetrecherche, etc.) schülergerecht dargestellt.

„Teste dich!"-Seiten am Ende eines jeden Kapitels bieten den Schülerinnen und Schülern die Möglichkeit der Selbstüberprüfung. Für die Lösung der hier angebotenen Aufgaben werden alle im vorangegangenen Kapitel erworbenen Fertigkeiten und Fähigkeiten benötigt. Die Lösungen dieser Aufgaben befinden sich im Anhang des Buches.

Fächerübergreifende Sonderseiten und zahlreiche Projektvorschläge stellen den vom Rahmenplan geforderten Alltagsbezug her und ermöglichen vielfältige Vernetzung mathematischer und außermathematischer Inhalte.

Wie in den vorangegangenen Bänden der Reihe *Mathematik plus* wird auch in *Mathematik plus 8* der Einsatz moderner Rechenhilfsmittel an passenden Stellen angeregt. Das betrifft diesmal besonders den Einsatz von **grafikfähigen Taschenrechnern** oder von **CAS** bei der Umformung von Termen und beim Lösen von Gleichungen.
Ein Schwerpunkt im Zusammenhang mit moderner Rechentechnik kann mit den Sonderthemen „Programmierung mathematischer Algorithmen" und „Simulation mit Zufallszahlen" auf die Erstellung eigener einfacher Programme gelegt werden. Methoden- und Medienkompetenz werden dadurch in besonderem Maße gefördert.
Alle diese Angebote tragen dazu bei, die Beschäftigung mit Mathematik motivierter, beziehungsreicher, bedeutungsvoller und damit auch einsichtiger zu machen.

Die Randspalte auf den Schulbuchseiten enthält Zusatzinformationen, Erläuterungen, Tipps, Hinweise und Anregungen. Sie lockern die Seiten auf und ziehen auch den Blick auf sich. Da sie meistens recht kurz sind, werden sie auch eher von den Schülerinnen und Schülern ohne ausdrückliche Aufforderung gelesen.

Das **schulbuchbegleitende Arbeitsheft** liefert eine Fülle von zusätzlichen Aufgaben, die zum Teil im Sinne täglicher Übungen bzw. permanenter Wiederholungen konzipiert sind, und so den erarbeiteten Lehrstoff nachhaltig festigen können. Das Arbeitsheft enthält aber auch Anwendungs- und Vernetzungsaufgaben, die helfen, Problemlösestrategien und Methodenkompetenz weiter zu festigen.

Hinweise zum Aufbau des Schulbuches

Das Schulbuch ist in Kapitel und diese wiederum sind in Lerneinheiten untergliedert. Jede mit einer Überschrift versehene Lerneinheit beginnt mit mindestens einer Einstiegsaufgabe, die an das Thema der Lerneinheit heranführen will. Man kann diese Aufgabe direkt oder als Anregung zum Einstieg nutzen oder aber auch eine ganz andere Hinführung zum Thema wählen.

Die angebotenen Aufgaben sind durch einen farbigen Streifen unter der Aufgabennummer zur groben Orientierung des Aufgabenniveaus gekennzeichnet:

grün   Aufgaben, die in ein neues Problem einführen sollen
gelb   Aufgaben, die zum unverzichtbaren Grundniveau gehören
grau   Standardaufgaben
rot   Aufgaben mit erhöhtem Schwierigkeitsgrad

Das vorliegende Buch für die Klasse 8 ist in sechs unterschiedlich große Kapitel gegliedert:

1. Terme und Gleichungen
2. Funktionen
3. Zufallsversuche
4. Körper und Figuren
5. Lineare Funktionen und lineare Gleichungssysteme
6. Übungen und Anwendungen

Die hierdurch vorgeschlagene Reihenfolge ist sinnvoll und für die Schülerinnen und Schüler sicherlich auch hinreichend abwechslungsreich.

Es sind aber durchaus auch andere Reihenfolgen möglich:
Sieht man davon ab, dass eine gewisse Routine im Umgang mit Variablen, Termen und Gleichungen die Erarbeitung der Kapitel „Zufallsversuche" und „Körper und Figuren" natürlich erleichtert, so kann gesagt werden, dass jedes dieser beiden Kapitel unabhängig von den übrigen Kapiteln des Buches ist.
Die Kapitel „Terme und Gleichungen", „Funktionen" und „Lineare Funktionen und lineare Gleichungssysteme" bauen dagegen aufeinander auf und sollten in dieser Reihenfolge behandelt werden, wobei Auslassungen (insbesondere der im Inhaltsverzeichnis besonders gekennzeichneten Abschnitte) und Unterbrechungen (etwa durch den Einschub von Geometrie oder Stochastik) möglich sind.
Für den Fall, dass eine Auflockerung der Behandlung von Funktionen und Gleichungen durch kleinere Geometrieeinheiten angestrebt wird, oder falls umgekehrt das Geometriekapitel einmal unterbrochen werden soll, sei noch darauf hingewiesen, dass die ersten vier Lerneinheiten des Kapitels „Körper und Figuren", in denen es um Kreisberechnungen geht, zwar Voraussetzung für die folgenden Abschnitte über Kreiszylinder sind, von diesen aber ohne weiteres abgekoppelt werden können.

Das Kapitel „Übungen und Anwendungen" hat mit Ausnahme des Abschnitts „Heuristische Strategien" wie in Klasse 7 die Funktion einer abwechslungsreichen Rückschau. Auf den Abschnitt „Heuristische Strategien" könnte dagegen mit Gewinn von Anfang an bei passenden Gelegenheiten immer wieder einmal eingegangen werden. Die heuristischen Regeln dieses Abschnitts finden sich auch schon im Buch für die Klasse 7, so dass ein Anknüpfungspunkt für diese grundlegende Arbeitsmethode bereits zu Beginn des Schuljahres gegeben ist.

Über den in den Pflicht- und Wahlmodulen des Lehrplans dargestellten Stoff hinaus stellt *Mathematik plus* eine ganze Reihe zusätzlicher Themen und vertiefender Lerneinheiten zur Auswahl. Diese Angebote schaffen Vernetzungsmöglichkeiten, Sachbezüge sowie Möglichkeiten zur Projektarbeit, zur Gruppenarbeit, zur Leistungsdifferenzierung und zur individuellen Förderung – kurz, sie unterstützen die didaktischen Intentionen und allgemeinen Ziele des Lehrplans in besonderer Weise. Sie können sicher nicht alle berücksichtigt werden; die Auswahl sollte sich nach Leistungsstand und Interesse der Schülerinnen und Schüler richten.

Die Herausgeber

Terme und Gleichungen

Das vorliegende Kapitel gliedert sich in zwei Teile. Im ersten Teil, der sich mit Variablen und Termumformungen beschäftigt, werden Hilfsmittel bereitgestellt, die später bei der Lösung von Gleichungen und Ungleichungen benötigt werden. Hierbei besteht durchaus die Gefahr, dass das formale Umformen von Termen als Selbstzweck erscheint. Deshalb ist es notwendig, insbesondere am Anfang des Kapitels deutlich zu machen, zu welchem Zweck der folgende Stoff „durchgenommen" wird. Als Einstieg in das Kapitel könnten also auch Gleichungen, die zu lösen sind, an den Anfang gestellt werden, um deutlich zu machen, dass Regeln zum Umgang mit Termen benutzt werden.

Im Zusammenhang mit dem Lösen von Gleichungen steht auch das Aufstellen von Termen, das Ausdrücken von Zusammenhängen aus verschiedenen Gebieten mit Mitteln der Mathematik, dem wir in der ersten Lerneinheit nachgehen.

Im zweiten Teil des Kapitels werden die Verfahren des Lösens von Gleichungen und Ungleichungen wiederholt und bei steigenden Anforderungen geübt. Zu Beginn werden die Kenntnisse über das Lösen von linearen Gleichungen und Ungleichungen aus früheren Klassen an einfachen Beispielen wieder aufgegriffen. Dabei wird noch einmal die Waage in den Blick gerückt, um das Waagemodell für Äquivalenzumformungen wieder in Erinnerung zu bringen. Auch das Lösen durch systematisches Probieren und inhaltliches Überlegen wird ausführlich wiederholt, um einerseits deutlich zu machen, dass diese Verfahren auch weiterhin ihren Platz haben, und um andererseits das systematische Verfahren über Äquivalenzumformungen in seiner Bedeutung besser verstehen zu können.

Die Bedeutung der Grundmenge ist für sich und in Bezug auf die Lösungsmenge in jedem Fall herauszustellen. Das Umformen von Termen mit Variablen wird vorausgesetzt, aber auch durch häufiges Anwenden bei den Äquivalenzumformungen weiter geübt.

Durch eine angemessene Progression in den Aufgaben werden die Schülerinnen und Schüler allmählich an das Lösen schwieriger Aufgaben herangeführt. Eindeutig lösbare, nicht eindeutig lösbare und nicht lösbare Aufgaben sind gemischt. Es wird allerdings auf Aufgaben mit künstlich erzeugtem Schwierigkeitsgrad bewusst verzichtet.

Über das Einüben von systematischen Lösungsverfahren hinaus werden anhand von Text- und Knobelaufgaben, die aus verschiedenen Bereichen stammen, Möglichkeiten zum Mathematisieren geboten.

Variablen und Terme

Lösungen der Aufgaben auf den Seiten 6 bis 9

1. $\frac{x}{6} + \frac{x}{12} + \frac{x}{7} + 5 + \frac{x}{2} + 4 = x$; $x = 84$; 84 Jahre

2. a) $a = 2$; die Zahl ist eindeutig bestimmt.
   b) Für a kann jede Zahl eingesetzt werden.

3. a) • b) + c) :

4. Keine Terme: b), d), g), h)

5. a) $(a+b) + ab$ b) $\frac{a-b}{a+b}$ c) $ab - \frac{a}{b}$ d) $\frac{a}{b} + (a-b)^2$

6. a) z. B. 16. 7.: $(7 \cdot 5 + 30) \cdot 20 + 16 - 600 = 716$
   b) $(5m + 30) \cdot 20 + t - 600 = 100m + 600 + t - 600 = 100m + t$

7. a) $(m - 4) : 2$
   b) Sabine: $((242,60 + 21,40) : 4) \cdot 3 - 21,40$; Steffen: $(242,60 + 21,40) : 4$
   c) Anzahl der Professoren: $\frac{1}{6}S$, $S : 6$; Anzahl der Studenten: $6P$

8. a) Umfang des Rechtecks b) Größe des Winkels γ
   c) Abstand der Zahlen a und b auf der Zahlengeraden
   d) ein Viertel des Umfangs des Parallelogramms

9. a) Preis einer Karte für Jugendliche: $0,5 \cdot (38,50 - 6,00)$ € $= 16,25$ €
      Preis einer Karte für Erwachsene: $0,5 \cdot (38,50 + 6,00)$ € $= 22,25$ €
   b) $110 \text{ kg} - 20 \cdot 2,5 \text{ kg} = 60 \text{ kg}$ (falls die wöchentliche Gewichtsabnahme konstant ist)
   c) $(100a + 10b + c) \cdot 7 \cdot 11 \cdot 13 = (100a + 10b + c) \cdot 1001$
      $= 100000a + 10000b + 1000c + 100a + 10b + c$
      mit $a \in \{1, ..., 9\}$; $b, c \in \{0, ..., 9\}$
   d) $10000a + 1000b + 300 + 10d + e$ mit $a \in \{1, ..., 9\}$; $b, d, e \in \{0, ..., 9\}$

10. a) z. B. Umfang eines Fünfecks mit den Seitenlängen a, a, b, b, b
    b) z. B. Flächeninhalt eines Rechtecks; Spannung, wenn $a = R$, $b = I$
    c) z. B. Flächeninhalt eines Rechtecks, bei dem die eine Seite um 2 cm, die andere um 3 cm verlängert wurde
    d) z. B. Flächeninhalt eines gleichschenkligen Trapezes
    e) z. B. Geschwindigkeit, Widerstand

11. $2n$ steht für eine gerade natürliche Zahl, $2n + 1$ für eine ungerade natürliche Zahl.

12. a) $n + (n+1) + (n+2) + (n+3) = 4n + 6$ b) $n(n+1)$ c) $(2n+1)^2$

13. a) $\{2n + 1 \mid n \in \mathbb{N}\}$; $a_5 = 9$; $a_{12} = 23$; $a_{23} = 45$
    b) $\{n^2 \mid n \in \mathbb{N}\}$; $a_5 = 25$; $a_{12} = 144$; $a_{23} = 529$

Terme und Gleichungen — Schulbuchseiten 8 bis 9

c) Abstand 4, 5, 6, ... bzw. $\left\{\frac{1}{2}n^2+\frac{7}{2}n+1 \mid n\in\mathbb{N}\right\}$ bzw. $\left\{\frac{1}{2}n^2+\frac{5}{2}n-2 \mid n\in\mathbb{N}, n\neq 0\right\}$;

$a_5 = 23$; $a_{12} = 100$; $a_{23} = 320$

14. a) Für alle natürlichen Zahlen n gilt: $n \cdot 0 = 0$.
   b) Für alle rationalen Zahlen a gilt: $a + (-a) = 0$.
   c) Für alle gebrochenen Zahlen a mit $a \neq 0$ gilt: $a \cdot \frac{1}{a} = 1$.

15. $a_3 \cdot 1000 + a_2 \cdot 100 + a_1 \cdot 10 + a_0$; $a_3 \in \{1,\ldots,9\}$; $a_2, a_1, a_0 \in \{0,\ldots,9\}$

16. a) $a_n \cdot 10^n + a_{n-1} \cdot 10^{n-1} + \ldots + a_1 \cdot 10^1 + a_0$; $n = 5, 6, 10$;
    $a_n \in \{1,\ldots,9\}$; $a_{n-1}, \ldots, a_0 \in \{0,\ldots,9\}$
   b) $10a + b$, $a \in \{1,\ldots,9\}$, $b \in \{0,\ldots,9\}$; $10b + a$

AUFGABEN ZUR WIEDERHOLUNG

1. a) 3 spitzwinklige, 6 rechtwinklige und 3 stumpfwinklige Dreiecke
2. a) $\gamma = 100°$ b) $\gamma = 65°$ c) $\beta = 80°$ d) $\alpha = 75{,}4°$
   e) $\alpha = 45°$ f) nicht lösbar g) $\beta = 22°$ h) $\gamma = 90°$
3. a) $\alpha = \gamma \approx 83{,}33°$, $\beta \approx 13{,}33°$ b) $35°$; $55°$ c) $63°$; $63°$
4. a) $60°$; $60°$; $150°$ d) $60°$; $196°$

Erläuterungen und Anregungen

Hauptanliegen der Lerneinheit ist es, an Beispielen die Begriffe Variable und Term zu klären. Da es sich bei Termen um Zeichenketten handelt, müsste eine (rekursive) Definition dieses Begriffes auch über die Verknüpfung von Zeichen (für Zahlen, technische Zeichen, Operationszeichen, ...) erfolgen. Dies erscheint uns für die Klasse 8 nicht geeignet, so dass wir uns für den vorliegenden Kompromiss entschieden haben. Wichtig ist, dass die Schülerinnen und Schüler erkennen, wann ein Term vorliegt und wann nicht, dass also Vorstellungen von diesem Begriff gebildet werden.

Ein weiterer Schwerpunkt ist die Übersetzung von vorgegebenen Zusammenhängen in eine formale Sprache, die Verwendung von Variablen, um Zusammenhänge zu beschreiben. Hier sollte unbedingt über die Lösungsvorschläge der Kinder gesprochen werden; bei der Aufgabe 7 c kann z. B. immer wieder beobachtet werden, dass die Kinder bei konkreten Zahlen die Anzahl der Studenten sehr wohl ermitteln konnten, die „richtige Formel" aber nicht fanden. Im Zusammenhang mit den Aufgaben 12 bis 14 könnte im Unterricht auch die Verwendungen der Quantoren „für alle" und „es gibt ein" thematisiert werden. Die mit der Aufgabe 15 und 16 angesprochene Zahldarstellung wird im Abschnitt „Nutzung von Variablen in mathematischen Beweisen" wieder aufgegriffen.

Terme und Gleichungen — Schulbuchseiten 10 bis 11

Struktur von Termen; Termwertberechnungen

Lösungen der Aufgaben auf den Seiten 10 bis 14

1.

a	b	$a \cdot b$	$a^2 : b$	$\sqrt{b-a}$	$\|a^2 - b^2\|$	$\frac{a}{b}$	$\frac{a+b}{a-b}$
1,5	4,5	6,75	0,5	1,7321	18	$\frac{1}{3}$	-2
21	-12	-252	$-36{,}75$	n. l.	297	$-1{,}75$	0,2727
$-3{,}8$	11,7	$-44{,}46$	1,2342	3,9370	122,45	$-0{,}3248$	$-0{,}5097$

2. a) $7\,\text{cm}^2$ b) $108\,\text{cm}^3$ c) $98{,}40\,€$ d) $11{,}94\,€$

3. a) $a \cdot b$: natürliche Zahlen – Flächeninhalte – gebrochene Zahlen
   $a \cdot b$: gebrochene Zahlen – gebrochene Zahlen – rationale Zahlen
   $\sqrt{a}$: in beiden Fällen: rationale oder nicht rationale Zahlen

4.

a	b	$\frac{a}{b}$	$a + b^2$	$(a-b)^2$	$a : (b-a)$
2	4	0,5	18	4	1
-1	$\frac{2}{3}$	$-\frac{3}{2}$	$-\frac{5}{9}$	$\frac{25}{9}$	$-\frac{3}{5}$
1,5	$-2{,}5$	$-0{,}6$	7,75	16	$-0{,}375$

5.

	x	y	z	$xy + yx$	$\frac{x+y}{x \cdot y}$	$(a-b)^2$	$\|x-(y+z)\|$	$(x-y)^2$
a)	2	4	8	16	0,75		10	4
b)	0,85	2,4	$-0{,}09$	4,08	1,5931		1,46	2,4025
c)	0,5	6	5,7	6	2,1667		11,2	30,25
d)	1024	14	109	28672	0,0724		901	1020100

6. a) 16,67 m/s (60 km/h) b) 0,667 m/s (2,4 km/h)
   c) 41,67 m/s (150 km/h) d) 14 m/s (50,4 km/h)
   Es wird jeweils die Geschwindigkeit berechnet.

7.

	x	y	z	$xy - (z - y)$	$xy + y - z$
	2	3	5	4	4
	-3	-5	-2	12	12
	2,5	0	3,6	$-3{,}6$	$-3{,}6$

8. a) Summe b) Quotient c) Quotient
   d) Produkt e) Differenz

Terme und Gleichungen   Schulbuchseiten 13 bis 16

14. a) 18,23   b) 39,77   c) 7,837   d) −7053   e) 1,925   f) −44,17
15. a) 9,729   b) −532,97   c) 504,13
16. a) −2928   b) 2,399   c) 14326   d) −0,01997 e) −55,8   f) 0,02179
    g) 45,90   h) 35,82   i) 2348
17. a) 65,55 %   b) 76,74 %   c) 91,08 %
    d) 136,84 % e) 98,93 %   f) 108,04 %
18. (1) 9x   (2) 9x   (3) 26x   (4) 8a + 8b

Erläuterungen und Anregungen

Im Rahmen dieser Lerneinheit wird die Einsicht angestrebt, dass der Wert eines Terms davon abhängig ist, aus welcher Grundmenge Zahlen oder Größen bei der Belegung der Variablen verwendet werden. Dies ist später bei der Lösungen von Gleichungen wichtig, wenn Grundmengen festzulegen oder zu beachten sind. Dabei wird gleichzeitig die Einsicht erwartet, dass Zusammenhänge aus verschiedenen Bereichen die gleiche mathematische Struktur haben können und dann durch ein und denselben mathematischen Term beschreibbar sind.

Zur Darstellung der Struktur von Termen eignen sich Rechenbäume besonders gut; die Reihenfolge der auszuführenden Rechnungen ist sehr gut zu erkennen. So könnten auch die Terme aus Aufgabe 13 jeweils durch einen Rechenbaum angegeben werden. Vor der Nutzung programmierbarer Taschenrechners zur Termwertberechnung sollten sich die Schülerinnen und Schüler selbständig an Hand der Gebrauchsanleitung mit ihrem Taschenrechner vertraut machen – dies kann ein Mathematiklehrbuch nicht übernehmen.

Addition und Subtraktion von Termen

Lösungen der Aufgaben auf den Seiten 15 bis 19

1. $4a + 9b + 4c$
2. a) (1) Quader; (2) quadratische Pyramide   b) (1) $4e + 8f$; (2) $4l + 4m$
3. a) $18b$ b) $5,1a$ c) $0,3xy$ d) –   e) –
   f) $5a^2$ g) 0 h) –   i) $-2kl$
4. verschiedene Lösungen möglich
5. a) $86c$ b) $0,25ab$ c) $-69x^2$ d) $-5t + 15$
   e) $5xy^2 - 28,5x^2y$ f) $-s^2t$ g) $-134uv$ h) $-4v - 4w$
6. a) $19xy$ b) $69c - 40a$ c) –   d) $-1,9r - 5s$
   e) $k - 12t + 2$ f) $0,6e - 3,15f$

Terme und Gleichungen   Schulbuchseite 12

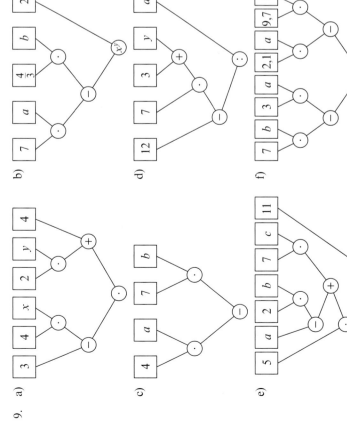

10. a) $(a \cdot b) : (c - d)$ b) $(a + b) \cdot c$ c) $(a : b) + c$
    d) $(a \cdot b + c : d) \cdot e$ e) $((a - b) + c) : d$ f) $a \cdot (b \cdot c) - d$
    (hier mit Variablen; es können auch konkrete Zahlen verwendet werden)

ZUM KNOBELN (Randspalte S. 12):
Es gibt folgende 6 Möglichkeiten: 1 Schaf und 1 Sack; 1 Schaf und 2 Katzen;
3 Säcke; 2 Säcke und 2 Katzen; 1 Sack und 4 Katzen; 6 Katzen.

11. a) Differenz   b) Produkt   c) Summe
    d) Quadrat, Potenz   e) Quotient
12. a) Summe: 34   b) Summe: 20   c) Summe: 35
    d) Produkt: $\frac{1}{54}$ e) Summe: 15   f) Quadrat: 625
13. a) $\left(\frac{3}{2}X - \frac{2}{3}Y\right) : \left(\frac{1}{X} + \frac{3}{4}Y\right) \approx -1{,}672$ b) $(-7X - 2{,}3Y)^2 + \frac{7X}{3{,}5} \cdot Y \approx 648{,}2$
    c) $\frac{3}{5}XY : (0{,}9X^2 - 1{,}7Y)^2 \approx 0{,}03016$

Terme und Gleichungen — Schulbuchseiten 16 bis 19

g) $\frac{3}{4}p^2 - \frac{11}{5}q - 2$ h) $\frac{2}{15}x - \frac{1}{12}y$ i) $-\frac{1}{5}abc - \frac{4}{5}ab$ j) $-\frac{5}{6}kl - \frac{15}{2}k^2$

7. a) $-\frac{13}{2}ab - \frac{15}{32}a + \frac{10}{3}b$ b) $22{,}1op - 2{,}2o - 14{,}3p + 14{,}6$ c)
   d) $12{,}31xy^2 - 1{,}1x^2y - 12{,}1xy$

8. a) z. B. $0{,}2a + 6b = 0{,}1a - b + 0{,}1a + 7b$ oder $0{,}2a + (-0{,}1a) = 0{,}1a - b + (-6b) + 7b$
   b) $20x = 17x - 23x - (-26x)$
   c) z. B. $\frac{1}{2}rs + 1{,}5r - 3rs = -2\frac{1}{2}rs + 1{,}5r$

9. a) $87{,}5x + 0{,}5y + 11z - 424{,}67$; (1) $-84{,}35$; (2) $-398{,}7$; (3) $-424{,}2$
   b) $-23{,}79x - 3{,}004y + 234{,}88429z + 30{,}56$; (1) $3469{,}2$; (2) $-770{,}2$; (3) $9{,}205$
   c) $-19{,}9x - 11{,}595238y - 0{,}769z$; (1) $-9{,}274$; (2) $-14{,}67$; (3) $-34{,}75$

10. gleiche Termwerte: -46

11. a) $1{,}25xy + z$ b) $2b$

12. a) $30a^2 - 5a$ b) $-13y$ c) $0{,}03a - 0{,}1b - 10{,}5$ d) $-1{,}25l - 2{,}5m$

13. a) $18a - 22b$ b) $-u + 3v$ c) $1{,}45k - 3{,}75l$
    d) $101m - 12n$ e) $2rs - 2st$ f) $14d - 5e$

14. a) $12x^2 - 5y$ b) $9{,}2w + 2$ c) $10a + 24b$
    d) $\frac{4}{5}m - \frac{13}{6}n + 3$ e) $36rs - 19{,}1rs^2$ f) $-1{,}02rst + s^2t + st$

16. a) $2 - (5a + 19b) = -5a - 19b + 2$ oder $2 - 5a + 19b = -(5a - 19b) + 2$
    b) $-0{,}2e + 2f + 0{,}2e - (2 + 2f) = -2$
    c) $-x - y - (7 + 3x) = -4x - y - 7$ d) $-(q - s) - t - (2s - q) = -(t + s)$

17. a) $x = 780$ b) $x = 4$ c) $x = 0$ d) $x = 1$ e) $L = \emptyset$ f) $L = \mathbb{Q}$

18. a) $-\frac{1}{6}a + 2b - \frac{1}{3}c$ b) $xy + x - 4y$ c) $-32{,}85k - 43{,}34m$

19. a) z. B. $5x - 6y - (6x + (-7y)) = -x + y$
    b) z. B. $7a + 6b - 3 = -6a - (-13a - 6b + 3)$
    c) $(-13l^2 + 10l^2 - 20) - (5kt - 2l^2) - (-4kt) = -kt - l^2 + (-20)$

20. a) $(33w + 72z) - (9u - 5w) = -9u + 38w + 72z$
    b) $(a - (-3b)) - (b - 16a) = 17a + 2b$
    c) $|12k - (-k + l)| = |13k - l|$; (1) 12; (2) 12; (3) 1

21. a) $A - D = 0{,}53c + e - 2{,}75d + 71{,}45e + 0{,}06d = 0{,}53c - 2{,}69d + 72{,}45e$
    b) $C - (B + D) = C - B - D = 0{,}65c + 0{,}08d - 218{,}3c + 0{,}58d + 71{,}45e + 0{,}06d$
       $= -217{,}65c + 0{,}72d + 71{,}45e$
    c) $-(B + A) - C = -B - A - C = -218{,}3c + 0{,}58d - 0{,}53c - e + 2{,}75d - 0{,}65c - 0{,}08d$
       $= -219{,}48c + 3{,}25d - e$

Terme und Gleichungen — Schulbuchseite 19

d) $A - B - (D - C) = A - B - D + C$
   $= 0{,}53c + e - 2{,}75d + 71{,}45e + 0{,}58d - 218{,}3c + 0{,}06d + 0{,}65c + 0{,}08d$
   $= -217{,}12c - 2{,}03d + 72{,}45e$

22. a) $-2y^2 + x + y$ b) $-2y^2 + 4x - y$ c) $y^2 - 2x + 2y$
    d) $x + 2y$ e) x f) $2y^2 + x - y + 1$

23. Es werden 200 cm Band gebraucht.

24. Bei dieser Aufgabe sind verschiedene Lösungen möglich, z. B.:
    $4a - b - 8a - (a - b) - (3a + b - 10a - b) - 2a = 0$
    $4a - (b - 8a) - (a - b) - 3a + b - 10a - (b - 2a) = 0$
    $4a - (b - 8a) - a - b - 3a + b - (10a - b - 2a) = 0$

AUFGABEN ZUR WIEDERHOLUNG

1. $\frac{61 + 99}{2} \cdot 39 = 3120$

2. a) $643 + 11 \cdot 35 = 1028$ b) nach 10 Schritten: $117 - 10 \cdot 13 = -13$

3. a) 32; 37; 42; 47; 52; 57 b) 25; 36; 49; 64; 81; 100
   c) 96; 192; 384; 768; 1536; 3072 d) 26; 37; 50; 65; 82; 101

4. a) 0,91 b) $0{,}230623 \approx 0{,}231$
   c) 3780 d) $0{,}273171 \approx 0{,}273$
   e) $\sqrt{9{,}81981} \approx 9{,}82$ f) $1{,}7825 \approx 1{,}78$

5. 4 Steine

Erläuterungen und Anregungen

Bereits die Aufgabe 18 aus der vorangegangenen Lerneinheit kann Ausgangspunkt für das Zusammenfassen gleichartiger Glieder in Addtionstermen sein. Werden von Ihren Schülern hier verschiedene Lösungen angegeben, kann die Betrachtung der Lösungen sofort zu der Thematik dieser Lerneinheit führen.
Wichtig in dieser Lerneinheit ist, dass erkannt wird, dass nur Koeffizienten von gleichen Variablen bzw. gleichen Potenzen dieser Variablen zusammengefasst werden dürfen. In diesem Zusammenhang treten beim Lösen von Gleichungen immer wieder Fehler auf, die bereits in dieser Lerneinheit thematisiert werden könnten.
Wichtig ist auch das „Auflösen von Klammern, vor denen ein Minuszeichen steht". In der häufig von Schülern gewählten Formulierung „die Vorzeichen in der Klammer werden umgedreht" wird nicht zwischen Vor- und Rechenzeichen unterschieden. Wir haben deshalb an die Regeln des Rechnens mit negativen Zahlen erinnert und die Bildung des Entgegengesetzten durch Multiplikation mit (-1) realisiert.

Multiplikation von Termen

Lösungen der Aufgaben auf den Seiten 20 bis 27

1. $V_1 = l \cdot b \cdot h$; $V_2 = 2l \cdot 2b \cdot 2h = 8\,l\,b\,h = 8V_1$

2. $A = \frac{2}{3}a \cdot b + a \cdot \frac{2}{5}b = \frac{4}{5}ab$ oder $A = a \cdot b - \frac{1}{3}a \cdot \frac{3}{5}b = \frac{4}{5}ab$

3. a) $15ab$ b) $-7,5xyz$ c) $9amn$ d) $6efg$
   e) $-0,75abcv$ f) $0,8abrst$ g) $0,0056cdv$ h) $-0,54wxyz$
   i) $0,01klm$

4. a) $-75z$ b) $10ab$ c) $-180l^2$ d) $8wy^2z$
   e) $2,8m^2n^2$ f) $-2,1x^6$

5. a) $13,2a^2b^2$ b) $1,7w^2x^2y^2z$ c) $-\frac{14}{3}u^2vw$ d) $8k^3l^3m^4n^3$
   e) $40a^2b^2$ f) $-0,003e^4$ g) $r^2s^2t^2$ h) $27x^5$

6. a) $2a \cdot ab \cdot 5a$; $5a \cdot 2a^2 \cdot b$ b) $5 \cdot 10 \cdot k$; $2 \cdot 25 \cdot k$
   c) $(-mn) \cdot m \cdot o$; $(-m^2) \cdot (-n) \cdot (-o)$ d) $\frac{2}{5}x \cdot \frac{5}{11}y \cdot y^3$; $\frac{2}{11}x \cdot (-y)^2 \cdot (-y)^2$
   e) $(-22,1) \cdot a \cdot b$; $2,21) \cdot (-10a) \cdot b$ f) $2 \cdot (3x - 4y) \cdot 0,5$; $(-0,5) \cdot (4y - 3x) \cdot 2$

7. a) $148c$ b) $46x^2y^2$ c) $2,17a + 11,832pq^2$ d) $24a^3$
   e) $-138e^2f$ f) $1,04r^2 + rs$ g) $-\frac{14283}{140}c^2d^2 - c$ h) $-8l^2m^3n$

AUFGABE (Randspalte S. 21):

37291	87291	45321	95321	46351	96351	74631	94631
+89250	+39250	+92360	+42360	+92370	+42370	+93620	+73620
126541	126541	137681	137681	138721	138721	168251	168251

8. a) $A = \frac{1}{2}f^2$ b) $A = \frac{3}{8}y^2$

9. a) $V_1 = \frac{4}{9}a^3$; $V_2 = \frac{2}{9}a^3$. Das Volumen der Pyramide wird halbiert.

   b) $W_1 = P \cdot t$; $W_2 = 0,85P \cdot 0,75t = 0,6375P \cdot t = 0,6375W_1$; $\frac{W_1 - W_2}{W_1} = 0,3625$

   Der Energieverbrauch verringert sich um 36,25 %.

10. a) $A_G = a^2$; $A_S = 0,5ah_S$; $A_O = A_G + 4A_S = a^2 + 4 \cdot 0,5ah_S = a^2 + 2ah_S = a(a + 2h_S)$
    b) $A_O \approx 69,88$ cm²

11. $V = 19$ cm · 4 cm · 3 cm $= 228$ cm³

    V in Abhängigkeit von a (alle Längen in cm):

    $V = (25 - 2a) \cdot (10 - 2a) \cdot a = 4a^3 - 70a^2 + 250a$

12. a) $12x^2 + 22x + 8$ b) $a^3 + a^2x + axy + x^2y$
    c) $5a^2bz^3 + 5ab^2 + 3az^4 + 3bz$ d) $40ax + 15ay + 48bx + 18by$
    e) $f^4 + f^3h^2 + 12fh + 12h^3$ f) $2bx^2y^2 + 10bxyz + xz + 5$
    g) $ac + ad - ae + bc + bd - be$ h) $ad - bd + cd - ae + be - ce$
    i) $ad + ae - af - bd - be + bf + cd + ce - cf$

13. a) $9x + 36$ b) $5ab - 3a$ c) $21kl - 84k^2$
    d) $\frac{1}{2}uy - \frac{1}{4}vy + \frac{1}{6}wy$ e) $-21a^2 + 48ab$ f) $7rs^2$
    g) $2o - \frac{1}{2}p$ h) $\frac{4}{15}e - \frac{2}{5}e^2$ i) $-4,5a^2b + 14ab^2$
    j) $m^2 + 7n - 0,9o$ k) $-\frac{2}{5}xyz + \frac{2}{5}z^2$ l) $-\frac{3}{8}t^3 + \frac{1}{48}t^2$

14. a) $3ab + 17a - 10b$ b) $-4kl + 3k$ c) $-13,5x^2 + 5x + 64$
    d) $-147p - 2v$ e) $24,2a + \frac{5}{9b}$ f) $4a^2 - 4ab - 27b$

15. a) $a^2 - 13a + 36$ b) $-xy - 11x + 13y + 143$
    c) $-12,3k^2 + 16,4kl^2 + 3kl - 4l^3$ d) $-1,5a^3 + 3abc^2 + a^2c - 2bc^3$
    e) $5x^2 - \frac{89}{3}xy - 2y^2$ f) $o^2p^2a^2 - o^2m^2a^2$
    g) $\frac{1}{3}xy^2 - 3y^2 - 5x$ h) $-63a^2k + 33ak^2$

16. Angabe der richtigen Lösungen:
    a) $p^3 - p^3q - p + pq$ b) $10a - 2b - 4$ c) $-3ab + 27a$
    d) $12x^2 - 16xy$ e) $-ux + uy - w$ f) $-39e + 39f$
    g) kein Fehler   h) $mn + 0,25m + 0,5n$

17. a) $(2x - 3)(x + 7) = 2x^2 + 11x - 21$ b) $(k+1)(\frac{1}{4}k - 0,5l) = \frac{1}{4}k^2 - \frac{1}{2}kl + \frac{1}{4}k - 0,5l$
    c) $1,75q(8r + (-2q^2)) = 14qr - 3,5q^3$ d) $5(3y - z) - 14x = -14x + 15y - 5z$
    e) $(a + 2)(a - 2) = a^2 - 4$ f) $(2k - 3)(l^2 + 5) = 2kl^2 - 3l^2 + 10k - 15$

18. 169; 289; 221; 229; 289; 169; 199; 221; 289; 259

19. $A = (c + d)^2 = c^2 + 2cd + d^2$; $c > 0$; $d > 0$

20. a) $x^2 + 22x + 121$ b) $25 - 10m + m^2$ c) $144 - z^2$
    d) $25k^2 - l^2$ e) $a^2 - 8ab + 16b^2$ f) $a^2 - 0,01b^2$

Terme und Gleichungen Schulbuchseiten 24 bis 26

g) $r^2s^2 - 2rs + 1$
h) $u^4 - u^2w + 0{,}25w^2$
i) $a^6b^2 - 2a^3b^2c^2 + b^2c^4$
j) $\frac{1}{9}a^2b^2 + \frac{2}{5}a^2b + \frac{9}{25}a^2$
k) $x^4 - x^2$
l) $g^2h^2 - 0{,}4ghik + 0{,}04i^2k^2$

21. a) $m^2 + 2mn + n^2$
b) $a^4 + 2a^2 + 1$
c) $r^2 + 2rs + s^2$
d) $0{,}81a^2 + 0{,}45ab + \frac{1}{16}b^2$
e) $p^2 - o^2$
f) a^2b^2
g) $-\frac{1}{16}x^2 + \frac{1}{2}xy - y^2$
h) $x^2y^4 - 2xy^4 + y^4$
i) $0{,}01a^2 + 2ab + 100b^2$
j) $v^4 - u^2$
k) $e^8 + 4e^4f + 4f^2$
l) $-a^2 - 2ab - b^2$

22. a) 6241 b) 3721 c) 2209 d) 9996
e) 2809   f) 8096   g) 399   h) 3{,}9999

23. a) $4a^2 - 10ab + 2b^2$ b) $4xy$ c) $-\frac{5}{16} + \frac{1}{6}g^2 - \frac{1}{9}g^4$
d) $a^3 - 9a$ e) $-2r^2 - 2rs$ f) $16x^4 - 8x^2z^2 + z^4$ g) $2ac + 2c^2$
h) $\frac{1}{9}x^2 - \frac{1}{6}xy + \frac{1}{16}y^2 + \frac{1}{144}x^2y^2$ i) $u^2 + 3w^2$ j) $169k^2 - 26kl + l^2$
k) $25x^2 - 30xy + 9y^2 + z^2 - x^3 + 3x^2z - 3xz^2 + z^3$ l) $\frac{3}{16}p^2 - \frac{3}{8}p^3$

24. Richtige Lösungen:
a) $9x^2 - 12xy + 4y^2$ b) $o^2 - 2opa + p^2a^2$ c) $k^2 + 8kl + 16l^2$
d) $b^6 - 4c^2$ e) $-9a^2 + b^2$ f) $0{,}25x^2 + 5x^2y + 25x^2y^2$
g) $x^2 + y^2 + z^2 + 2xy + 2xz + 2yz$

26. a) $\left(\frac{4}{5}a - \frac{1}{3}b\right)^2 = \frac{16}{25}a^2 + \left(-\frac{8}{15}ab\right) + \frac{1}{9}b^2$ b) $b^2 + 4b + 4 = (b+2)^2$
c) $0{,}25x^2 - xy + y^2 = (0{,}5x - y)^2$ d) $9z^2 - 6z + 1 = (3z-1)^2$
e) z. B. $-(1-3o)^2 = -1 + 6o - 9o^2$ f) $\left(\frac{1}{4}m^2 - 5\right)\left(\frac{1}{4}m^2 - 5\right) = \frac{1}{16}m^4 - 25$
g) $a^4 - 0{,}01b^2 = (a^2 + 0{,}1b)(a^2 - 0{,}1b)$
h) z. B. $2{,}25u^2 - 2(-6uv) + 16v^2 = (1{,}5u + 4v)^2$

27. a) $4x^2 + 9y^2 + z^2 + 12xy - 4xz - 6yz$ b) $a^3 + 3a^2b + 3ab^2 + b^3$
c) $125x^3 - 675x^2 + 1215x - 729$ d) 1
e) $\frac{1}{6}ab^5 + c$ f) $k^4 - 16k^3 + 96k^2 - 256k + 256$
g) $-x^3 - y^3 - z^3 - 3x^2y - 3xy^2 - 3xz^2 - 3x^2z - 3yz^2 - 3y^2z - 6xyz$
h) $s^4 + 12s^3 + 54s^2 + 108s + 81$ i) $i^5 - i^4j - 2i^3j^2 + 2i^2j^3 + ij^4 - j^5$
$(a+b)^4 = a^4 + 4a^3b + 6a^2b^2 + 4ab^3 + b^4$
$(a-b)^3 = a^3 - 3a^2b + 3ab^2 - b^3$

28. a) 7,8 b) 1350

Terme und Gleichungen Schulbuchseiten 26 bis 27

29. a) $x \in \{0; 2\}$ b) $x \in \{0; -5\}$ c) $x \in \{1; -3\}$ d) $x = 1$

30. a) $a(17b + 15c)$ b) $7(5x^2 - y^2)$ c) $3c^2de(3ce - 1)$ d) $(2+a)(2-a)$

31. a) $6a(3-b)$ b) $-5r(s+t)$ c) $x^2(x-y^2)$
d) $z(z-1)$ e) $6x$ f) $0{,}2p(4o - 40oq - qh)$
g) $4u(5v - v^2 + 25ul)$ h) $(-1)(kn + lm + kl)$ i) $x^2z^2(1{,}8x^4z - 0{,}3x^2 + z)$
j) $40ab$ k) $c(1 - c + c^2 - c^3 + c^4 - 2c^5)$ l) $qr(0{,}1q - 0{,}01r + qr)$
m) $t(t^3 - t^2 - t - 1)$ n) $4(2b-c)$ o) $5(a + 0{,}2b)$

32. a) $\frac{1}{12}xz^2(4y - 10x + 5y^2)$ b) $\frac{1}{7}ab(3 + 2a - b)$
c) $0{,}25(2r^2s - 4r^3s + 3r^2s^2 - 1)$ d) $7(x-y)(1+3z)$
e) $(l+2)(5m-1)$ f) $4(d-3)(2-3e)$
g) $20(a+b)$ h) $(x-y)(2x - 3z^2)$

33. Richtige Lösungen:
a) $4a(2bc + 1)$ b) $\frac{3}{5}x\left(x + \frac{5}{3}y\right)$ oder $x\left(\frac{3}{5}x + y\right)$
c) $21c(4d^2 - c)$ d) $-c^3(c+1)$ e) $8klo(4ko + 1 + 3l^2o^4)$
f) $0{,}02s(5s - 49)$ g) $10(d-3)$

ZUM KNOBELN (Randspalte S. 26, oben):
$y(y+2) + z(z-2) - 2yz = y^2 - 2yz + z^2 + 2y - 2z = (y-z)^2 + 2(y-z) = 7^2 + 2 \cdot 7 = 63$

AUFGABE (Randspalte S. 26, unten):
z. B. $1 + 5 + 9 = 2 + 6 + 7 = 3 + 4 + 8$ oder $1 + 6 + 8 = 2 + 4 + 9 = 3 + 5 + 7$

34. a) $(2a+b)^2$ b) $(6+c)(6-c)$ c) $\left(t^2 + \frac{1}{4}s\right)\left(t^2 - \frac{1}{4}s\right)$
d) $(h-20)^2$ e) $(1 + 1{,}2m^3)(1 - 1{,}2m^3)$ f) $(a^2 - 1)^2b^2$
g) $\left(\frac{s}{10} + v^2\right)\left(\frac{s}{10} - v^2\right)$ h) $(11x + 4y)^2$ i) $(30t - 5v^2)^2$

35. a) $9(m-n)^2$ b) $3(2a+1)(2a-1)$ c) $800(k + 1{,}5l^3)(k - 1{,}5l^3)$
d) $15(2h+p)^2$ e) $(a+b)(k+1)$ f) $(3x+2)(y+z)$
g) $5(n-2)^2$ h) $a(x^2 + y)(x^2 - y)$ i) $(a-c)^2b^2$

36. a) $(2e+f)^2 - 2ef$ b) ist richtig c) $(0{,}5u + v)(0{,}5u - v)$
d) $(a-2b)^2$ e) $-5x(3x+y+2z)$ f) $7((c+d)(c-d)+1)$
g) $5op^2 + q(-2p+q)$ oder $(5o-1)p^2 + (p-q)^2$

37. a) $a^2 - \frac{5}{4}a + \frac{25}{64} = \left(a - \frac{5}{8}\right)^2$ b) $(c+0{,}2)(-c + 0{,}2) = 0{,}04 - c^2$
c) $x^2 + \frac{2}{5}xy + \frac{1}{25}y^2 = \left(x + \frac{1}{5}y\right)^2$

Das Pascalsche Dreieck

Lösungen der Aufgaben auf den Seiten 28 bis 29

1. a) $(a+b)^3 = a^3 + 3a^2b + 3ab^2 + b^3$
   $(a+b)^4 = a^4 + 4a^3b + 6a^2b^2 + 4ab^3 + b^4$
   $(a+b)^5 = a^5 + 5a^4b + 10a^3b^2 + 10a^2b^3 + 5ab^4 + b^5$

   b) $(a+b)^6 = a^6 + 6a^5b + 15a^4b^2 + 20a^3b^3 + 15a^2b^4 + 6ab^5 + b^6$

2. $(a+b)^8 = a^8 + 8a^7b + 28a^6b^2 + 56a^5b^3 + 70a^4b^4 + 56a^3b^5 + 28a^2b^6 + 8ab^7 + b^8$
   $(a+b)^{12} = a^{12} + 12a^{11}b + 66a^{10}b^2 + 220a^9b^3 + 495a^8b^4 + 792a^7b^5 + 924a^6b^6$
   $+ 792a^5b^7 + 495a^4b^8 + 220a^3b^9 + 66a^2b^{10} + 12ab^{11} + b^{12}$

3. a) $(a-b)^3 = a^3 - 3a^2b + 3ab^2 - b^3$
   $(a-b)^4 = a^4 - 4a^3b + 6a^2b^2 - 4ab^3 + b^4$
   $(a-b)^5 = a^5 - 5a^4b + 10a^3b^2 - 10a^2b^3 + 5ab^4 - b^5$

   b) $1; -9; 36; -84; 126; -126; 84; -36; 9; -1$

4. b) $(a+b)^{13} = a^{13} + 13a^{12}b + 78a^{11}b^2 + 286a^{10}b^3 + 715a^9b^4$
   $+ 1287a^8b^5 + 1716a^7b^6 + 1716a^6b^7 + 1287a^5b^8$
   $+ 715a^4b^9 + 286a^3b^{10} + 78a^2b^{11} + 13ab^{12} + b^{13}$

   $(x-y)^{14} = x^{14} - 14x^{13}y + 91x^{12}y^2 - 364x^{11}y^3 + 1001x^{10}y^4$
   $- 2002x^9y^5 + 3003x^8y^6 - 3432x^7y^7 + 3003x^6y^8 - 2002x^5y^9$
   $+ 1001x^4y^{10} - 364x^3y^{11} + 91x^2y^{12} - 14xy^{13} + y^{14}$

   $(a+b)^{18} = a^{18} + 18a^{17}b + 153a^{16}b^2 + 816a^{15}b^3 + 3060a^{14}b^4 + 8568a^{13}b^5 + 18564a^{12}b^6$
   $+ 31824a^{11}b^7 + 43758a^{10}b^8 + 48620a^9b^9 + 43758a^8b^{10} + 31824a^7b^{11}$
   $+ 18564a^6b^{12} + 8568a^5b^{13} + 3060a^4b^{14} + 816a^3b^{15} + 153a^2b^{16} + 18ab^{17} + b^{18}$

5. b) (1) $(a+b)^3 = a^3 + 3a^2b + 3ab^2 + b^3$
   (2) $(a+b+c)^3 = a^3 + b^3 + c^3 + 3a^2b + 3ab^2 + 3a^2c + 3ac^2 + 3b^2c + 3bc^2 + 6abc$
   (3) $(a-b)^4 = a^4 - 4a^3b + 6a^2b^2 - 4ab^3 + b^4$
   (4) $(x-y)^4 \cdot (x+y)^6 =$
   $x^{10} + 2x^9y - 3x^8y^2 - 8x^7y^3 + 2x^6y^4 + 12x^5y^5 + 2x^4y^6 - 8x^3y^7 - 3x^2y^8 + 2xy^9 + y^{10}$

   c) (1) $x^4y^4 - x^4y^2 + 0.25x^4 = x^4(y^2 - 0.5)^2 = x^4(y - \tfrac{1}{2}\sqrt{2})^2(y + \tfrac{1}{2}\sqrt{2})^2$
   (2) $2a^2b + 2a^3 + 3ab^2 + 3a^2b = a(a+b)(2a+3b)$
   (3) $16x^4 - 9y^4 = (4x^2 + 3y^2)(4x^2 - 3y^2)$

---

d) z. B. $1 + w + \tfrac{1}{4}w^2 = \left(1 + \tfrac{1}{2}w\right)^2$ oder $1 + w + 2\sqrt{w} = (1+\sqrt{w})^2$ (für $w \geq 0$)

e) $\tfrac{1}{9}k^2 + \tfrac{2}{3}kl + l^2 = \left(\tfrac{1}{3}k + l\right)^2$ f) $e^4 - \tfrac{e^2f^2}{2} + \tfrac{f^4}{16} = \left(e^2 - \tfrac{f^2}{4}\right)^2$

g) z. B. $x^2 + (-26x) + 169 = (x-13)^2$ oder $0 + 0 + 169 = (13-0)^2$

h) z. B. $(2+a)(1+b) = 3 + a + (ab-1) + 2b$
oder $(2+a)(0+b) = 3 + a + (ab - a - 3) + 2b$

38. a) $p = 6$ b) $a = -2$ c) $x \in \{1; -1\}$ d) $z = 3$

NACHGEDACHT (Randspalte S. 27, Mitte):

a) $(x+1)(x+3)$ b) $(a-1)(b-1)$ c) $(l+2)(l+3)$

d) $\left(c - \tfrac{3}{2}\right)\left(c + \tfrac{1}{2}\right)$ e) $(y-3)\left(y - \tfrac{1}{3}\right)$ f) $(k-1)(k^2 + k + 1)$

NACHGEDACHT (Randspalte S. 27, unten):

$(r^2 - 2r + 2) = (r-1)^2 + 1 \geq 1$ für alle $r \in \mathbb{Q}$

Erläuterungen und Anregungen

Bevor die Multiplikation von Summen und Differenzen und die binomischen Formeln behandelt werden, wird zunächst die Multiplikation von Summentermen mit Zahlen dargestellt. Bei der Einstiegsaufgabe sollte die Gelegenheit genutzt werden, die Schülerinnen und Schüler vor dem Ausrechnen ihre Erwartungen äußern zu lassen, um so auch weiter an der Entwicklung von Größenvorstellungen zu arbeiten. Bei der Aufgabe 8 sind verschiedene Lösungswege denkbar, über deren Effizienz und Zweckmäßigkeit gesprochen werden sollte. So ist es z. B. besonders einfach, bei der Figur in a) die kleinere Seite als Grundseite des Parallelogramms zu betrachten; natürlich sind auch Differenzbildungen (großes Rechteck als Ausgangsfigur) möglich.

Bei den binomischen Formeln haben wir auf eine Nummerierung verzichtet, insbesondere ist es u. E. nicht unbedingt erforderlich, zwischen „1." und „2." binomischer Formel zu unterscheiden, da $-b$ durchaus positiv und a auch negativ sein kann, so dass eigentlich nur zwei Formeln gelernt werden müssten. Die geometrische Veranschaulichung der binomischen Formeln setzt allerdings eine Belegung der Variablen mit positiven Zahlen voraus. Die Anwendung der binomischen Formeln erfolgt dann in den anschließenden Aufgaben in zwei Richtungen, einmal um Summen in Produkte umzuformen, was bei der nachfolgenden Behandlung von Bruchtermen mit Blick auf das Kürzen zweckmäßig sein kann, zum anderen natürlich auch in umgekehrter Richtung. Ob die eine oder andere Umformung zweckmäßig ist, hängt jeweils vom Kontext ab.

Terme und Gleichungen Schulbuchseiten 30 bis 31

Bruchterme

Lösungen der Aufgaben auf den Seiten 30 bis 35

1. a) $b = \frac{2A}{h} - a$ b) $v_1 = \frac{s}{t}$; $v_2 = \frac{s}{0{,}5t} = 2 \cdot \frac{s}{t} = 2v_1$ c) $h = \frac{1\,\text{dm}^3}{A_G}$

x	-5	-3	$-1{,}5$	0	1
T_1	$\frac{7}{3}$	2	$\frac{7}{5}$	-1	n.l.
T_2	$-\frac{1}{5}$	n.l.	$\frac{52}{27}$	n.l.	1

2. a) $k = -2$ b) $o = 1$ c) $x \in \{3; -2\}$ d) $x \in \{1; -2\}$
   e) $y \in \{0; 0{,}5\}$ f) $k = 1{,}5$

4. Beispiele: a) $\frac{1}{x-2}$ b) $\frac{1}{2x+1}$ c) $\frac{1}{x}$
   d) $\frac{2x}{x^2-9}$ e) $\frac{x}{(x-5)(x-1)}$ f) $\frac{1}{e-2f}$

5. a) $-0{,}1877$ b) $0{,}9050$ c) $0{,}04717$ d) $-11{,}44$
   e) $0{,}9864$ f) $-7{,}491$ g) $-5{,}171$ h) $-1{,}136$

6.

	Reziprokes	Bedingung für Ausgangsterm	Bedingung für Reziprokes
a)	$\frac{1}{7}$	—	—
b)	$\frac{1}{6xy}$	x, y beliebig	$x \neq 0; y \neq 0$
c)	$\frac{op}{100 - o^2}$	$o \neq 0; p \neq 0$	$o \neq 10; o \neq -10$
d)	$-0{,}4$	—	—
e)	$8a^2$	$a \neq 0$	a beliebig
f)	$\frac{a+2b}{2a-b}$	$a \neq 2b$	$b \neq 2a$
g)	4	—	—
h)	$\frac{9b}{2c}$	$b \neq 0$	$c \neq 0$
i)	$\frac{x^2 - 4x}{x(x-1)}$	$x \neq 0; x \neq 4$	$x \neq 0; x \neq 1$
j)	$\frac{1}{4a}$	a beliebig	$a \neq 0$
k)	$0{,}2y - 1$	$y \neq 5$	y beliebig
l)	$(4a-1)(1-4a)$	$a \neq 0{,}25$	a beliebig

7. a) $\frac{40a^2 b}{80ab^2} = \frac{2{,}5a}{5b}$ b) $\frac{7}{(x-1)^1} = \frac{7x+7}{x^2-1}$ $(x \neq 1; x \neq -1)$
   c) $\frac{9z}{3y+6} = \frac{3z}{y+2}$ d) $\frac{5z^3}{4} = \frac{5z^3 + 1}{\frac{4(5z^3+1)}{5z^3}}$ $(z \neq 0; z \neq -\frac{1}{\sqrt[3]{5}})$

8. a) $\frac{3x^2}{6xy}$ b) $\frac{2t}{2t-4}$
   c) $\frac{7(x-1)}{(x-1)^2}$ d) $\frac{9ac}{45a^2 b}$
   e) $\frac{\frac{2}{3}}{3a}$ f) $\frac{1}{k+2}$

9.

	erweiterter Term	Bedingung f. Ausgangsterm	Bed. für erweiterten Term
a)	$\frac{12x^2 y^2 z}{18xz^2}$	$z \neq 0$	$x \neq 0; z \neq 0$
b)	$\frac{p+k}{p^2 - k^2}$	$p \neq k$	$\lvert p \rvert \neq \lvert k \rvert$
c)	$\frac{3ac}{5a^2 bc^2}$	$a \neq 0; b \neq 0; c \neq 0$	$a \neq 0; b \neq 0; c \neq 0$
d)	$\frac{6k(2k-1)}{(8k^2 - 2)}$	$k \neq -0{,}5$	$k \neq -0{,}5; k \neq 0{,}5$
e)	$\frac{\frac{1}{10} a(a+b)}{\frac{1}{10} a^2 + \frac{2}{10} ab + \frac{1}{10} b^2}$	$a \neq -b$	$a \neq -b$
f)	$\frac{-0{,}5v}{-6v^2}$	$v \neq 0$	$v \neq 0$

Terme und Gleichungen — Schulbuchseiten 32 bis 34

10.

	gekürzter Term	Bedingung f. Ausgangsterm	Bed. für gekürzten Term
a)	$\dfrac{1}{b^2}$	$b \neq 0$	$b \neq 0$
b)	$\dfrac{2uv}{9w}$	$v \neq 0;\ w \neq 0$	$w \neq 0$
c)	$2x-1$	x beliebig	x beliebig
d)	nicht kürzbar	$u \neq 2$	—
e)	$\dfrac{1}{z^2 - \dfrac{3}{4}}$	$|z| \neq \dfrac{1}{2}\sqrt{3}$	$|z| \neq \dfrac{1}{2}\sqrt{3}$
f)	$-a$	$a \neq 0;\ a \neq b$	a beliebig
g)	$\dfrac{5}{1-uv}$	$u \neq 0;\ v \neq 0;\ uv \neq 1$	$uv \neq 1$
h)	$-\dfrac{op}{p+1}$	$p \neq -1;\ p \neq 1$	$p \neq -1$

11. $R_G = R_1 + \dfrac{R_2 R_3}{R_2 + R_3}$

12. a) $\dfrac{12a+2b}{a^2-b^2}$ b) $\dfrac{2bx-3a^2y+2by}{2a^2b}$ c) $\dfrac{13x-13y+7}{x^2-y^2}$

13. a) $\dfrac{x-3y}{x^2-y^2}$ b) $\dfrac{4x^2+xy-2y^2}{xy(x-y)}$ c) 0 d) $\dfrac{17a^2+10a+18}{12(a^2-1)}$

    e) $\dfrac{2(a^2+b^2)}{a^2-b^2}$ f) $\dfrac{y(2x+y)}{x(x+y)}$ g) $\dfrac{2x(x^2-3)}{(x^2-1)^2}$ h) $\dfrac{3(x+y)}{4}$

NACHGEDACHT (Randspalte S. 33): $x = 2,\ y = 3$ oder $x = 3,\ y = 2$

14. a) $\dfrac{y^2+5y+8}{y(y+4)};\ y \neq -4;\ y \neq 0;\ y \neq 4$ b) $\dfrac{7a^2-16a-7}{2a^2+a-1};\ a \neq -1;\ a \neq \dfrac{1}{2}$

    c) $\dfrac{4y-2}{y^2-4};\ y \neq -2;\ y \neq 0;\ y \neq 2$ d) $\dfrac{x^2-13x+29{,}75}{9-12x-4x^2};\ x \neq 2;\ x \neq -\dfrac{3}{2};\ x \neq -\dfrac{3}{2} \pm \dfrac{3}{2}\sqrt{2}$

15. a) $\dfrac{-2x-6}{x^2-25};\ x \neq -5;\ x \neq 5$ b) $\dfrac{x^2-xy+y^2}{x^2-y^2};\ x \neq y;\ x \neq -y$

    c) $\dfrac{7b^2-5a+5b}{b(a-b)};\ a \neq 0;\ b \neq 0;\ a \neq b$

    d) $\dfrac{x^3+x^2y-xy^2-y^3-x^2y^2}{xy(x^2-y^2)};\ x \neq 0;\ y \neq 0;\ x \neq y;\ x \neq -y$

Terme und Gleichungen — Schulbuchseiten 34 bis 35

e) $\dfrac{e(7x+5)}{6(x^2-25)};\ x \neq -5;\ x \neq 5$ f) $\dfrac{a^3-3a^2b+4b^3-16a^2+16ab}{(a-b)(a-2b)^2};\ a \neq b;\ a \neq 2b$

16. a) Addition der Nenner an Stelle der Bruchterme; richtig $z = \dfrac{xy}{x+y}$

    b) Erweiterungsfaktor 2 nicht berücksichtigt; richtig $\dfrac{a-6b}{2a^2}$

    c) Erweiterungsfaktoren nicht berücksichtigt; richtig $\dfrac{ab+2a}{2b}$

    d) falsches Gleichnamigmachen; richtig $\dfrac{7-7a^2}{a}$

AUFGABE (Randspalte S. 34):

$2 + \dfrac{1}{2 + \dfrac{1}{2 + \dfrac{1}{2}}} = \dfrac{29}{12}$

NACHGEDACHT (Randspalte S. 34):

$a + \dfrac{1}{a + \dfrac{1}{a + \dfrac{1}{a}}} = \dfrac{a^4+3a^2+1}{a^3+2a}$

17. a) $\dfrac{1}{x-y};\ |x| \neq |y|$ b) $\dfrac{x^2-y}{x^2-y^2};\ |x| \neq |y|$ c) $\dfrac{8x^2y-y^2-6x}{9y^2};\ y \neq 0$

    d) $\dfrac{-k^3-2k^2l-25kl^2-50l^3-k^2-4kl+5l^2}{(k+5l)(k^2+25l^2)};\ k \neq 5l$

18. a) $\dfrac{b}{6}$ b) $\dfrac{2}{a}$

19. a) $\dfrac{6b^2+5b-56}{b^2-9};\ b \neq -3;\ b \neq 3$ c) $27a^2$ d) $\dfrac{x^2-y^2}{x^2+y^2}$

    c) $\dfrac{y^2}{(x+y)^2};\ x \neq -y$

    e) $\dfrac{x+3y}{2(x-5y)};\ x \neq 0;\ x \neq 5y$ f) $\dfrac{s^2}{r};\ r \neq 0;\ s \neq -\dfrac{1}{2}r^2$

20. a) $\dfrac{39a^3b^2}{2x^2y^3}$ b) $\dfrac{3y^2}{4z^2}$ c) $\dfrac{2x(2x-y)}{(4x+y)(x-y)}$

    d) $\dfrac{(2x-1)(x-3)}{10(x+3)}$ e) $\dfrac{65xy^2}{11z}$ f) $\dfrac{(a-1)x+(a+1)y}{(a-1)^2}$

    g) $\dfrac{(a-b)^2}{a^4}$ h) $\dfrac{3ab(a-b)}{4}$ i) $\dfrac{15x^3y}{(x-2)(5x+y)}$

21. a) $\dfrac{1}{2a} : \dfrac{1}{b} = \dfrac{b}{2a}$ b) $\dfrac{4xy}{5z} \cdot \dfrac{ab}{ac} = \dfrac{4cxy}{5bz}$ c) $ab : \dfrac{a}{c} = bc$

d) $\dfrac{1+b}{1-b} \cdot \dfrac{2}{1-b} = \dfrac{1+b}{2}$ e) $\left(\dfrac{1}{a}+\dfrac{1}{b}\right) : \left(\dfrac{1}{a}-\dfrac{1}{b}\right) = \dfrac{a+b}{b-a}$

FÜR HELLE KÖPFE (Randspalte S. 35):

a) $ac = a(a+2) = a^2 + 2a$
$bd = (a+1)(a+3) = a^2 + 4a + 3$, also $ac < bd$
Betrag der Differenz: $2a + 3$

b) $bc = (a+1)(a+2) = a^2 + 3a + 2$
$ad = a(a+3) = a^2 + 3a$, also $bc > ad$
Betrag der Differenz: 2

AUFGABEN ZUR WIEDERHOLUNG

1. CD-Player: 33,15 €; Fernseher: 1053,00 €; Lautsprecherboxen: 53,24 €; CD: 14,00 €
3. a) 20 %   b) 9,09 %   c) 50 %   d) 29,75 %   e) 20 %
4. a) 5311,72 €   b) 11736,87 €   c) 125,86 €   d) 273,98 €   e) 1946,20 €
6. a) 72,28 %   b) 99 %   c) 88,61 %

Erläuterungen und Anregungen

Bei der Einführung in diesen Themenbereich bietet es sich an, die Regeln der Bruchrechnung zu wiederholen; das führt unter anderem zu der Einsicht, dass bei Bruchtermen stets zu gewährleisten ist, dass der Term im Nenner nicht Null wird, was meist zu einer Einschränkung der Grundmenge führt.
Zur Differenzierung können die Kettenbrüche in der Randspalte auf Seite 34 genutzt werden. Auch die Aufgabe 21 kann zur Differenzierung verwendet werden, da Doppelbrüche beim Lösen von Gleichungen sicher nicht die entscheidende Rolle spielen werden.

Nutzung von Variablen in mathematischen Beweisen

Lösungen der Aufgaben auf den Seiten 36 bis 39

1. a) falsch   b) wahr   c) wahr   d) falsch   e) wahr

2. a) Gegenbeispiel: $1 + 2 + 3 + 4 = 10$ ist nicht durch 4 teilbar.
   b) Beweis: Sei n eine beliebige natürliche Zahl.
   $n + (n+1) + (n+2) + (n+3) + (n+4) = 5n + 10 = 5(n+2)$ ist durch 5 teilbar.
   c) Beweis: Sei n eine beliebige natürliche Zahl.
   $(2n+1)^2 = 4n^2 + 4n + 1 = 2(2n^2 + 2n) + 1 = 2m + 1$ mit $m = 2n^2 + 2n \in \mathbb{N}$.
   Das Quadrat einer ungeraden natürlichen Zahl ist also ungerade.

d) Beweis: Seien m und n beliebige natürliche Zahlen.
   Es gilt $2m + 2n = 2(m+n)$, also ist die Summe eine gerade Zahl.

3. a) Aus $a = 2n$ folgt $a^2 = 4n^2$, also ist a^2 durch 4 teilbar.
   b) Sei n^2 eine beliebige Quadratzahl.
   Dann ist auch $4n^2$ wegen $4n^2 = (2n)^2$ eine Quadratzahl.
   c) Sei n eine beliebige natürliche Zahl. Dann gilt:
   $(n+1)^2 - n^2 = n^2 + 2n + 1 - n^2 = 2n + 1$, die Differenz ist also ungerade.

4. a) z. B. $63 - 36 = 27$; $91 - 19 = 72$
   b) Die Ergebnisse sind Vielfache von 9.

5. Aus $m = 10a + b$ ($a > b$) und $n = 10b + a$ folgt $m - n = 9(a-b)$.

6. a) $5225 - 2552 = 2673 = 3 \cdot 891$
   b) z. B. $7337 - 3773 = 3564 = 4 \cdot 891$
   c) Seien a und n natürliche Zahlen mit $1 \leq a < n \leq 9$.
   Dann können „ANNA-Zahlen" folgendermaßen dargestellt werden:
   $k = 1000a + 100n + 10n + a$; $m = 1000n + 100a + 10a + n$; $m > k$.
   $m - k = (100 1n + 110a) - (1001a + 110n) = 891(a-n)$

7. $n = (a_4 + a_3 + a_2 + a_1 + a_0) + 9(1111a_4 + 111a_3 + 11a_2 + a_1)$
   Der zweite Summand ist offensichtlich durch 9 teilbar. n ist genau dann durch 9 teilbar, wenn auch der erste Summand, also die Quersumme von n, durch 9 teilbar ist.

8. $n = 10000a_4 + 1000a_3 + 100a_2 + 10a_1 + a_0$
   $n = (a_4 - a_3 + a_2 - a_1 + a_0) + (9999a_4 + 1001a_3 + 99a_2 + 11a_1)$
   $n = (a_4 - a_3 + a_2 - a_1 + a_0) + 11(909a_4 + 91a_3 + 9a_2 + a_1)$
   Der zweite Summand ist durch 11 teilbar. n ist genau dann durch 11 teilbar, wenn auch der erste Summand, die alternierende Quersumme von n, durch 11 teilbar ist.

9. a) Regeln für die Teilbarkeit durch 2, 3, 4, 5, 6, 8, 9, 10, 25, 50, 100 u. a.
   b) Beispiel: Teilbarkeit durch 8 (5 Ziffern):
   $n = 10000a_4 + 1000a_3 + 100a_2 + 10a_1 + a_0$
   $n = 1000(10a_4 + a_3) + (100a_2 + 10a_1 + a_0) = 8 \cdot 125(10a_4 + a_3) + (100a_2 + 10a_1 + a_0)$
   Es folgt: Eine fünfstellige natürliche Zahl ist genau dann durch 8 teilbar, wenn die aus den letzten drei Ziffern gebildete Zahl $a_2 a_1 a_0$ durch 8 teilbar ist.
   c) Beispiel: Teilbarkeit durch 9 (k Ziffern): $n = 10^{k-1}a_{k-1} + 10^{k-2}a_{k-2} + \ldots + 10a_1 + a_0$
   $n = (a_{k-1} + a_{k-2} + \ldots + a_1 + a_0) + ((10^{k-1} - 1)a_{k-1} + (10^{k-2} - 1)a_{k-2} + \ldots + (10-1)a_1)$
   Jede Zahl 10^{k-i} ($i = 1, 2, \ldots, k-1$) ist durch 9 teilbar, also auch die Summe von ganzzahligen Vielfachen solcher Zahlen. Es folgt: n ist genau dann durch 9 teilbar, wenn die Quersumme $a_{k-1} + a_{k-2} + \ldots + a_1 + a_0$ durch 9 teilbar ist.

10. a) Der Beweis kann wie im Beispiel auf Lehrbuchseite 39 geführt werden.

b) Gegeben sei ein beliebiges Dreieck ABC mit den Innenwinkeln α, β und γ. Zeichnet man durch C eine zu AB parallele Gerade g, so entstehen bei C die drei Winkel α_1, γ und β_1, wobei α_1 und β_1 Wechselwinkel an geschnittenen Parallelen zu α und β sind. Aus $\alpha_1 + \gamma + \beta_1 = 180°$, $\alpha = \alpha_1$ und $\beta = \beta_1$ folgt $\alpha + \beta + \gamma = 180°$.

11. Die „abgeschnittenen" Dreiecke sind alle zueinander kongruent nach Kongruenzsatz sws, also sind alle Seiten des entstehenden Vierecks gleich lang.

AUFGABEN ZUR WIEDERHOLUNG

1. a) richtig b) richtig c) falsch d) richtig e) falsch
   Direkt proportionale Zuordnungen: a), b), d)

2. a) Zwei Größen sind direkt proportional zueinander, wenn die Verhältnisse einander zugeordneter Größen stets gleich sind.
   b) Zwei Größen sind indirekt proportional zueinander, wenn die Produkte einander zugeordneter Größen stets gleich sind.

3. a) m: Masse; V: Volumen; ϱ: Dichte; $m = \varrho \cdot V$; $\varrho = 7{,}8$ g/cm^3
   b) K: Kosten; V: Volumen; n: Preis; $K = n \cdot V$; $n = 0{,}75$ €/l

4.
Weg	500 m	27,3 km	164 km	61,5 km	20 km
Zeit	22 s	20 min	2 h	$\frac{3}{4}$ h	14 min 38 s

Erläuterungen und Anregungen

Mit dieser Lerneinheit wird der Bogen zum Eingangskapitel geschlagen. Um Aussagen beweisen zu können, ist es notwendig, dass erkannte Zusammenhänge zunächst mithilfe von Variablen ausgedrückt werden. Diesem Anliegen dient auch die Einstiegsaufgabe, die dazu anregen soll, nach Prüfung von Beispielen die Aussagen formal aufzuschreiben. Die Schülerinnen und Schüler sollen im Ergebnis dieser Lerneinheit auch erkannt haben, wann es ausreichend ist, ein (Gegen-)Beispiel für eine Aussage anzugeben, und wann ein allgemeiner Beweis notwendig ist. Alle Aufgabenstellungen können und sollen zunächst durch konkrete (Zahlen-)Beispiele geprüft werden, bevor sie bewiesen werden. Die Aufgaben 4 und 6 können dazu anregen, selbst mathematische Zusammenhänge zu entdecken (hier werden die Schülerinnen und Schüler sicher unterschiedlich viele Beispiele berechnen müssen, um eine Gesetzmäßigkeit zu erkennen) und dann mithilfe von Variablen zu formulieren und zu beweisen.
Wichtig ist, dass die Schülerinnen und Schüler erkennen, dass es zweckmäßig ist, den Objekten, mit denen man zu tun hat, einen Namen zu geben, damit man sich besser verständigen kann, da Formulierungen sonst sehr umständlich werden, wobei man nicht darauf zu bestehen ist, dass immer ein und dieselbe Variable verwendet wird.

Programmierung mathematischer Algorithmen

Lösungen der Aufgaben auf Seite 41

1. a) Schritt 1: $a := 24$; $b := 16$
      Schritt 2: $r := 8$
      Schritt 3: $a := 16$; $b := 8$
      Schritt 4: $b > 0 \Rightarrow$ weiter mit Schritt 2
      Schritt 2: $r := 0$
      Schritt 3: $a := 8$; $b := 0$
      Schritt 4: $b = 0 \Rightarrow$ ggT (24; 16) = 8

   b) Schritt 1: $a := 741$; $b := 611$
      Schritt 2: $r := 130$
      Schritt 3: $a := 611$; $b := 130$
      Schritt 4: $b > 0 \Rightarrow$ weiter mit Schritt 2
      Schritt 2: $r := 91$
      Schritt 3: $a := 130$; $b := 91$
      Schritt 4: $b > 0 \Rightarrow$ weiter mit Schritt 2
      Schritt 2: $r := 39$
      Schritt 3: $a := 91$; $b := 39$
      Schritt 4: $b > 0 \Rightarrow$ weiter mit Schritt 2
      Schritt 2: $r := 13$
      Schritt 3: $a := 39$; $b := 13$
      Schritt 4: $b > 0 \Rightarrow$ weiter mit Schritt 2
      Schritt 2: $r := 0$
      Schritt 3: $a := 13$; $b := 0$
      Schritt 4: $b = 0 \Rightarrow$ ggT (611; 741) = 13

3. a) (1) Schreibe die beiden Summanden rechtsbündig untereinander. Setze vor den zweiten Summanden ein Pluszeichen.
   (2) Zeichne unmittelbar darunter eine waagerechte Linie.
   (3) Für $n := 1, 2, \ldots 4$ wiederhole folgendes:
      (3.1) Addiere zur n-ten Ziffer von rechts des ersten Summanden die n-te Ziffer von rechts des zweiten Summanden.
      (3.2) Wenn $n > 1$, addiere zur erhaltenen Summe die gemerkte Ziffer.
      (3.3) Schreibe die Einerziffer der Summe unterhalb der Linie unter die n-te Ziffer von rechts des zweiten Summanden.
      (3.4) Merke dir die Zehnerziffer der Summe.
   (4) Wenn die gemerkte Ziffer größer als 0 ist, schreibe sie vor die zuletzt aufgeschriebene Ziffer.
   (5) Die jetzt unterhalb der Linie stehende Zahl ist die gesuchte Summe.

Terme und Gleichungen | Schulbuchseiten 41 bis 42

b) (1) Schreibe den ersten Summanden so auf, dass darunter mindestens zwei Zeilen Platz frei sind. Dieser Summand soll zunächst als die „zuletzt erhaltene Zwischensumme" gelten.

(2) Solange noch weitere Summanden vorhanden sind, wiederhole folgendes:

(2.1) Wenn unterhalb der zuletzt erhaltenen Zwischensumme weniger als zwei Zeilen Platz frei sind, schreibe diese Zwischensumme an den Anfang einer neuen Spalte oder eines neuen Blattes Papier.

(2.2) Schreibe den nächsten Summanden rechtsbündig unter die zuletzt erhaltene Zwischensumme. Setze vor diesen Summanden ein Pluszeichen.

(2.3) Zeichne unmittelbar darunter eine waagerechte Linie.

(2.4) Setze $s :=$ Stellenzahl der zuletzt erhaltenen Zwischensumme.

(2.5) Für $n := 1, 2, \ldots, s$ wiederhole folgendes:

(2.5.1) Addiere zur n-ten Ziffer von rechts der zuletzt erhaltenen Zwischensumme die n-te Ziffer von rechts des zuletzt hinzugefügten Summanden (wenn keine n-te Ziffer existiert, verwende 0).

(2.5.2) Wenn $n > 1$, addiere zum Ergebnis die gemerkte Ziffer.

(2.5.3) Schreibe die Einerziffer des Ergebnisses unterhalb der Linie unter die n-te Ziffer von rechts des zuletzt hinzugefügten Summanden.

(2.5.4) Merke dir die Zehnerziffer des Ergebnisses.

(2.6) Wenn die gemerkte Ziffer größer als 0 ist, schreibe sie vor die zuletzt aufgeschriebene Ziffer. Die jetzt am Ende der Liste stehende Zahl ist die neue Zwischensumme.

(3) Die jetzt am Ende der Liste stehende Zahl ist die gesuchte Gesamtsumme.

Hinweis: Die nur zur übersichtlichen Gestaltung des Schriftbildes dienenden Befehle (Pluszeichen setzen, Linie zeichnen, bei Bedarf eine neue Spalte anfangen) können auch weggelassen werden.

c) Gegenüber b) muss nur der Schritt (2.4) folgendermaßen verändert werden:

(2.4) Wenn der zuletzt hinzugefügte Summand mehr Stellen hat als die zuletzt erhaltene Zwischensumme, dann setze $s :=$ Stellenzahl des zuletzt hinzugefügten Summanden, sonst setze $s :=$ Stellenzahl der zuletzt erhaltenen Zwischensumme.

Lösungen der Aufgaben auf Seite 42

1. a) – Bei allen 6 Schritten kann das Fehlen oder der nicht ordnungsgemäße Zustand von Zutaten oder Werkzeugen die Ausführbarkeit beeinträchtigen.

Terme und Gleichungen | Schulbuchseiten 42 bis 43

– 3 Liter Wasser passen nicht in einen üblichen Kochtopf mittlerer Größe (2 l).

b) – Es ist nicht angegeben, wie viel Salz dem Kochwasser zugegeben werden soll.
– Desweiteren ist nicht angegeben, welche Menge Kartoffeln pro Person verwendet werden soll, falls die Wünsche der Essensgäste nicht bekannt sind.

c) – Für eine Person genügt auch ein kleiner Topf. Für sechs und mehr Personen wird ein größerer Topf benötigt.
– In den meisten Fällen werden wesentlich weniger als 3 l Wasser benötigt.

d) Es wird nicht gesagt, dass, wenn die Kartoffeln weich sind, der Herd ausgeschaltet oder der Topf vom Feuer genommen werden soll.

e) 1. Schäle und säubere die gewünschte Menge Kartoffeln (Richtwert: 250 g Kartoffeln pro Person).
2. Halbiere alle größeren Kartoffeln.
3. Wähle einen Topf passender Größe (Fassungsvermögen mindestens 1,4 l je kg Kartoffeln).
4. Fülle Wasser in den Topf (Richtwert: 0,2 l Wasser je kg Kartoffeln).
5. Gib etwas Salz hinzu (weniger als 1 Teelöffel).
6. Gib die Kartoffeln hinzu und lasse sie zunächst 15 Minuten kochen.
7. Prüfe danach alle drei Minuten mit einer Gabel, ob die Kartoffeln weich sind. Wenn das der Fall ist, nimm die Kartoffeln vom Herd und gieße das Wasser ab.

Lösungen der Aufgaben auf den Seiten 43 bis 44

1. a)

Eingabewert a	3	20	59	$a < 20$	$a > 20$
Ergebnis bei (1)	(3 | 3)	(20 | 20)	(59 | 177)	($a \| a$)	($a \| 3a$)
Ergebnis bei (2)	3	0	39	a mod 5	$a - 20$

c)

Eingabewert	Ergebnis
4	2
9	3
2	1,41421356

Der Algorithmus berechnet bei einem positiven Eingabewert dessen Quadratwurzel.

b)

Terme und Gleichungen   Schulbuchseite 43

3.

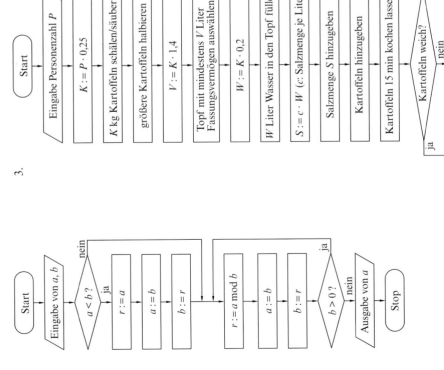

2.

Terme und Gleichungen   Schulbuchseiten 44 bis 47

4. a) Eingabe von p, W
   $G := (W/p) \cdot 100$
   Ausgabe von G

   b) Eingabe von a, b, c
   $V := a \cdot b \cdot c$
   $Ao := 2 \cdot (a \cdot b + a \cdot c + b \cdot c)$
   $l := 4 \cdot (a + b + c)$
   Ausgabe von V, Ao, l

   c) Eingabe von a, n
   $n = 0$?
   $a = 0$?
   $b := 1$
   solange $n > 0$, führe aus
   $b := b \cdot a$
   $n := n - 1$
   Ausgabe von b
   Ausgabe "nicht definiert"

   d)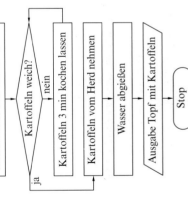
   Eingabe von W, G
   $p := (W/G) \cdot 100$
   $p \geq 96$?
   $p \geq 80$?
   $p \geq 60$?
   $p \geq 40$?
   $p \geq 20$?
   $z:=1$ $z:=2$ $z:=3$ $z:=4$ $z:=5$ $z:=6$
   Ausgabe von z

5. Für $n \geq 0$ wird $[n]!$ berechnet, wobei $[n]$ diejenige natürliche Zahl ist, die aus n durch Abschneiden der Dezimalstellen entsteht. Für $n < 0$ ist das Ergebnis immer 1.

Lösungen der Aufgaben auf Seite 47

2. a) – Beim zweiten Programm wird $A \bmod B$ berechnet, wahrscheinlich weil es den Operator mod dort nicht gibt, beschrieben durch $A - B \times \text{Int}(A \div B)$.
   Dabei ist $\text{Int}(A \div B)$ diejenige natürliche Zahl, die man aus $A \div B$ durch Abschneiden der Dezimalstellen erhält.
   – Im ersten Programm ist $B = 0$ die Bedingung für Schleifenabbruch, im zweiten ist $B > 0$ die Bedingung für nochmalige Wiederholung der Schleife.
   – Beim ersten Programm werden gebrochene Zahlen, die keine ganzen Zahlen sind, als Variablenbelegung von vornherein ausgeschlossen. Das zweite Programm ist hingegen auch bei Eingabe von gebrochenen Zahlen lauffähig.

   b) Gemeinsamkeiten:
   – In beiden Programmiersprachen können Wertzuweisungen, Termberechnungen, bedingte Anweisungen und Schleifen programmiert werden.

Terme und Gleichungen — Schulbuchseite 47

Unterschiede:
- Das erste Programm (ein PASCAL-Programm) benötigt, um lauffähig zu sein, noch ein Hauptprogramm für die Ein- und Ausgabe der Variablenwerte. Im zweiten Programm sind die Befehle für die Ein- und Ausgabe hingegen bereits enthalten.
- Wird der Variablen x der Wert der Variablen a zugewiesen, so schreibt man in der ersten Programmiersprache $x := a$, in der zweiten hingegen $A \to X$.
- Die Groß- und Kleinschreibung von Variablen und Befehlen wird in beiden Programmiersprachen unterschiedlich gehandhabt. Wichtig ist in diesem Zusammenhang folgendes: In manchen Programmiersprachen (z. B. PASCAL, BASIC) bedeuten A und a dieselbe Variable, in anderen Programmiersprachen (z. B. C, C++) nicht.
- Als Trennzeichen zwischen Befehlen werden im ersten Programm das Semikolon, im zweiten Programm der Doppelpunkt und das Zeichen ↵ verwendet. Die Regeln, wo Trennzeichen stehen müssen, sind in beiden Programmen unterschiedlich.
- Die Schreibweisen einzelner Befehle weichen voneinander ab (z. B. if $a < b$ then begin … end; If $A < B$: Then … IfEnd↵).
- Für die Multiplikation und Division werden in PASCAL die Zeichen * und / bzw. div (für die ganzzahlige Division) verwendet (das ist hier allerdings nicht sichtbar), in der zweiten Programmiersprache die Zeichen × und ÷.
- Die zweite Programmiersprache enthält wahrscheinlich keinen Operator mod und keinen Befehl repeat … until.
- In der ersten Programmiersprache können unterschiedliche Typen (Grundmengen) für die Variablen angegeben werden (z. B. integer, real), in der zweiten Programmiersprache nicht.

3. a)
Eingabe von a, b, c
$Ao := 2 \cdot (a \cdot b + a \cdot c + b \cdot c)$
$V := a \cdot b \cdot c$
Ausgabe von Ao, V

b)
Eingabe von k
$w := k \cdot 3{,}5$
Ausgabe von w

Entfernung auf der Karte	23 mm	7 cm	82,5 mm	(Entfernung auf der Karte in mm)
wirkliche Entfernung	80,5 km	245 km	288,75 km	(wirkliche Entfernung in km)

c)
Eingabe von d	(Anzahl der Tage)
$h := d \cdot 24$	(Anzahl der Stunden)
$m := h \cdot 60$	(Anzahl der Minuten)
$s := m \cdot 60$	(Anzahl der Sekunden)
Ausgabe h, m, s	

Eine Woche hat 10 080 Minuten.
Ein Schaltjahr hat 8784 Stunden, andere Jahre haben 8760 Stunden.
Ein Wochenende dauert 172 800 Sekunden.

d)
Eingabe von p, K	(p: Zinssatz; K: Anfangskapital)
$q := 1 + p/100$	
$K1 := \text{ROUND}(K \cdot q \cdot 100)/100{,}0$	(ROUND = Runden auf eine ganze Zahl)
$K2 := \text{ROUND}(K \cdot q \cdot 100)/100{,}0$	
$K3 := \text{ROUND}(K \cdot q \cdot 100)/100{,}0$	
Ausgabe von $K1, K2, K3$	

Terme und Gleichungen — Schulbuchseiten 48 bis 50

Lösen einfacher Gleichungen und Ungleichungen (Wiederholung)

Lösungen der Aufgaben auf den Seiten 48 bis 51

1. Auf der rechten Waagschale können 3 Zitronen oder 1 Apfel und 1 Zitrone liegen.
2. Das Pfand beträgt 0,05 €.
3. $s = n + (n+1) + (n+2) + (n+3) + (n+4) + (n+5) = 6n + 15$; $n = \dfrac{s-15}{6}$

   Marina subtrahierte jeweils vom Ergebnis 15 und dividierte anschließend durch 6.

4. a) $x = 12$ b) $x = 9$ c) $x = 13$ d) $x = 5$
   e) $x = 11$ f) $x = -27$ g) $x = 76$ h) $x = 20$
   i) $x = -0,5$ j) $x = -108$ k) $x = -27$ l) $x = 36$
   m) $x = -2,5$ n) $x = 14,5$ o) $x = 15,5$ p) $x = 99$
   q) $x = 0$ r) $x = -35$ s) $x = -24,5$ t) $x = \dfrac{4}{3}$
   u) $x = 1$ v) $x = 1$ w) $x = 0$ x) $x = 2$

5. a) $s = n + (n-1) + (n+1) + (n-2) + (n+2) + (n+3) + (n+4) = 7n + 7$

$s = 7n + 7$	56	7	0	-21	-56
n	7	0	-1	-4	-9

   b) $s = n + (n-2) + (n-4) + (n+1) + (n+3) + (n+5) = 6n + 3$

$s = 6n + 3$	33	57	-3	-27	45
n	5	9	-1	-5	7

   c) $s = n + (n-1) + (n-2) + (n-3) + (n-4) + (n+1) + (n+2) + (n+3) = 8n - 4$

$s = 8n - 4$	<68	<36	<0	<-4	<760
n	0, 1, …, 8	0, 1, 2, 3, 4	0	n. l.	0, 1, …, 95

   d) $s = n + (n-2) + (n-4) + (n-6) + (n+1) + (n+3) + (n+5) + (n+7) = 8n + 4$

$s = 8n + 4$	<76	<124	<4	<222	<444
n	0, 2, 4, 6, 8	0, 2, …, 14	n. l.	0, 2, …, 26	0, 2, …, 54

6. a) $L = \{x \in \mathbb{Q} \mid x < 8\}$ b) $L = \{x \in \mathbb{Q} \mid x > 0,5\}$ c) $L = \{x \in \mathbb{Q} \mid x < 0,5\}$
   d) $L = \{x \in \mathbb{Q} \mid x < 6\}$ e) $L = \{x \in \mathbb{Q} \mid x < 4\}$ f) $L = \{x \in \mathbb{Q} \mid x > 8,5\}$
   g) $L = \{x \in \mathbb{Q} \mid x < -6\}$ h) $L = \{x \in \mathbb{Q} \mid x > 8\}$ i) $L = \{x \in \mathbb{Q} \mid x > -9\}$
   j) $L = \{x \in \mathbb{Q} \mid x < -8\}$ k) $L = \{x \in \mathbb{Q} \mid x > 4\}$ l) $L = \{x \in \mathbb{Q} \mid x < 1\}$

7. a) $L = \{-1\}$ b) $L = \{…, -4; -3; -2\}$ c) $L = \emptyset$
   d) $L = \mathbb{N}$ e) $L = \{-0,16\}$ f) $L = \{x \in \mathbb{Q} \mid x > -0,02\}$
   g) $L = \emptyset$ h) $L = \emptyset$ i) $L = \emptyset$
   j) $L = \{-1; -10; -20\}$ k) $L = \{1\}$ l) $L = \emptyset$

8. a) $5x + 17 = x + 67 \Leftrightarrow x = 12,5$. Die gesuchte Zahl ist 12,5.
   b) $13x - 4 > 21x - 12 \Leftrightarrow x < 1$. Lösungen sind alle rationalen Zahlen kleiner als 1.

Terme und Gleichungen — Schulbuchseiten 50 bis 53

9. a) $L = \{10\}$ b) $L = \emptyset$ c) $L = \{x \in \mathbb{Q} \mid x > -2\}$
   d) $L = \{x \in \mathbb{Q} \mid x < 16\}$ e) $L = \{x \in \mathbb{Q} \mid x \geq -1,3\}$ f) $L = \{1\}$

10. a) $x = 6$ b) $x = 0,125$ c) $2x + 4 = 3x$ d) $3x = 484$
    e) $x > -4$ f) $-2x + 8 \geq 0$ g) $x \geq -3x + 5$ h) $2x < 1$
    i) $x = -3$ j) $9x > 27$ k) $x = -0,5$ l) $x \geq 3$

11. a) $L = \{20\}$ b) $L = \{54\}$ c) $L = \{4\}$
    d) $L = \{21\}$ e) $L = \{600\}$ f) $L = \{12\,012\}$
    g) $L = \{21\}$ h) $L = \{1120\}$ i) $L = \{833\}$

12. a) $L = \{x \in \mathbb{Q} \mid x < 46\}$ b) $L = \{x \in \mathbb{Q} \mid x < 23\}$ c) $L = \{x \in \mathbb{Q} \mid x \leq 2316\}$
    d) $L = \{x \in \mathbb{Q} \mid x < -1365\}$ e) $L = \{x \in \mathbb{Q} \mid x \leq -16,5\}$ f) $L = \{x \in \mathbb{Q} \mid x < 12\}$
    g) $L = \{x \in \mathbb{Q} \mid x > -2,25\}$ h) $L = \{x \in \mathbb{Q} \mid x \leq 222\}$ i) $L = \{x \in \mathbb{Q} \mid x \geq 2014\}$

13. a) $L = \{\tfrac{5}{3}\}$ b) $L = \{-\tfrac{15}{22}\}$ c) $L = \{15\}$ d) $L = \{1\}$
    e) $L = \{11\}$ f) $L = \{-2,6\}$ g) $L = \{4\}$ h) $L = \{0\}$
    i) $L = \{-8\}$ j) $L = \{0\}$ k) $L = \emptyset$ l) $L = \{-2\}$

14. a) $L = \{x \in \mathbb{Q} \mid x > 8\}$ b) $L = \{y \in \mathbb{Q} \mid y < 20\}$ c) $L = \{z \in \mathbb{Q} \mid z \geq 15\}$
    d) $L = \{v \in \mathbb{Q} \mid v \leq 7\}$ e) $L = \mathbb{Q}$ f) $L = \{w \in \mathbb{Q} \mid w \geq 1\}$
    g) $L = \{x \in \mathbb{Q} \mid x \geq -0,6\}$ h) $L = \emptyset$ i) $L = \{w \in \mathbb{Q} \mid w \leq 1,2\}$
    j) $L = \{z \in \mathbb{Q} \mid z > -\tfrac{16}{9}\}$ k) $L = \{t \in \mathbb{Q} \mid t \geq \tfrac{18}{11}\}$ l) $L = \{y \in \mathbb{Q} \mid y \leq \tfrac{34}{3}\}$

Gleichungen mit Klammern

Lösungen der Aufgaben auf den Seiten 52 bis 55

1. Lisa hat die Gleichung richtig gelöst. Linda hat sich in der zweiten Zeile verrechnet.

3. a) $x = 4$ b) $x = -0,5$ c) $y = -14$ d) $x = 6,75$
   e) $x = 6$ f) $z = \tfrac{26}{99}$ g) $x = 9$ h) $x = -12$
   i) $t = 6$

4. a) $x = 14$ b) $x = -5$ c) $x = -2$ d) $x = \tfrac{11}{18}$
   e) $x = 17$ f) $x = 0$ g) $x = 4$ h) $x = 0$

5. a) $L = \{3\}$ b) $L = \{-5\}$ c) $L = \{1\}$ d) $L = \{\tfrac{4}{3}\}$
   e) $L = \emptyset$ f) $L = \{5\}$ g) $L = \mathbb{Q}$ h) $L = \{30\}$

6. a) $2a + 3b = 100 \Rightarrow 4a + 6b = 200$; $10a + 15b = 500$
   b) Differenz 25: $a = 35$, $b = 10$ oder $a = 5$, $b = 30$
      Differenz 70: $a = 62$, $b = -8$ oder $a = -22$, $b = 48$

7. a) $L = \emptyset$ b) $L = \emptyset$ c) $L = \{\tfrac{1}{3}\}$ d) $L = \emptyset$
   e) $L = \mathbb{Q}$ f) $L = \{7\}$ g) $L = \{1\}$ h) $L = \{-20\}$

Terme und Gleichungen

8. a) $x = 6{,}4$ b) $x = 9$ c) $x = -2$ d) $y = 0{,}54$
   e) $t = \dfrac{10}{27}$ f) $z = -\dfrac{6}{7}$ g) $x = 13{,}1$ h) $t = -\dfrac{43}{11}$

9. a) $x = \dfrac{8}{21}$ b) $x = 11$ c) $y = 2$ d) $x = -4$
   e) $L = \emptyset$ f) $x = -\dfrac{9}{11}$

10. a) $x = -4$ b) $y = 1{,}4$ c) $z = 1{,}3$ d) $L = \mathbb{Q}$
    e) $L = \emptyset$ f) $x = \dfrac{8}{21}$

11. a) $x = 0$ b) $x = \dfrac{17}{9}$ c) $y = -8$ d) $y = \dfrac{1}{3}$
    e) $z = -3{,}125$ f) $t = \dfrac{16}{111}$

12. a) $x = -8$ b) $x = \dfrac{10}{21}$ c) $x = -1{,}44$ d) $x = -\dfrac{5}{16}$
    e) $x = \dfrac{16}{111}$ f) $v = 27{,}6$

13. Sei a die Anzahl der Münzen und z die errechnete Zahl. $z = (2a + 4) \cdot 5 - 11 = 10a + 9$. Weglassen der letzten Ziffer 9 bei der erhaltenen Zahl ergibt die Anzahl der Münzen.

15. Sei a das Lebensalter, s die Schuhgröße, t das Tagesdatum und z die errechnete Zahl. $z = (20a + t) \cdot 5 + s - 5t = 100a + s$. Die letzten beiden Ziffern der errechneten Zahl geben die Schuhgröße und die Ziffern davor das Lebensalter an.

16. a) $x = -1$ b) $x = -1$ c) $x = 3$ d) $y = -\dfrac{11}{3}$
    e) $x = 0{,}25$ f) $x = 0$ g) $z = 0$ h) $x = 0$
    i) $x = 1$ j) $L = \emptyset$

17. a) $y = -1{,}25$ b) $x = 0{,}5$ c) $x = 0{,}6$ d) $z = 0{,}375$
    e) $t = -1{,}5$ f) $u = -1$ g) $x = 4$ h) $L = \emptyset$
    i) $L = \emptyset$ j) $y = -14$

AUFGABEN ZUR WIEDERHOLUNG

1. 2,7 m² (Trapez, kein Parallelogramm); 1,6 m²; 1,8 m²; 0,8 m²; 3,1 m²
2. 0,74 m²; 0,88 m²; 0,38 m²; 0,82 m²
3. 690 m²; 1540 m²
4. a) 12,1 m; 34,5 m; 125,6 dm; 1,3 cm; 25 mm; 0,000 561 mm
   b) 0,15 dm²; 41 800 cm²; 900 cm²; 0,1743 dm²; 40 000 m²; 0,000 023 ha
   c) 0,00001 dm²; 5 600 000 cm²; 1 960 mm; 840 m²; 8 700 m²; 0,000 005 km

Lösen von Sachaufgaben

Lösungen der Aufgaben auf den Seiten 56 bis 59

1. $A_\text{I} = 378{,}5$ m²; $A_\text{II} = 403{,}5$ m²; $x = 16{,}48$ m
2. $(x + 12) \cdot 2 - 26 = 32 \Rightarrow x = 17$. Die gedachte Zahl ist 17.
3. Pia ist 10 Jahre alt, Eric 7 Jahre und der Vater 35 Jahre.
4. a) 4,8 b) 1,2 c) 1,5
5. Linn ist in fünf Jahren 20 Jahre alt.
6. Der Lehrer ist 42 Jahre alt.
7. a) $u = 4x$; $A = x^2$ b) $u = 4x + 10$; $A = x(x + 5)$
   c) $u = 14x$; $A = 7x^2$ d) $u = 2{,}5x + 12$; $A = 0{,}75x^2$

AUFGABE (Randspalte S. 57): $x = 6{,}4$ m

9. Die Seitenlängen des Dreiecks betragen 12,1 cm, 9,4 cm und 7,2 cm.
10. Die Seiten des Drachenvierecks sind 10,6 cm und 7,2 cm lang.
11. a) 12,4 kWh b) 15 kWh
12. Herr Frost kann 150 € einsparen.
13. Die beiden Züge begegnen sich 48 km von A-Stadt entfernt.
14. a) nach 32 min 44 s b) etwa 502 km
15. Rico holt René zuerst ein. Nachdem Jana 1 Stunde unterwegs ist, holt sie René ein. Sie haben dann nach jeder 10 km zurückgelegt. Rico könnte zu diesem Zeitpunkt schon 10,5 km zurückgelegt haben.
16. Es werden 24,6 g 333er Gold benötigt.
18. Es werden 117,6 kg Zink und 282,4 kg Messing mit 15 % Zinkanteil benötigt.
19. a) Der Apotheker muss 75 ml 20%igen und 25 ml 60%igen Alkohol verwenden.
    b) Der Apotheker muss 62,5 ml 20%igen und 187,5 ml 60%igen Alkohol verwenden.

Erläuterungen und Anregungen

Das Lösen einer linearen Gleichung kann nach festen Regeln erfolgen. Diese Regeln kann man lernen und ihre Anwendung trainieren. Anders verhält es sich mit dem Aufstellen einer Gleichung zu einem Sachproblem. Hierfür können nur heuristische Regeln angegeben werden. Deshalb erweist sich dieser Abschnitt immer wieder als besonders schwierig für viele Schüler. Anregung und Hilfe werden durch zwei ausführliche Beispiele und durch Hinweise in der Randspalte gegeben. Als sehr nützlich hat es sich erwiesen, wenn man die Schüler selbst Sachaufgaben formulieren lässt, die über das Aufstellen von Gleichungen bearbeitet werden können. Man kann auch Gleichungen vorgeben und dazu entsprechende Sachtexte erfinden lassen.

Terme und Gleichungen

Bruchgleichungen

Lösungen der Aufgaben auf den Seiten 60 bis 63

1. Der Vorrat reicht 20 Tage.

2. Die gesuchte Zahl kann entweder 8 oder $-\frac{20}{3}$ sein: $\frac{5}{7+8} = \frac{1}{3}$; $7 + \left(-\frac{20}{3}\right) = \frac{1}{3}$

3. a) $\mathbb{Q} \setminus \{5\}$ b) $\mathbb{Q} \setminus \{-2; 0\}$ c) $\mathbb{Q} \setminus \{-9; 6\}$ d) $\mathbb{Q} \setminus \left\{-\frac{1}{3}; \frac{2}{7}\right\}$

4. a) $\frac{11}{7+x} = \frac{1}{2}$; $x \neq -7$; $x = 15$ b) $\frac{21}{34-x} = \frac{3}{4}$; $x \neq 34$; $x = 6$

   c) $\frac{7}{17+x} = \frac{1}{2}$; $x \neq -17$; $x = -3$ d) $\frac{13}{35-x} = \frac{1}{2}$; $x \neq 35$; $x = 9$

5. a) $D = \mathbb{Q} \setminus \{0; 2\}$; b) $D = \mathbb{Q} \setminus \left\{\frac{2}{3}\right\}$; $L = \left\{\frac{1}{3}\right\}$

   c) $D = \mathbb{Q} \setminus \{-2; 8\}$; $L = \{5\}$ d) $D = \mathbb{Q} \setminus \{0; 9\}$; $L = \{-11,25\}$

   e) $D = \mathbb{Q} \setminus \{-2; 3\}$; $L = \{2\}$ f) $D = \mathbb{Q} \setminus \{-1,5; 0\}$; $L = \emptyset$;

   g) $D = \mathbb{Q} \setminus \left\{\frac{1}{3}; 1\right\}$; $L = \{0\}$; h) $D = \mathbb{Q} \setminus \left\{\frac{2}{7}\right\}$; $L = \left\{\frac{13}{6}\right\}$

   i) $D = \mathbb{Q} \setminus \{-5; 5\}$; $L = \{0\}$;

6. a) $\frac{7+x}{12+x} = \frac{1}{2}$; $x \neq -12$; $x = -2$ b) $\frac{5-x}{8-x} = \frac{1}{4}$; $x \neq 8$; $x = 4$

   c) $\frac{x-6+25}{x+25} = \frac{6}{7}$; $x \neq -25$; $x = 17$ oder $\frac{y+25}{y+6+25} = \frac{6}{7}$; $y \neq -31$; $y = 11$

   Der gesuchte Bruch ist $\frac{11}{17}$.

7. Definitionsbereich bei allen Teilaufgaben: $D = \mathbb{Q} \setminus \{0\}$

   a) $L = \{1,5\}$ b) $L = \left\{-\frac{23}{16}\right\}$ c) $L = \{2\}$

   d) $L = \left\{\frac{3}{7}\right\}$ e) $L = \left\{\frac{6}{7}\right\}$ f) $L = \{-0,5\}$

   g) $L = \left\{\frac{5}{39}\right\}$ h) $L = \{1\}$ i) $L = \left\{\frac{41}{264}\right\}$

8. a) $D = \mathbb{Q} \setminus \{-3; 0; 2\}$; $L = \{27\}$ b) $D = \mathbb{Q} \setminus \{-2; 1; 2\}$; $L = \{4\}$

   c) $D = \mathbb{Q} \setminus \{-2; -1; 1\}$; $L = \{0\}$ d) $D = \mathbb{Q} \setminus \{-3; 2\}$; $L = \{-13\}$

   e) $D = \mathbb{Q} \setminus \{-1; 1; 2\}$; $L = \{0,2\}$ f) $D = \mathbb{Q} \setminus \{-5; 1; 9\}$; $L = \{-47\}$

9. a) Fehler: Aus $\frac{x+1}{x-5} = \frac{x+1}{x+6}$ folgt $\frac{1}{x-5} = \frac{1}{x+6}$ nur im Falle $x+1 \neq 0$.

   Der Fall $x+1 = 0$ muss gesondert betrachtet werden. Man erhält $L = \{-1\}$.

   b) Die Gleichung wurde richtig gelöst.

   c) Fehler: Aus $x^2 - 1 = 6(x^2 - 1)$ folgt $1 = 6$ nur im Falle $x^2 - 1 \neq 0$.

   Der Fall $x^2 - 1 = 0$ muss gesondert betrachtet werden. Man erhält $L = \{-1; 1\}$.

10. $a = 11$ cm; $b = 1$ cm

11. a) $\frac{7}{4}$ b) -16 c) 17 d) 4 e) -7

    f) $\frac{a+x}{b+x} = \frac{b}{a} \Rightarrow x = -(a+b)$;

    $\frac{a+x}{b-x} = \frac{b}{a} \Rightarrow x = b-a$;

    $\frac{a-x}{b-x} = \frac{b}{a} \Rightarrow x = a+b$;

    $\frac{a-x}{b+x} = \frac{b}{a} \Rightarrow x = b-a$;

12. a) $l_S = 20{,}0144$ m bei 60°C; $l_W = 19{,}994$ m bei -25°C; Längenunterschied: 2,04 cm

    b) 25 m (bzw. 22,5 m)

Gleichungen mit Parametern

Lösungen der Aufgaben auf den Seiten 64 bis 65

1. Bei n Gruppenmitgliedern muss jeder Teilnehmer $\frac{82}{n}$ € zuzahlen.

2. a) $x = \frac{2a+5b+3c}{7}$ b) $y = \frac{12-a-5c}{5}$ c) $x = \frac{1}{2}a(b+c+1)$

   d) $x = p + 0{,}75q$ e) $z = a - b + 0{,}2$ f) $y = -1{,}5t$

3. a) $x = \frac{16}{a}$ b) $x = \frac{8-a}{3}$ c) $x = \frac{a+7}{5}$

   d) $x = \frac{4}{9}a$ e) $x = a - \frac{1}{a}$ f) $x = 2 + \frac{4}{a}$

   g) $x = \frac{32}{a}$ h) $x = a - 1$ i) $x = 2 + \frac{30}{a}$

   j) $x_1 = -\frac{3}{a}$; $x_2 = -\frac{5}{b}$ k) $x_1 = -\frac{a}{2}$; $x_2 = -\frac{b}{4}$ l) $x_1 = \frac{7}{a}$; $x_2 = \frac{8}{b}$

   m) $x_1 = \frac{a}{6}$; $x_2 = \frac{b}{9}$ n) $x_1 = \frac{a}{5}$; $x_2 = \frac{b}{4}$ o) $x_1 = 0$; $x_2 = \frac{1{,}1}{b}$

   p) $x_1 = 0$; $x_2 = 2a$ q) $x = 0$ r) $x_1 = 0$; $x_2 = b$

4. Wenn $a \neq 0$, dann ist die Gleichung für alle b, c eindeutig lösbar.

   Wenn $a = 0$ und $b \neq c$, dann hat die Gleichung keine Lösung.

   Wenn $a = 0$ und $b = c$, dann sind alle rationalen Zahlen Lösungen der Gleichung.

5. a) $bx + 4 = x \Leftrightarrow (b-1)x = -4$. Wenn $b \neq 1$, so $L = \left\{\frac{4}{1-b}\right\}$. Wenn $b = 1$, so $L = \emptyset$.

   b) $ax - 8 = 2ax \Leftrightarrow ax = -8$. Wenn $a \neq 0$, so $L = \left\{-\frac{8}{a}\right\}$. Wenn $a = 0$, so $L = \emptyset$.

c) $ax - 1 = bx \Leftrightarrow (a-b)x = 1$. Wenn $a \neq b$, so $L = \left\{\dfrac{1}{a-b}\right\}$. Wenn $a = b$, so $L = \emptyset$.

d) $ax - b(x+2) = 0 \Leftrightarrow (a-b)x = 2b$
Wenn $a \neq b$, so $L = \left\{\dfrac{2b}{a-b}\right\}$, d. h. die Gleichung hat genau eine Lösung.
Wenn $a = b$ und $b \neq 0$, so $L = \emptyset$, d. h. die Gleichung hat keine Lösung.
Wenn $a = b$ und $b = 0$, so $L = \mathbb{Q}$, die Gleichung hat unendlich viele Lösungen.

6. a) 1. Fall: $a \neq 0 \Rightarrow L = \left\{\dfrac{3}{a}\right\}$;   2. Fall: $a = 0 \Rightarrow L = \emptyset$

  b) 1. Fall: $2a \neq b \Rightarrow L = \left\{\dfrac{2a-b}{10}\right\}$;   2. Fall: $2a = b \Rightarrow L = \emptyset$

  c) 1. Fall: $a \neq 1$ und $b \neq 1 \Rightarrow L = \left\{\dfrac{b-a}{b-1}\right\}$;   2. Fall: $a \neq 1$ und $b = 1 \Rightarrow L = \emptyset$;
  3. Fall: $a = 1$ und $b \neq 1 \Rightarrow L = \emptyset$;   4. Fall: $a = b = 1 \Rightarrow L = \mathbb{Q}\setminus\{1\}$

7. a) Wenn $a, b, c \neq 0$, dann $L = \left\{\dfrac{a}{bc}\right\}$.

  b) Wenn $a \neq 0$ und $b \neq c$, dann $L = \left\{\dfrac{a}{b-c}\right\}$.

  c), d) unter keiner Voraussetzung eindeutig lösbar

  e) Wenn $k \neq \dfrac{1}{6}$ und $t \neq 0$, dann $L = \left\{\dfrac{6kt}{6k-1}\right\}$.

  f) Wenn $a \neq 0$ und $a \neq 1$, dann $L = \{-a\}$.

  g) Wenn $a \neq 1$, dann $L = \{2a - 3\}$.

  h) Wenn $a \neq 0$, $b \neq 0$ und $a \neq b$, dann $L = \left\{\dfrac{ab}{a-b}\right\}$.

8. a) 1. Fall: $k \neq 1 \Rightarrow L = \emptyset$;   2. Fall: $k = 1 \Rightarrow L = \mathbb{Q}\setminus\{-1\}$

  b) 1. Fall: $t \neq 0$ und $t \neq 30 \Rightarrow L = \left\{\dfrac{3t-30}{2t-60}\right\}$;   2. Fall: $t = 0$ oder $t = 30 \Rightarrow L = \emptyset$

  c) 1. Fall: $t \neq 30 \Rightarrow L = \emptyset$;   2. Fall: $t = 30 \Rightarrow L = \mathbb{Q}\setminus\{1{,}5\}$

  d) 1. Fall: $b \neq 0$ und $a \neq \dfrac{1}{2}b^2 \Rightarrow L = \left\{\dfrac{2a-b^2}{4b}\right\}$;   2. Fall: $b \neq 0$ und $a = \dfrac{1}{2}b^2 \Rightarrow L = \emptyset$;
  3. Fall: $b = 0$ und $a \neq 0 \Rightarrow L = \emptyset$;   4. Fall: $a = b = 0 \Rightarrow L = \mathbb{Q}\setminus\{0\}$

  e) 1. Fall: $m \neq 0 \Rightarrow L = \emptyset$;   2. Fall: $m = 0 \Rightarrow L = \mathbb{Q}\setminus\{0\}$

  f) 1. Fall: $b \neq 6a \Rightarrow L = \emptyset$;   2. Fall: $b = 6a \Rightarrow L = \mathbb{Q}\setminus\{1{,}5\}$

9. a) $v = \dfrac{s}{t}$; $t = \dfrac{s}{v}$ (Zusammenhang zwischen Geschwindigkeit, Weg und Zeit bei einer gleichförmigen Bewegung)

  b) $r = \dfrac{u}{2\pi}$ (Zusammenhang zwischen Radius und Umfang eines Kreises)

  c) $a = \dfrac{A_O - 2bc}{2b + 2c}$; $b = \dfrac{A_O - 2ac}{2a + 2c}$; $c = \dfrac{A_O - 2ab}{2a + 2b}$
  (Zusammenhang zwischen Oberflächeninhalt und Kantenlängen eines Quaders)

  d) $F_1 = \dfrac{F_2 \cdot l_2}{l_1}$; $F_2 = \dfrac{F_1 \cdot l_1}{l_2}$; $l_1 = \dfrac{F_2 \cdot l_2}{F_1}$; $l_2 = \dfrac{F_1 \cdot l_1}{F_2}$ (Hebelgesetz)

  e) $p_1 = \dfrac{p_2 \cdot V_2}{V_1}$; $p_2 = \dfrac{p_1 \cdot V_1}{V_2}$; $V_1 = \dfrac{p_2 \cdot V_2}{p_1}$; $V_2 = \dfrac{p_1 \cdot V_1}{p_2}$
  (Zusammenhang zwischen Druck p und Volumen V eines Gases)

  f) $l_0 = \dfrac{l}{1 + \alpha t}$; $\alpha = \dfrac{l - l_0}{l_0 \cdot t}$; $t = \dfrac{l - l_0}{\alpha \cdot l_0}$
  (Zusammenhang zwischen Ausgangslänge l_0, der Länge l bei aktueller Temperatur, Längenausdehnungskoeffizient α, Temperaturdifferenz t [besser: Δt])

  g) $U_1 = \dfrac{U_2 \cdot I_1}{I_2}$; $U_2 = \dfrac{U_1 \cdot I_2}{I_1}$; $I_1 = \dfrac{U_1 \cdot I_2}{U_2}$; $I_2 = \dfrac{U_2 \cdot I_1}{U_1}$
  (Zusammenhang zwischen Klemmenspannung U und Stromstärke I in einem einfachen Stromkreis mit Widerstand; andere Schreibweise des Ohmschen Gesetzes)

  h) $B = \dfrac{b \cdot G}{g}$; $G = \dfrac{B \cdot g}{b}$; $b = \dfrac{B \cdot g}{G}$; $g = \dfrac{b \cdot G}{B}$
  (Zusammenhang zwischen Bildgröße B, Gegenstandsgröße G, Bildweite b und Gegenstandsweite g bei Abbildung an einer Linse)

  i) $v_1 = \dfrac{m_1 + m_2}{2m_1} \cdot v_2$; $m_1 = \dfrac{m_2 \cdot v_2}{2v_1 - v_2}$; $m_2 = \dfrac{2v_1 - v_2}{v_2} \cdot m_1$
  (Zusammenhang bei einem zentralen elastischen Stoß: Eine Kugel mit der Masse m_1 trifft mit der Geschwindigkeit v_1 auf eine ruhende Kugel mit der Masse m_2; nach dem elastischen Zusammenstoß hat die Kugel mit der Masse m_2 die Geschwindigkeit v_2 [das Verhalten der stoßenden Kugel mit der Masse m_1 nach dem Stoß wird hier nicht betrachtet].)

Terme und Gleichungen Schulbuchseiten 66 bis 67

Umstellen von Formeln

Lösungen der Aufgaben auf den Seiten 66 bis 67

1. a) $v = \dfrac{s}{t}$; $F_R = \mu \cdot F_N$; $l = l_0(1 + \alpha \cdot \Delta\vartheta)$
   b) v: Geschwindigkeit, s: Weg, t: Zeit;
   F_R: Reibungskraft, μ: Reibungszahl, F_N: Normalkraft;
   l: Länge, l_0: Länge bei 0°C, α: linearer Ausdehnungskoeffizient, $\Delta\vartheta$: Temperaturänderung

2. a) $7{,}87 \dfrac{\text{g}}{\text{cm}^3}$; Eisen   b) 197 g   c) 2,63 m³

3. a) $b = \dfrac{V}{a \cdot c}$; V: Volumen eines Quaders; a, b, c: Seitenlängen
   b) $a = \dfrac{2A}{b}$; A: Flächeninhalt eines rechtwinkligen Dreiecks; a, b: Kathetenlängen
   c) $b = \dfrac{u}{2} - a$; u: Umfang eines Rechtecks, Parallelogramms oder Drachenvierecks; a, b: Seitenlängen
   d) $I = \dfrac{U}{R}$; R: Widerstand; U: Spannung; I: Stromstärke
   e) $s = v \cdot t$; v: Geschwindigkeit bei gleichförmiger Bewegung; s: Weg; t: Zeit
   f) $A = \dfrac{m \cdot g}{p}$; p: Druck; m: Masse des drückenden Körpers; g: Fallbeschleunigung; A: gedrückte Fläche

4. In allen vier Aufgaben sind die Angaben ausreichend und keine ist überflüssig.
   a) $R_1 = R_{\text{ges}} - R_2 - R_3$ b) $F = \dfrac{W}{s}$ c) $a = u - b - c$ d) $a = \sqrt{\dfrac{V}{h}}$

5. a) $\dfrac{l}{l_0} = 1 + \alpha \cdot \Delta\vartheta \Rightarrow \alpha \cdot \Delta\vartheta = \dfrac{l}{l_0} - 1 \Rightarrow \alpha \cdot \Delta\vartheta = \dfrac{l - l_0}{l_0} \Rightarrow \alpha = \dfrac{l - l_0}{l_0 \cdot \Delta\vartheta}$
   b) $\alpha = 0{,}018 \dfrac{\text{mm}}{\text{m} \cdot \text{K}}$ c) Messing   d) 0,6 mm

6. a) $U_1 = U_{\text{Ges}} - U_2$ b) $\dfrac{F_1}{F_2} = \dfrac{l_2}{l_1}$; $F_1 = \dfrac{l_2}{l_1} \cdot F_2$
   c) $\dfrac{V - a^3}{a^2} = c$; $\dfrac{V}{a^2} - a = c$ d) $F = \dfrac{W}{s}$

7. a) $v = \dfrac{s}{t}$; $s = v \cdot t$; $t = \dfrac{s}{v}$ b) 90 min   c) 660 960 km
   d) von $28{,}9 \dfrac{\text{km}}{\text{s}} - 7{,}65 \dfrac{\text{km}}{\text{s}} = 21{,}25 \dfrac{\text{km}}{\text{s}}$ bis $28{,}9 \dfrac{\text{km}}{\text{s}} + 7{,}65 \dfrac{\text{km}}{\text{s}} = 36{,}55 \dfrac{\text{km}}{\text{s}}$

Terme und Gleichungen Schulbuchseiten 68 bis 69

Ungleichungen

Lösungen der Aufgaben auf den Seiten 68 bis 69

1. Es gilt $1700 \text{ kg} + 200 \text{ kg} + n \cdot 80 \text{ kg} \leq 2300 \text{ kg}$; es können also bis zu 4 weitere Personen mitfahren.

2. a) $3x + 5 < 32$; $L_\mathbb{Q} = \{x \in \mathbb{Q} \mid x < 9\}$; $L_\mathbb{Z} = \{\ldots; 6; 7; 8\}$; $L_\mathbb{N} = \{0; 1; \ldots; 8\}$
   b) $3x + 5 \leq 32$; $L_\mathbb{Q} = \{x \in \mathbb{Q} \mid x \leq 9\}$; $L_\mathbb{Z} = \{\ldots; 7; 8; 9\}$; $L_\mathbb{N} = \{0; 1; \ldots; 9\}$
   c) $3x + 5 \geq 32$; $L_\mathbb{Q} = \{x \in \mathbb{Q} \mid x \geq 9\}$; $L_\mathbb{Z} = L_\mathbb{N} = \{9; 10; 11; \ldots\}$
   d) $3x + 5 > 32$; $L_\mathbb{Q} = \{x \in \mathbb{Q} \mid x > 9\}$; $L_\mathbb{Z} = L_\mathbb{N} = \{10; 11; 12; \ldots\}$

3. a) $L = \{x \in \mathbb{N} \mid x \leq 3\} = \{0; 1; 2; 3\}$ b) $L = \{x \in \mathbb{N} \mid x < 2\} = \{0; 1\}$
   c) $L = \{x \in \mathbb{Z} \mid x > 2\} = \{3; 4; 5; \ldots\}$

4. a) $[3; 7)$ b) $(-1; 2]$ c) $(-\infty; 2]$
   d) $[-4; -1]$ e) $(-2; 5)$ f) $[-3; \infty)$
   g) $\{x \in \mathbb{Q} \mid -9 \leq x < 8\}$ h) $\{x \in \mathbb{Q} \mid x < 17\}$ i) $\{x \in \mathbb{Q} \mid -12 \leq x < -1\}$
   j) $\{x \in \mathbb{Q} \mid -7 \leq x \leq -4\}$ k) $\{x \in \mathbb{Q} \mid x \geq 1\}$ l) $\{x \in \mathbb{Q} \mid 11 < x \leq 19\}$

5. a) Es wurden die Seiten vertauscht, ohne das Ungleichheitszeichen zu ändern.
   $L = \{x \in \mathbb{Q} \mid x < -1\}$
   b) $L = \{x \in \mathbb{Q} \mid x > \tfrac{7}{3}\}$ c) Ein Quadrat ist nie negativ (in $\mathbb{Q}$). $L = \emptyset$
   d) Multiplikation mit x ohne Fallunterscheidung. $L = \{x \in \mathbb{Q} \mid -3 < x < 0\}$
   e) Multiplikation mit 4 auf der linken Seite, aber mit 8 auf der rechten Seite. $L = \{x \in \mathbb{Q} \mid x > \tfrac{13}{15}\}$
   f) Multiplikation mit x ohne Fallunterscheidung. $L = \{x \in \mathbb{Q} \mid x < 0\}$

6. Bei einer Entfernung München – Hamburg von ungefähr 800 km ist das erste Angebot ein klein wenig günstiger.

7. Voraussetzung: $a > 0$ und $b > 0$.   Behauptung: $\dfrac{a}{b} + \dfrac{b}{a} \geq 2$.

   Beweis: $\dfrac{a}{b} + \dfrac{b}{a} \geq 2 \Leftrightarrow$ (wegen $a > 0$ und $b > 0$) $a^2 + b^2 \geq 2ab \Leftrightarrow$
   $a^2 - 2ab + b^2 \geq 0 \Leftrightarrow (a - b)^2 \geq 0$ wahr.

   Hinweis: Diese Beweisführung setzt ein tiefes Verständnis von Äquivalenzumformungen voraus. Für viele Schülerinnen und Schüler wäre der Beweis evtl. klarer, wenn man umgekehrt aus der wahren Ungleichung $(a - b)^2 \geq 0$ auf die Behauptung schließt. Dann ist aber nicht einsichtig, wie man auf die Beweisidee gekommen ist.
   Ein möglicher Ausweg ist eine indirekte Beweisführung, indem man die Annahme $\dfrac{a}{b} + \dfrac{b}{a} < 2$ zum Widerspruch führt.

Terme und Gleichungen Schulbuchseiten 70 bis 71

Bruchungleichungen

Lösungen der Aufgaben auf den Seiten 70 bis 71

1. a)

x	1	2	3	4	5	6	7	8	9	10
Wert	10,1	5,2	3,63	2,9	2,5	2,27	2,13	2,05	2,01	2

x	11	12	13	14	15	16	17	18	19	20
Wert	2,01	2,03	2,07	2,11	2,17	2,23	2,29	2,36	2,43	2,5

b) Die Werte nehmen von $x = 1$ angefangen ab, bei $x = 10$ wird der kleinste Wert erreicht, von da an nehmen die Werte zu.

c) Der mit x wachsende Summand $\frac{x}{10}$ überwiegt für große x gegenüber dem mit x kleiner werdenden Summanden $\frac{10}{x}$.

2. a) Für jede natürliche Zahl x gilt $x < x + 1$, also $\frac{x}{x+1} < 1$.
   b) für alle $x > 1$
   c) 10, 11, 12, 13 und 14

3. a) $L_{\text{Ungl.}} = \{1; 2; ...; 39\}$; $L_{\text{Gl.}} = \emptyset$
   b) $L_{\text{Ungl.}} = \mathbb{N} \setminus \{0; 5\}$; $L_{\text{Gl.}} = \{5\}$
   c) $L_{\text{Ungl.}} = \{0; 1; ...; 7\}$; $L_{\text{Gl.}} = \{8\}$
   d) $L_{\text{Ungl.}} = \{x \in \mathbb{Q} \,|\, x > 0\}$; $L_{\text{Gl.}} = \emptyset$
   e) $L_{\text{Ungl.}} = \{y \in \mathbb{Q} \,|\, y < 0 \text{ oder } y > 4\}$; $L_{\text{Gl.}} = \{4\}$
   f) $L_{\text{Ungl.}} = \{x \in \mathbb{Q} \,|\, x > -1\}$; $L_{\text{Gl.}} = \emptyset$
   g) $L_{\text{Ungl.}} = \{3; 5; 6; 7; ...\}$; $L_{\text{Gl.}} = \emptyset$
   h) $L_{\text{Ungl.}} = \{u \in \mathbb{Q} \,|\, u \leq -2\}$; $L_{\text{Gl.}} = \emptyset$

4. a) $D = \mathbb{Q} \setminus \{-2\}$; $L = \{x \in \mathbb{Q} \,|\, x < -2\}$
   b) $D = \mathbb{Q} \setminus \{-3\}$; $L = \{x \in \mathbb{Q} \,|\, -2 < x < -\frac{13}{6}\}$
   c) $D = \mathbb{Q} \setminus \{5\}$; $L = \{x \in \mathbb{Q} \,|\, 5 < x \leq 10\}$
   d) $D = \mathbb{Q} \setminus \{7\}$; $L = \{x \in \mathbb{Q} \,|\, x < 7 \text{ oder } x \geq 10\}$
   e) $D = \mathbb{Q} \setminus \{-3\}$; $L = \{y \in \mathbb{Q} \,|\, y < -3 \text{ oder } y > 2\}$
   f) $D = \mathbb{Q} \setminus \{5\}$; $L = \{y \in \mathbb{Q} \,|\, -4 < y < 5\}$
   g) $D = \mathbb{Q} \setminus \{2\}$; $L = \{u \in \mathbb{Q} \,|\, u \leq -5 \text{ oder } u > 2\}$
   h) $D = \mathbb{Q} \setminus \{-9\}$; $L = \{r \in \mathbb{Q} \,|\, -9 < r \leq 4\}$
   i) $D = \mathbb{Q} \setminus \{3\}$; $L = \{z \in \mathbb{Q} \,|\, z < -4 \text{ oder } z > 3\}$
   j) $D = \mathbb{Q} \setminus \{-5\}$; $L = \{x \in \mathbb{Q} \,|\, x < -5 \text{ oder } x > 3\}$
   k) $D = \mathbb{Q} \setminus \{-2\}$; $L = \{y \in \mathbb{Q} \,|\, y < -2 \text{ oder } y \geq 2\}$
   l) $D = \mathbb{Q} \setminus \{8\}$; $L = \{s \in \mathbb{Q} \,|\, 6 \leq s < 8\}$

5. a) $D = \mathbb{Q} \setminus \{-2; 0\}$; $L = \{x \in \mathbb{Q}; \; x < -2 \text{ oder } 0 < x < 1\}$
   b) $D = \mathbb{Q} \setminus \{-1; 1\}$; $L = \{x \in \mathbb{Q}; \; x < -1 \text{ oder } 1 < x < 3\}$
   c) $D = \mathbb{Q} \setminus \{2; 5\}$; $L = \{t \in \mathbb{Q}; \; 2 < t < 5 \text{ oder } t \geq 7\}$
   d) $D = \mathbb{Q} \setminus \{-2; 3\}$; $L = \{x \in \mathbb{Q}; \; x < -2 \text{ oder } -\frac{4}{7} < x < 3\}$
   e) $D = \mathbb{Q} \setminus \{-2; 8\}$; $L = \{y \in \mathbb{Q}; \; y < -2 \text{ oder } -\frac{8}{9} < y < 8\}$
   f) $D = \mathbb{Q} \setminus \{-5; 5\}$; $L = \{p \in \mathbb{Q}; \; p < -5 \text{ oder } 0 \leq p < 5\}$
   g) $D = \mathbb{Q} \setminus \{-5; 4\}$; $L = \{x \in \mathbb{Q}; \; -23 < x < -5 \text{ oder } x > 4\}$
   h) $D = \mathbb{Q} \setminus \{-3; -2\}$; $L = \{x \in \mathbb{Q}; \; x < -3 \text{ oder } x > -2\}$
   i) $D = \mathbb{Q} \setminus \{-1; 3\}$; $L = \{q \in \mathbb{Q}; \; q < -1 \text{ oder } 0,6 \leq q < 3\}$

Teste dich!

Lösungen der Aufgaben auf den Seiten 72 bis 73

1. a) $(abc) : (bcd) = \frac{a}{d}$
   b) $2ab + 4bc - \frac{1}{3c}(6abc + 2{,}4c \cdot 5bc) = 2ab + 4bc - 2ab - 4bc = 0$
   c) $(-9x + 3a) \cdot (-\frac{4}{9}a - x) + \frac{1}{3}(a - 2\sqrt{2}\,x) \cdot (a + x\sqrt{8})$
   $= 9x^2 + 4ax - 3ax - \frac{4}{3}a^2 - \frac{8}{3}x^2 + \frac{1}{3}a^2 - \frac{2}{3}\sqrt{2}\,ax + \frac{2}{3}\sqrt{2}\,ax + \frac{1}{3}a^2 = \frac{19}{3}x^2 + ax - a^2$

2. a) Diese Aufgabe besitzt zwei Lösungen:
   (1) $(a + 4)^2 + (8 + (-\tfrac{1}{2}a))^2 = a^2 + 8a + 16 + \tfrac{1}{4}a^2 - 8a + 64 = \tfrac{5}{4}a^2 + 80$
   (2) $(a + 4)^2 + (8 + \tfrac{1}{2}a - 16)^2 = a^2 + 8a + 16 + \tfrac{1}{4}a^2 - 8a + 64 = \tfrac{5}{4}a^2 + 80$

   b) Am einfachsten zu finden ist folgende Lösung:
   (1) $(x^2 + y) \cdot (x^2 + (-y)) = x^4 - y^2$
   Es gibt aber auch noch weitere Lösungen, z. B.:
   (2) $\left(-\dfrac{y^2}{x^2} + y\right) \cdot \left(x^2 + \dfrac{x^4}{y}\right) = -y^2 - x^2 y + x^2 y + x^4 = x^4 - y^2$ $(x \neq 0; \; y \neq 0)$
   (3) $\left(x^2 - \dfrac{y^2}{x^2} + y\right) \cdot \left(x^2 + y\right) \cdot \left(x^2 + \dfrac{-x^4 y}{x^4 + x^2 y - y^2}\right) = x^4 - y^2$ $(x \neq 0; \; x^4 + x^2 y - y^2 \neq 0)$
   (4) $\left(\dfrac{-x^2 y^2}{x^4 + x^2 y - y^2} + y\right) \cdot \left(x^2 + \dfrac{x^4}{y} - y\right) = x^4 - y^2$ $(y \neq 0; \; x^4 + x^2 y - y^2 \neq 0)$

Schulbuchseite 72

c) Einige mögliche Lösungen:
(1) $(-3+4) \cdot ((a-2)^2 + a^4 - a^2 + 4a - 20) = a^4 - 16$
(2) $(a-2+4) \cdot ((a-2)^2 + a^3 - 3a^2 + 8a - 12) = (a+2) \cdot (a^3 - 2a^2 + 4a - 8) = a^4 - 16$
(3) $(a-6+4) \cdot ((a-2)^2 + a^3 + a^2 + 8a + 4) = (a-2) \cdot (a^3 + 2a^2 + 4a + 8) = a^4 - 16$
(4) $(a^2+4) \cdot ((a-2)^2 + 4a - 8) = (a^2 + 4) \cdot (a^2 - 4) = a^4 - 16$
(5) $(a^2-8+4) \cdot ((a-2)^2 + 4a) = (a^2-4) \cdot (a^2+4) = a^4 - 16$

d) Einige mögliche Lösungen:
(1) $(x+1)^2 + (1-\sqrt{x}) \cdot (1+\sqrt{x}) + (-2) = x^2 + 2x + 1 + 1 - x - 2 = x \cdot (x+1)$
(2) $(x-1+1)^2 + (1-\sqrt{x}) \cdot (1+\sqrt{x}) + 2x - 1 = x^2 + 1 - x + 2x - 1 = x \cdot (x+1)$
(3) $(-\sqrt{x}+1)^2 + (1-\sqrt{x}) \cdot (-1+\sqrt{x}) + x^2 + x = x^2 + x = x \cdot (x+1)$
(4) $(x+1)^2 + (1-\sqrt{x}) \cdot (-\sqrt{x}+\sqrt{x}) + (-\sqrt{x}-1) = x^2 + 2x + 1 - x - 1 = x \cdot (x+1)$
(5) $(-\sqrt{x}+1)^2 + (1-\sqrt{x}) \cdot (\sqrt{x}+\sqrt{x}) + x^2 + 2x - 1 = x^2 + x = x \cdot (x+1)$
$= x - 2\sqrt{x} + 1 + 2\sqrt{x} - 2x + x^2 + 2x - 1 = x^2 + x = x \cdot (x+1)$

3. a) Der kleinste Termwert ist 0; er wird bei $x = -5$ angenommen.
   b) $81 - 36x + 4x^2 = (2x-9)^2$
   Der kleinste Termwert ist 0; er wird bei $x = 4{,}5$ angenommen.
   c) $x^2 - 20x = x^2 - 20x + 100 - 100 = (x-10)^2 - 100$
   Der kleinste Termwert ist -100; er wird bei $x = 10$ angenommen.
   d) $x^2 - 8x + 13 = x^2 - 8x + 16 - 3 = (x-4)^2 - 3$
   Der kleinste Termwert ist -3; er wird bei $x = 4$ angenommen.

4. Im Folgenden sei jeweils D der Definitionsbereich des gegebenen Terms und D' der Definitionsbereich des vereinfachten Terms.

   a) $D = \mathbb{Q} \setminus \{-2\}; \quad \dfrac{15b}{6+3b} = \dfrac{5b}{2+b};$ $D' = D$
   b) $D = \mathbb{Q} \setminus \{-0{,}2\}; \quad \dfrac{(2x-3)\cdot(5x+1)}{(5x+1)^2} = \dfrac{2x-3}{5x+1};$ $D' = D$
   c) $D = \mathbb{Q} \setminus \{-1\}; \quad \dfrac{x^2-1}{(x+1)^2} = \dfrac{(x-1)(x+1)}{(x+1)^2} = \dfrac{x-1}{x+1};$ $D' = D$
   d) $D = \mathbb{Q} \setminus \{3\}; \quad \dfrac{a^2-5a+6}{a-3} = \dfrac{(a-3)(a-2)}{a-3} = a-2;$ $D' = \mathbb{Q}$

5. a) z. B. $\dfrac{1}{3-x};$ b) z. B. $\dfrac{1}{x(x^2-4)}, \dfrac{1}{x} : \dfrac{x-2}{x+2}$
   z. B. $\dfrac{|x|}{\sqrt{|x-3|}}$

6. a) $3x - 5 = 7x - 21 \Rightarrow 16 = 4x \Rightarrow x = 4.$ Die gesuchte Zahl ist 4.
   b) $6x + 8 = 2x \Rightarrow 4x = -8 \Rightarrow x = -2.$ Die gesuchte Zahl ist -2.
   c) $x = 2\sqrt{x}$ $(x \geq 0) \Rightarrow x^2 - 4x = 0 \Rightarrow x(x-4) = 0 \Rightarrow x_1 = 0;\ x_2 = 4$

Schulbuchseiten 72 bis 73

7. Sei a die Kantenlänge des Ikosaeders. Dann beträgt die Gesamtkantenlänge $30a$.

8. a) Voraussetzung: $n \in \mathbb{N}$
   Behauptung: $2n + (2n+1) + (2n+2) + (2n+3) + (2n+4)$ ist durch 10 teilbar.
   Beweis: $2n + (2n+1) + (2n+2) + (2n+3) + (2n+4) = 10n + 10 = 10(n+1)$
   $n + 1 \in \mathbb{N} \Rightarrow 10(n+1)$ ist eine durch 10 teilbare natürliche Zahl.
   b) Voraussetzung: $a \in \{1; 2; \ldots; 9\};\ b, c \in \{0; 1; 2; \ldots; 9\}$
   Behauptung: $100a + 10b + c - (100c + 10b + a)$ ist durch 99 teilbar.
   Beweis: $100a + 10b + c - (100c + 10b + a) = 99a - 99c = 99(a-c)$
   $a - c \in \mathbb{Z} \Rightarrow 99(a-c)$ ist eine durch 99 teilbare ganze Zahl.

9. a) $21x + 79 < x + 159 \Rightarrow 20x < 80 \Rightarrow x < 4 \Rightarrow L = \{x \in \mathbb{Q} \mid x < 4\}$
   b) $54y - 19 \geq 114 - 3y \Rightarrow 57y \geq 133 \Rightarrow y \geq \tfrac{7}{3} \Rightarrow L_\mathbb{Z} = \{3; 4; 5; \ldots\}$
   c) $\dfrac{2z^2 - 8}{14 - 7z} \leq \dfrac{5z + 22}{2} \cdot (4 - z) \quad | \cdot 2(14 - 7z)$

   Es muss gelten: $z \neq 2$.
   Fall 1: $z < 2 \Rightarrow 14 - 7z > 0$
   $4z^2 - 16 \leq (5z + 22)(14 - 7z) + 2(z - 4)(14 - 7z)$
   $4z^2 - 16 \leq 70z - 35z^2 + 308 - 154z + 28z - 14z^2 - 112 + 56z$
   $53z^2 \leq 212 \Rightarrow z^2 \leq 4 \Rightarrow -2 \leq z \leq 2$
   Abgleich mit der Fallvoraussetzung $z < 2$: $L_1 = \{z \in \mathbb{Q} \mid -2 \leq z < 2\}$
   Fall 2: $z > 2 \Rightarrow 14 - 7z < 0$
   $4z^2 - 16 \geq (5z + 22)(14 - 7z) + 2(z - 4)(14 - 7z)$
   $z^2 \geq 4 \Rightarrow z \geq 2$ oder $z \leq -2$
   Abgleich mit der Fallvoraussetzung $z > 2$: $L_2 = \{z \in \mathbb{Q} \mid z > 2\}$
   Gesamtlösungsmenge der Ungleichung: $L = L_1 \cup L_2 = \{z \in \mathbb{Q} \mid z \geq -2\ \text{und}\ z \neq 2\}$

10. Sei t die Wanderzeit der Klasse in Stunden von 8 Uhr bis zum Treffpunkt und s der bis dorthin zurückgelegte Weg in km. Dann gilt:
    $s = 4 \cdot t = 5 \cdot \left(t - \dfrac{1}{12}\right) \Rightarrow 0 = t - \dfrac{5}{12} \Rightarrow t = \dfrac{5}{12} \quad \left(\dfrac{5}{12}\,\text{h} = 25\,\text{min}\right)$
    $s = 4 \cdot \dfrac{5}{12} = 5 \cdot \dfrac{4}{12} = \dfrac{20}{12} = \dfrac{5}{3} \approx 1{,}67 \quad (1{,}67\,\text{km})$
    Sven holt die Klasse um 8.25 Uhr nach 1,67 km ein.

11. $V = 6x^3 - 3x \cdot (2x-2) \cdot (x-2) = 6x^3 - 6x^2 + 18x^2 - 12x = 18x^2 - 12x = 6x \cdot (3x-2)$

12. Sei t die monatliche Gesprächszeit in Minuten.
    $13{,}49 + 0{,}29 \cdot t > 9{,}89 + 0{,}59 \cdot t \Rightarrow 3{,}60 > 0{,}30 \cdot t \Rightarrow t < 12$
    Bei bis zu 11 Minuten Gesprächszeit pro Monat ist Angebot II günstiger. Bei genau 12 Minuten kosten beide Verträge gleich viel; ab 13 Minuten ist Angebot I günstiger.

Funktionen

Schulbuchseiten 75 bis 112

Das vorliegende Kapitel gliedert sich in zwei Teile. Im ersten Teil, der sich aus den beiden Lerneinheiten „Zuordnungen und Funktionen" und „Darstellen von Funktionen" zusammensetzt, wird der Begriff der Funktion eingeführt und es werden verschiedene Darstellungsarten für Funktionen untersucht. In den nachfolgenden Lerneinheiten werden dann speziell die Eigenschaften von proportionalen und antiproportionalen Funktionen, linearen Funktionen und Betragsfunktionen untersucht. Hier kann und sollte an die vielfältigen Voraussetzungen aus vorhergehenden Schuljahren angeknüpft werden: Können im Lesen und Anfertigen von Wertetabellen und grafischen Darstellungen, Wissen über proportionale und antiproportionale Zuordnungen und ihre grafische Darstellung, Erfahrungen im Untersuchen von Sachverhalten auf direkte oder indirekte Proportionalität, Beschreibung von Sachverhalten mithilfe von Termen, Gleichungen oder Ungleichungen.

Wenn auch im Zentrum des Kapitels die linearen Funktionen stehen, so sollte doch mit Blick auf die von nun ab systematische Behandlung verschiedener Funktionenklassen größte Sorgfalt auf die Einführung des Funktionsbegriffs gelegt werden. Die Schülerinnen und Schüler sollen erfahren und verstehen, dass mithilfe von Funktionen Wirklichkeit modelliert werden kann.

Im Schulbuch wird nicht nur auf das Zeichnen von Graphen mithilfe einer Wertetabelle sowie von Geraden mithilfe zweier Punkte bzw. eines Punktes und eines Steigungsdreiecks eingegangen, sondern auch auf das Darstellen mithilfe einer Tabellenkalkulation und mithilfe des Computer-Algebra-Systems (CAS) Derive 5. Solche Computerprogramme ermöglichen es insbesondere, den Einfluss der Parameter in den Funktionsgleichungen auf den Verlauf der Funktionsgraphen für eine Vielzahl von Werten selbständig untersuchen zu lassen.

Schulbuchseite 76

Zuordnungen und Funktionen

Lösungen der Aufgaben auf den Seiten 76 bis 79

1. a) Die Fahrtkosten können abhängen von der Entfernung und der Wahl des Verkehrsmittels, evtl. auch vom Reisetag (wenn Ermäßigungen nur an bestimmten Tagen gewährt werden). Die Kosten für Unterkunft und Verpflegung sind vor allem abhängig von der Reisedauer und der Art der Unterkunft. Der Preis einer Klassenfahrt hängt auch davon ab, welche Unternehmungen geplant werden.

b)
Anzahl der Tage	2	3	4	5	6	7	8
Preis je Schüler in €	46	62	78	94	110	126	142

c) Die Fahrt darf höchstens 8 Tage dauern.

d) $k = 16a + 14$

2.
Kilometerstein				95		105
Uhrzeit		9:04:13	9:05:25		9:11:25	9:17:25
a) benötigte Zeit in s			72	86		360
b) Durchschnittsgeschwindigkeit in km/h			100	90		100

Durchschnittsgeschwindigkeit insgesamt: 95,5 km/h

NACHGEDACHT (Randspalte S. 76):
Minuten und Sekunden sind keine Dezimalziffern. Beispiel: 9 : 50 h ≠ 9,5 h.

3. Die Zuordnungsreihenfolge ist unterschiedlich. Im linken Diagramm wird jedem ersten Element genau ein zweites Element (hier: die Geschwisterzahl) zugeordnet. Im rechten Diagramm werden jedem ersten Element mehrere zweite Elemente (hier: Mitschülerinnen) zugeordnet.

4. Aufgabe 1:
- Zuordnung Fahrtdauer in Tagen → Preis je Schüler in €:
  Die einander zugeordneten Elemente gehören jeweils zur Menge der natürlichen Zahlen werden Elemente der Menge aller Uhrzeiten zugeordnet.
- Zuordnung Höchstbetrag je Schüler in € → Maximaldauer der Fahrt in Tagen.

Aufgabe 2:
- Zuordnung Kilometerstein → Uhrzeit: Elementen der Menge $\mathbb{N}$ der natürlichen Zahlen werden Elemente der Menge aller Uhrzeiten zugeordnet.
- Zuordnung Nr. des Teilabschnitts → Länge des Teilabschnitts in km: Elementen der Menge $\{1; 2; 3\}$ werden Elemente aus $\mathbb{N}$ zugeordnet.
- Zuordnung Nr. des Teilabschnitts → benötigte Zeit in s: Elementen der Menge $\{1; 2; 3\}$ werden Elemente aus $\mathbb{Q}$ zugeordnet.

Funktionen — Schulbuchseiten 76 bis 78

- Zuordnung Nr. des Teilabschnitts → Durchschnittsgeschwindigkeit in km/h: Elementen der Menge {1; 2; 3} werden Elemente aus $\mathbb{Q}$ zugeordnet.

Aufgabe 3:

- Zuordnung Geschwisterzahl → Schülerin: Elementen der Menge {0; 1; 2} werden die Elemente der Menge aller Schülerinnen der betrachteten Klasse zugeordnet.

5. *Buch → Regal:* Funktion, da jedes Buch in genau einem Regal steht.
   D: Menge der Bücher;
   W: Menge der Regale, in denen diese Bücher stehen

   Leser → Buch: keine Funktion, da viele Leser mehrere Bücher gleichzeitig lesen.
   Leser → Lesekarte: Funktion, wenn nur eine Bibliothek betrachtet wird.
   D: Menge der Leser;
   W: Menge der ihnen gehörenden Lesekarten.

   Regal → Buch: keine Funktion (in jedem Regal stehen mehrere Bücher).
   Buch → Leser: Funktion, da nicht zwei Leser gleichzeitig dasselbe Buch ausleihen können. D: Menge der ausgeliehenen Bücher;
   W: Menge der Leser dieser Bücher.

   Lesekarte → Leser: Funktion, da jede Lesekarte nur einem Leser gehört.
   D: Menge der Lesekarten; W: Menge der Leser.

6. *Linke Tabelle:*
   Jeder geraden Zahl von 2 bis 12 wird ihre Quadratzahl zugeordnet. Es handelt sich um eine eindeutige Zuordnung, also um eine Funktion.
   Rechte Tabelle:
   Jeder der Zahlen 1, 4 und 9 wird sowohl ihre Quadratwurzel als auch die Gegenzahl zu dieser Wurzel zugeordnet. Die Zuordnung ist nicht eindeutig, es handelt sich also um keine Funktion.

9. a) Jeder Zahl wird das Doppelte zugeordnet. Die Zuordnung ist eine Funktion.
   $D = \{2; 5; 11,6\}$; $W = \{4; 10; 23,2\}$

   b) Jeder Zahl werden die beiden Zahlen zugeordnet, deren Betrag gleich der ursprünglichen Zahl ist. Die Zuordnung ist keine Funktion.

   c) Jeder Zahl wird ihr Quadrat zugeordnet. Die Zuordnung ist eine Funktion.
   $D = \{-4; -2; 0; 1; 1,5\}$; $W = \{0; 1; 2,25; 4; 16\}$

   d) Jede Zahl wird verdreifacht und vom Produkt 10 subtrahiert. Die Zuordnung ist eine Funktion.
   $D = \{-1; 0; 2,5; 3,1; 5\}$; $W = \{-13; -10; -2,5; -0,7; 5\}$

Funktionen — Schulbuchseiten 78 bis 79

10. a) Jeder Zahl wird das Dreifache zugeordnet. Die Zuordnung ist eine Funktion.
    $D = \{3; 5; 10,1\}$; $W = \{9; 15; 30,3\}$

    b) Jede Zahl wird halbiert und dann 5 addiert. Die Zuordnung ist eine Funktion.
    $D = \{-4; -1; 0; 1; 1,5\}$; $W = \{3; 4,5; 5; 5,5; 5,75\}$

    c) Jeder Zahl werden die beiden Zahlen zugeordnet, deren Quadrat gleich der ursprünglichen Zahl ist. Die Zuordnung ist keine Funktion.

    d) Jeder Zahl wird ihr um 1 vermehrtes Quadrat zugeordnet. Die Zuordnung ist eine Funktion. $D = \{-2; -1; 0; 1; 2\}$; $W = \{1; 2; 5\}$

11. a)
t in min	10	20	30	40	50	60	70	80	90	100	110
s in km	2	4	6	6	7	9	11	13	14	14	16

    b) 10 Minuten

    c) 30. bis 45. Minute und 85. bis 100. Minute

12. Die mittlere Zuordnung ist eine Funktion, die beiden anderen Zuordnungen nicht.

13. $ABS(X) = |X|$; $\quad D = \mathbb{Q}$; $\quad W = \mathbb{Q}^+$

    $SGN(X) = \begin{cases} -1 & \text{für } X < 0 \\ 0 & \text{für } X = 0 \\ +1 & \text{für } X > 0 \end{cases}$; $\quad D = \mathbb{Q}$; $\quad W = \{-1; 0; 1\}$

    RND(X) liefert den auf eine ganze Zahl gerundeten Wert von X. $D = \mathbb{Q}$; $W = \mathbb{Z}$
    Bei allen drei Befehlen handelt es sich um eindeutige Zuordnungen, also um Funktionen.

14. a)/b)
Ergebnis	WWWW	WWWZ	WWZZ	WZZZ	ZZZZ		WZWZ	ZWZW	WZZW	WZWW	WWZW	ZZWW	ZWWZ	ZWZZ	ZZWZ	ZZZW	ZWWW

Ergebnis	WWWW	WWWZ	WWZZ	WZZZ	WZWZ	WZWW	WZZW	WZZW
X	4	3	2	1	2	3	2	2

Ergebnis	WZZZ	ZWWW	ZWWZ	ZWZW	ZZWW	ZWZZ	ZZWZ	ZZZW	ZZZZ
X	1	3	2	2	2	1	1	1	0

    Die Zuordnung Ergebnis → X ist eine Funktion, da jedem Ergebnis genau eine eindeutig bestimmte Wappenanzahl zugeordnet wird.

    c)
X	0	1	2	3	4
P(X)	$\frac{1}{16}$	$\frac{1}{4}$	$\frac{3}{8}$	$\frac{1}{4}$	$\frac{1}{16}$

    Die Zuordnung $X \to P(X)$ ist ebenfalls eine Funktion, denn jedem Wert von X wird genau eine reelle Zahl aus dem Intervall [0; 1] als Wahrscheinlichkeit zugeordnet.

Erläuterungen und Anregungen

In dieser Lerneinheit wird der Funktionsbegriff als eindeutige Zuordnung eingeführt. Der Einstieg erfolgt über eine Reihe von Zuordnungen, die bei der Planung und Durchführung von Klassenfahrten auftreten können. Die Schülerinnen und Schüler werden angeregt, weitere diesbezügliche Überlegungen anzuschließen. Ziel ist dabei, die Schüler erleben zu lassen, dass Zuordnungen in ihrer Lebensumwelt durchaus relevant sind, sich deren nähere Betrachtung also als lohnend erweist.

Funktionen werden als eindeutige Zuordnungen eingeführt. Dabei bleibt der Begriff Zuordnung selbst undefiniert, wird vielmehr nur an Beispielen verdeutlicht. Diese Vorgehensweise erscheint durchaus geeignet, bei den Lernenden eine adäquate Vorstellung von Funktionen zu entwickeln. Für eine vollständige Charakterisierung einer Funktion wird die Angabe einer Zuordnungsvorschrift und des Definitionsbereiches gefordert.

Nach erfolgter Begriffsbildung wird übergegangen zu Zahl-Zahl-Funktionen. Dabei werden gewisse Zuordnungen als nicht eindeutig aufgezeigt, die allerdings auch als eindeutige Abbildungen $\mathbb{Q} \to \mathbb{Q} \times \mathbb{Q}$ betrachtet werden könnten. Würde man dies ausschließen wollen, bliebe konsequenterweise nur die Definition von Funktionen als Menge geordneter Paare $(x \mid y)$, für die aus $x_1 = x_2$ folgen würde $y_1 = y_2$. Dies wäre allerdings verbunden mit einem deutlichen Verlust an Anschaulichkeit und Fasslichkeit für die Lernenden. Denkbar wäre auch eine Einbeziehung der aus vorangegangenen Schuljahren bekannten geometrischen Abbildungen.

Darstellen von Funktionen

Lösungen der Aufgaben auf den Seiten 80 bis 88

1. a), b) siehe Abbildung
   c) 124 mm; 152 mm; 174 mm
   d) 0,9 N; 2,2 N; 3,75 N
   e) Jedem Gewicht wird genau eine Federlänge zugeordnet.
   (0 N | 100 mm); (1,5 N | 130 mm); (3 N | 160 mm); (4,5 N | 190 mm)
   f) (1) und (3) sind richtig.

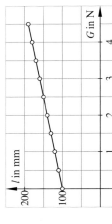

2. a) siehe Abbildung
   b) Jedem Volumen wird genau eine Masse zugeordnet. Argumente sind die Volumina, Funktionswerte sind die Massen.
   c) Masse und Volumen sind zueinander proportional. Der Proportionalitätsfaktor beträgt 11,375 $\frac{g}{cm^3}$.

NACHGEDACHT (Randspalte S. 80):
Aus den Werten kann die Dichte berechnet werden: $\varrho = 11{,}375\ \frac{g}{cm^3}$.
Es könnte sich um Blei handeln.

3.

x	-2	-1	0	1	2	3	4	—
y	-5	$-4{,}5$	-4	$-3{,}5$	-3	$-2{,}5$	-2	

Grafische Darstellung: siehe Bild.
Wortvorschrift: Die Hälfte jeder Zahl wird um 4 verringert.
Geordnete Paare: z. B. $(-4 \mid -6)$; $(-2 \mid -5)$; $(0 \mid -4)$; $(2 \mid -3)$; $(4 \mid -2)$; $(6 \mid -1)$; $(8 \mid 0)$; $(10 \mid 1)$; $(12 \mid 2)$

4. a) Funktion   b) Funktion   c) keine Funktion

NACHGEDACHT (Randspalte S. 81): Eine als Pfeildarstellung gegebene Zuordnung ist genau dann eine Funktion, wenn von jedem Element des Definitionsbereichs genau ein Pfeil zu einem Element des Wertebereichs ausgeht.

5. a) Nach 3 Minuten ist Sina etwa 700 m gefahren.
   b) Sina steht auf der Stelle (z. B. vor einer Ampel).
   c) 6. Minute: Sina fährt schnell. (Sie will vielleicht die Wartezeit an der Ampel wieder herausholen.
   7. Minute: Sina fährt mit „normaler" Geschwindigkeit weiter.

6. $f(2) = 2{,}5$; $f(1) = 1$; $f(0) = -0{,}5$; $f(-1) = -2$

7. a) A und B liegen auf dem Graphen, C nicht.
   b) A und B liegen auf dem Graphen, C nicht.
   c) A, B und C liegen auf dem Graphen.
   d) A liegt auf dem Graphen, B und C nicht.

Funktionen Schulbuchseiten 83 bis 84

8. a) Zuordnung Zeit → Temperatur

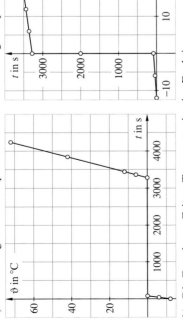

b) Die Zuordnung Zeit → Temperatur ist eine Funktion.

NACHGEDACHT (Randspalte S. 83): Zwischen der 80. und der 3280. Sekunde geschah das Schmelzen des Eises ohne Temperaturänderung, aber mit Aufnahme von Wärmeenergie (der Schmelzwärme).

9. a) keine Funktion   b) Funktion   c) Funktion

10. a) (1) Funktion; (2) keine Funktion; (3) Funktion
    b) Die obere Zuordnung wird in der rechten Abbildung dargestellt, die mittlere Zuordnung in der linken und die untere Zuordnung in der mittleren Abbildung.
    c) Eine Zuordnung ist dann keine Funktion, wenn es zwei Paare gibt, bei denen die erste Stelle übereinstimmt, die zweite aber nicht.

11. Funktionen: a), c), e), g); keine Funktionen: b), d), f), h), i)

NACHGEDACHT (Randspalte S. 84): Eine als grafische Darstellung gegebene Zuordnung ist genau dann eine Funktion, wenn jede zur y-Achse parallele Gerade höchstens einen gemeinsamen Punkt mit dem Graphen hat.

12. Maschine A: $y = 3x + 10$; Maschine B: $y = |x| + 4$

Funktionen Schulbuchseiten 85 bis 87

13. Jeder Zahl wird das um 3 vermehrte Doppelte zugeordnet: $y = 2x + 3$; (1|5)
    Die Zahl wird zunächst quadriert. Dann wird 8 subtrahiert. $y = x^2 - 8$; (3|1)
    Die zu der Zahl entgegengesetzte Zahl wird um 5 vermindert. $y = -x - 5$; (-3|-2)
    Das Reziproke der Zahl wird zu 1 addiert: $y = \frac{1}{x} + 1$; (0,5|3)
    Der Betrag einer Zahl wird mit 2 multipliziert: $y = 2|x|$; (-10|20)

14. a) Das Dreifache einer Zahl wird um 4 vermindert.
    b) Die Zahl wird zunächst quadriert. Dann wird 3 subtrahiert.
    c) Der Betrag der Zahl wird verdoppelt und anschließend 1,5 addiert.
    d) Vom Doppelten der dritten Potenz der Zahl wird 6 subtrahiert.

15. a) $f(x) = 3x$; $f(6) = 18$ b) $f(x) = x^2 - 10$; $f(6) = 26$
    c) $f(x) = x$; $f(6) = 6$ d) $f(x) = \frac{1}{3}x - 4$; $f(6) = -2$

16. a) Sei jeweils N die Menge aller Nullstellen der Funktion f.
    $f(x) = 3x$: $N = \{0\}$; $f(x) = x^2 - 10$: $N = \{-\sqrt{10}; \sqrt{10}\}$;
    $f(x) = x$: $N = \{0\}$; $f(x) = \frac{1}{3}x - 4$: $N = \{12\}$
    b) $f(x) = x^2 + 1$ c) $f(x) = |x|$ d) $f(x) = x^2 - 1$

17.
x	-4	-2	0	1	2	4	5	6	7
y	-3	-2	-1	-0,5	0	1	1,5	2	2,5

Jede Zahl wird zunächst halbiert und anschließend wird 1 subtrahiert.
$y = 0,5x - 1$

19. a) $A(2|1)$; $B(5|-5)$;
    $C\left(\frac{1}{4}\Big|\frac{9}{2}\right)$; $D\left(-\frac{5}{2}\Big|10\right)$
    b) Die Punkte A und D liegen auf dem Graphen von f_2, die Punkte B und C nicht.

    c)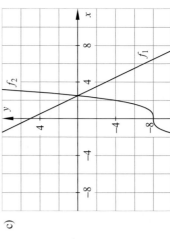

20. b) Der Graph ist eine nach oben geöffnete Parabel. Der kleinste Funktionswert ist 0, der größte 8.
    c) Der Graph besteht aus 9 Punkten, die auf der Parabel aus a) liegen.

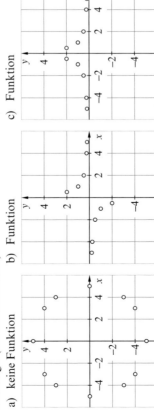

Funktionen

21.

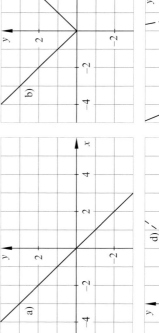

22. a) Wenn sich die Kantenlänge verdoppelt, verdreifacht bzw. vervierfacht, so steigt die Oberfläche auf das Vierfache, Neunfache bzw. 16-fache.
   b) Wenn sich die Kantenlänge verdoppelt, verdreifacht bzw. vervierfacht, so steigt das Volumen auf das Achtfache, 27-fache bzw. 64-fache.

23. a) siehe nebenstehende Abbildung
   $f(-1,1) = -1,845$
   $f(-1) = -2$
   $f(1) = -3$
   $f(2) = -2$
   b) siehe nebenstehende Abbildung

Schulbuchseite 88

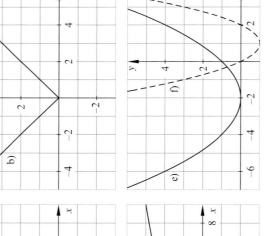

24. a) (1)

Zeit nach 1. Niedrigwasser	1 h	3 h	7 h
Höhe über/unter NN	−1,10 m	−0,20 m	+1,05 m

b) (2) 4 h und 9 h nach dem 1. Niedrigwasser

Entfernung	30 km	60 km	90 km	120 km	150 km
Höhe über NN	160 m	70 m	200 m	300 m	300 m

Erläuterungen und Anregungen

Gegenstand dieser Lerneinheit sind die Darstellungsarten von Funktionen, einschließlich der Überführung ineinander und das Untersuchen einer Zuordnung auf Eindeutigkeit in der gewählten Darstellungsart.

Die Einführung in diesen Abschnitt erfolgt über die Auswertung eines Schülerexperimentes zum Hookeschen Gesetz. Dabei können die Schülerinnen und Schüler an entsprechende Kenntnisse zur Auswertung von Messreihen aus dem Physikunterricht anknüpfen. Wertetabellen, grafische Darstellungen in Diagrammen und eine verbale Auswertung, die letztendlich der Wortvorschrift entspricht, sind ihnen dabei schon bekannt. Denkbar wäre darüber hinaus ein Verbinden mit den Überlegungen aus dem vorangegangenen Abschnitt bezüglich der Planung und Durchführung einer Klassenfahrt.

Proportionale und antiproportionale Zuordnungen

Lösungen der Aufgaben auf den Seiten 89 bis 92

1.

t in min	15	30	60	120	150	165	180
s in km	1	2	4	8	10	11	12

2. a) keine direkte Proportionalität
   b) annähernd direkt proportional; $m \approx 40 \frac{\text{km}}{\text{h}}$; $s = 40 \frac{\text{km}}{\text{h}} \cdot t$
   c) annähernd direkt proportional; $m \approx 85 \frac{\text{mA}}{\text{V}}$; $I = 85 \frac{\text{mA}}{\text{V}} \cdot U$

3. • Alle Graphen sind Geraden, die durch den Koordinatenursprung verlaufen.
   • Für $m > 0$ erhält man steigende Geraden, für $m < 0$ fallende Geraden.
   • Für $m = 0$ fällt der Graph mit der x-Achse zusammen.
   • Der Graph verläuft immer durch die Punkte $(1|m)$ und $(-1|-m)$.
   • Für $m = 1$ ist der Anstiegswinkel gleich 45°, für $0 < m < 1$ kleiner als 45°, für $m > 1$ größer als 45°.
   • Der Anstiegswinkel ist nicht zum Anstieg m proportional.

4. a) $f(0) = m \cdot 0 = 0 \Rightarrow P(0|0)$ b) $f(1) = m \cdot 1 = m \Rightarrow P(1|m)$
   c) $f(x + c) = m \cdot (x + c) = m \cdot x + m \cdot c = f(x) + m \cdot c$

Funktionen

Lineare Funktionen

Lösungen der Aufgaben auf den Seiten 93 bis 96

1. Der Gesamtbetrag setzt sich jeweils aus einem größeren Anteil, der proportional zum Verbrauch ist, und einem kleineren Anteil, der proportional zur Zeit ist, zusammen.

2. a)

zurückgelegte Strecke in km	50	100	150	200	250
Preis in €	85	110	135	160	185

   b) $8 \cdot 25$ km $= 200$ km; Kosten: 160 €

3. a) Terrasse:
   $15 \cdot 9{,}95$ € $+ 35{,}00$ € $= 184{,}25$ €
   Terrasse und Weg:
   $27 \cdot 9{,}95$ € $+ 35{,}00$ € $= 303{,}65$ €

   b) $y = 9{,}95x + 35$
   (x: Fläche in m²; y: Kosten in €)

4. a) jetzt: 24,17 m; in 20 s: 22,5 m
   b) 24,58 m
   c) in 4 min 50 s
   d) siehe nebenstehende Abbildung

   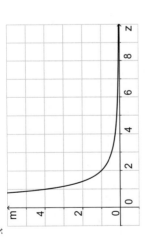

5. a)

Zeit in h	0	1	2	3	4	5	6	7	8
Temperatur in °C	−3	−2,5	−2	−1,5	−1	−0,5	0	0,5	1

   b) nach 13.00 Uhr c) $T = 0{,}5t - 3$

6. (1) $K = 0{,}14 \cdot E + 29{,}20$ (vor MWSt.) (2) $P = 0{,}50 \cdot s + 60$
   (3) $P = 9{,}95 \cdot A + 35$
   (4) $T = 24{,}17 - 5t$ (t in min) oder $T = 24{,}17 - \frac{1}{6}t$ (t in s)
   (5) $T = 0{,}5t - 3$

7. a) $y = 3x + 4$ b) $y = x^2 + 5$ c) $y = 2x - 8$
   d) $y = 5x$ e) $y = -3$ f) $y = 2|x|$

8. lineare Funktionen: a), c), e), f), g), i), j), l), n), o)

NACHGEDACHT (Randspalte S. 95):
Der Wertebereich einer linearen Funktion umfasst alle rationalen Zahlen.

11. Funktionen: a), b), c);   lineare Funktion:
12. Funktionen: a), c), d), e);   lineare Funktionen: a) $y = 2x - 1$
13. lineare Funktionen: a) $y = 2x + 1$; c) $y = \frac{1}{3}x + 3$
14. a) lineare Fkt.: $y = 0{,}15x + 2{,}50$ b) lineare Fkt.: $y = 0{,}60x + 1{,}50$
    c) keine lineare Funktion   d) keine lineare Funktion

Eigenschaften linearer Funktionen

Lösungen der Aufgaben auf den Seiten 97 bis 106

1. a) $y = 4x + \frac{1}{2}$ b) $y = 2x - \frac{5}{2}$ c) $y = 2x + \frac{1}{2}$

   d) keine lineare Fkt.   e) keine lineare Fkt.   f) keine lineare Fkt.

   g) $y = 9x - \frac{14}{3}$ h) keine lineare Fkt.   i) $y = \frac{1}{2}x + \frac{1}{4}$

2.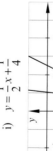

3.

4. a) $W = \{-2; -1; 0; 1; 2\}$ b) $W = \{y \in \mathbb{Q}\,|\,y > 1\}$

   c) $W = \{y \in \mathbb{Q}\,|-9 \leq y \leq -1\}$ d) $W = \{y \in \mathbb{Q}\,|-19 \leq y \leq -9\}$

5. Gemeinsamkeit: Beide Funktionen haben jeweils gleiche Wertebereiche und ihre Graphen verlaufen jeweils durch den Koordinatenursprung.

   a) $W = \{y \in \mathbb{Q}\,|-8 \leq y \leq 8\}$ b) $W = \{y \in \mathbb{Q}\,|-2 \leq y \leq 2\}$

   c) $W = \{y \in \mathbb{Q}\,|-4 \leq y \leq 4\}$

6. f: $D = \{x \in \mathbb{Q}\,|\,0 \leq x \leq 1{,}5\}$; $W = \{y \in \mathbb{Q}\,|-1 \leq y \leq 2\}$;

   g: $D = \{x \in \mathbb{Q}\,|-3{,}5 \leq x \leq 1\}$; $W = \{y \in \mathbb{Q}\,|-1{,}5 \leq y \leq 3\}$;

   h: $D = \{x \in \mathbb{Q}\,|-0{,}75 \leq x \leq 1{,}75\}$; $W = \{y \in \mathbb{Q}\,|-1{,}5 \leq y \leq 3{,}5\}$

7. $W = \{y \in \mathbb{Q}\,|\,0 \leq y \leq 2\}$; Quadrat; Flächeninhalt: 8 Flächeneinheiten

8. a) Es entsteht ein Geradenbüschel; Büschelpunkt ist $B(0\,|\,1)$.

   b) Es ensteht eine Schar paralleler Geraden, die die y-Achse jeweils an der Stelle n schneiden.

9. Die gesuchten Geraden verlaufen z. B. durch folgende Punkte:

   f_1: $P_1(0\,|\,0)$; $P_2(1\,|\,1)$ f_2: $P_1(0\,|\,1)$; $P_2(1\,|\,2)$

   f_3: $P_1(0\,|-1{,}5)$; $P_2(3\,|\,1)$ f_4: $P_1(0\,|\,3{,}5)$; $P_2(2\,|\,4{,}5)$

10. a) Der Graph verläuft durch die Punkte $P(0\,|-3)$ und $Q(1\,|-1)$.

    b) $f(-1) = 5$

11. a) $f(x) = 3x + 4$ b) $f(x) = 2{,}1x + 6{,}2$ c) $f(x) = -0{,}9x + 3{,}5$

    d) $f(x) = 8x - 5$ e) $f(x) = 4{,}3x - 1{,}4$ f) $f(x) = -4{,}1x - 0{,}7$

12. Die gesuchten Geraden verlaufen z. B. durch folgende Punkte:

    a) $A(0\,|-5)$; $B(1\,|-3)$ b) $A(0\,|\,1)$; $B(1\,|-1)$ c) $A(0\,|\,2{,}5)$; $B(3\,|\,3{,}5)$

13. $f_1(x) = \frac{1}{5}x + 3$; $f_2(x) = \frac{1}{5}x + 1$;

    $f_3(x) = \frac{1}{5}x$; $f_4(x) = \frac{1}{5}x - 3$

14. a) Ein Anstiegsdreieck ist ein rechtwinkliges Dreieck, dessen Hypotenuse auf dem Graphen der linearen Funktion liegt.

    b) Der Betrag des Anstiegs ist gleich dem Quotienten aus den Längen der vertikalen und der horizontalen Kathete des Anstiegsdreiecks.

    c) $y = 0{,}5x + 0{,}5$

15.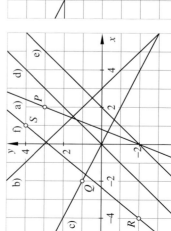

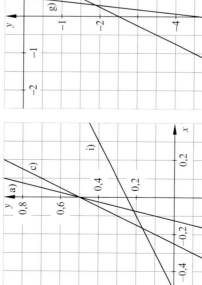

Funktionen — Schulbuchseiten 100 bis 102

16.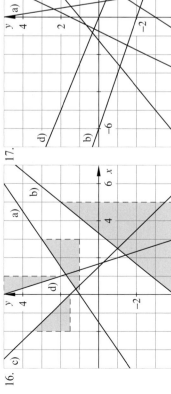

17. (Graph)

18. a) $f(x) = 4x + 3$ b) $f(x) = \frac{2}{3}x - 3$ c) $f(x) = 0,3x + 5,6$
    d) $f(x) = -2x + 11$ e) $f(x) = -3x + 13$ f) $f(x) = -1,4x - 5,2$

19. a) $f(x) = 2x - 7$; Q liegt nicht auf der Geraden.
    b) $f(x) = -x + 2$; Q liegt nicht auf der Geraden.
    c) $f(x) = 0,4x - 2,94$; Q liegt auf der Geraden.
    d) $f(x) = -0,3x - 4$; Q liegt nicht auf der Geraden.

20. a) $f(x) = x + 2$; $P(-5 | -3)$
    b) $f(x) = 0,5x + 2$; $P(-5 | -0,5)$
    c) $f(x) = -\frac{1}{8}x + 2$; $P(-5 | \frac{21}{8})$
    d) $f(x) = -2x + 2$; $P(-5 | 12)$

21. $f(x) = 0,5x + 2$

22. a) $f(x) = 5x - 1$ b) $f(x) = -2x + 11$ c) $f(x) = 3x - 11$
    d) $f(x) = 1,5x + 3,5$ e) $f(x) = -2,8x - 2,4$ f) $f(x) = 0,175x - 0,61$

23.

$P_1(x_1\|y_1)$	$P_2(x_2\|y_2)$	x_2-x_1	y_2-y_1	m	b	$f(x)$
$P_1(4\|1)$	$P_2(9\|3)$	5	2	0,4	−0,6	$f(x) = 0,4x - 0,6$
$P_1(5\|2)$	$P_2(9\|14)$	4	12	3	−13	$f(x) = 3x - 13$
$P_1(-3\|6)$	$P_2(2\|1)$	5	−5	−1	3	$f(x) = -x + 3$
$P_1(1\|-4)$	$P_2(6\|-1)$	5	3	0,6	−4,6	$f(x) = 0,6x - 4,6$
$P_1(2\|5)$ *	$P_2(8\|8)$ *	6	3	0,5	4	$f(x) = 0,5x + 4$
$P_1(-5\|-3)$	$P_2(0\|4,5)$ *	5 *	7,5 *	1,5	4,5	$f(x) = 1,5x + 4,5$
$P_1(3,5\|0)$	$P_2(6,2\|6,75)$	2,7	6,75	2,5	−8,75	$f(x) = 2,5x - 8,75$
$P_1(3\|2)$	$P_2(-2\|11,4)$	−5	9,4	−1,88	7,64	$f(x) = -1,88x + 7,64$

* = unterschiedliche Lösungen möglich

Funktionen — Schulbuchseiten 103 bis 104

24. $f_1(x) = 0,8x - 1,4$; $f_2(x) = \frac{1}{7}x + \frac{19}{7}$; $f_3(x) = -\frac{1}{2}x + \frac{5}{2}$; $f_4(x) = -\frac{1}{3}x - \frac{4}{3}$; $f_5(x) = 1,5x + 8$

25. Parallelen zur y-Achse haben keine Gleichung der Form $y = mx + b$. Eine Parallele zur y-Achse ist kein Graph einer Funktion. Einem festen x-Wert werden unendlich viele y-Werte zugeordnet, denn alle Punkte einer solchen Geraden haben dieselbe x-Koordinate, während die y-Koordinaten variieren. Gleichungen der Form $y = mx + b$ ordnen einem festen x-Wert nur genau einen y-Wert und nicht unendlich viele y-Werte zu. Die Gleichungen von Parallelen zur y-Achse sind von der Art $x = x_0$. Dabei ist x_0 die Schnittstelle der Parallelen mit der x-Achse.

26. a) $m_{AB} = 1,5 \neq m_{BC} = \frac{11}{7}$; A, B, C liegen nicht auf einer Geraden.
    b) $m_{AB} = -\frac{1}{3} = m_{BC} = -\frac{1}{3}$; A, B, C liegen auf einer Geraden.
    c) $m_{AB} = \frac{2}{3} = m_{BC} = \frac{2}{3}$; A, B, C liegen auf einer Geraden.
    d) $m_{AB} = -0,6 = m_{BC} = -0,6$; A, B, C liegen auf einer Geraden.
    e) $m_{AB} = 0,5 \neq m_{BC} = \frac{13}{24}$; $m_{AB} = 0,5 = m_{BD} = 0,5$;
       A, B, D liegen auf einer Geraden, der Punkt C liegt nicht auf dieser Geraden.

27. a) z. B. (0 N; 9 cm); (1 N; 11 cm); (2 N; 13 cm); (3 N; 15 cm); (4 N; 17 cm)
    b) $m = 2 \frac{cm}{N}$
       m ist eine Konstante, die ausdrückt, dass bei einer Zunahme der Kraft um 1 N eine Verlängerung der Feder um 1 cm erfolgt.
    c) $l_0 = 9$ cm
    d) $l = 2 \frac{cm}{N} \cdot G + 9$ cm

28. a) g_4 b) g_3 c) g_1 d) g_2

29. a) siehe nebenstehende Abbildung
    b) $A(0|-2)$: $y = -\frac{2}{3}x - 2$
       $B(2|0)$: $y = -\frac{2}{3}x + \frac{4}{3}$
       $C(-4|-1)$: $y = -\frac{2}{3}x - \frac{11}{3}$
    c) Gemeinsamkeit: gleiche Anstiege

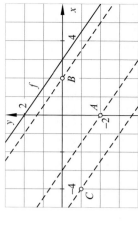

30. a) $f(x) = 2x - 1$; $g(x) = -0{,}5x - 1$
    b) $m_2 = -\dfrac{1}{m_1}$
    d) z. B. $g(x) = 3x + 2$
31. c) $g(x) = -2x - 3$; $h(x) = -2x + 3$; $i(x) = 2x - 3$
    d) Rhombus; $A = 9\text{ cm}^2$
    e) z. B. $f^*(x) = x + 3$
32. a) monoton fallend: Aufgaben 14 b), e), f), 15 c), d), 16 a), b), d), 27 b), c)
       monoton steigend: Aufgaben 14 a), c), d), 15 a), b), 16 c), e), f), 27 a), d)
    b) Monoton fallende Funktionen:

Aufgabe	14b)	e)	f)	15c)	d)	16a)	b)	d)	27b)	c)
$f(2)$	-2	-5	-6	$-0{,}5$	-1	-7	$-\dfrac{8}{3}$	$-0{,}8$	-1	$-1{,}5$
$f(4)$	-8	-9	-12	$-2{,}5$	-7	-19	$-\dfrac{10}{3}$	$-1{,}6$	-4	-2

Monoton steigende Funktionen:

Aufgabe	14a)	c)	d)	15a)	b)	16c)	e)	f)	27a)	d)
$f(2)$	7	8	2,5	$\dfrac{7}{3}$	$-1{,}6$	2,6	5,5	0	$\dfrac{17}{6}$	0,5
$f(4)$	11	16	3,5	$\dfrac{11}{3}$	0,8	4,2	9,5	3	$\dfrac{25}{6}$	2,5

c) Wenn $f(x_1) < f(x_2)$ für $x_1 < x_2$ gilt, so ist die Funktion monoton steigend.
   Gilt $f(x_1) > f(x_2)$ für $x_1 < x_2$, so ist die Funktion monoton fallend.

33. Linkes Bild: $f_1(x) = \begin{cases} -3 & \text{für } x \leq -3 \\ x & \text{für } x \in \{-2;\, -1;\, 0;\, 1;\, 2\} \\ 3 & \text{für } x \geq 3 \end{cases}$

Rechtes Bild, roter Graph: $f_2(x) = \begin{cases} 3 & \text{für } x \leq 0 \\ -3 & \text{für } x > 0 \end{cases}$

Rechtes Bild, blauer Graph: $f_3(x) = \begin{cases} -2x + 2 & \text{für } 0 \leq x < 1 \\ x - 1 & \text{für } 1 \leq x < 2 \\ -x + 3 & \text{für } 2 \leq x < 3 \\ 2x - 6 & \text{für } 3 \leq x \leq 4 \end{cases}$

34.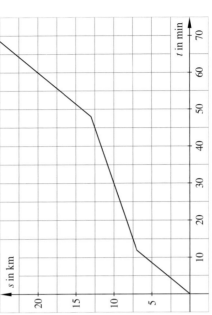

Die beiden Graphen bilden ein Sechseck, das achsensymmetrisch, aber nicht regelmäßig ist.

35. Die Buchstaben i und V lassen sich als Graphen stückweise definierter linearer Funktionen auffassen, z. B.

$f_1(x) = \begin{cases} 1 & \text{für } 0 \leq x \leq 3 \\ 1 & \text{für } x = 4 \end{cases}$; $f_2(x) = \begin{cases} -2x & \text{für } -1 \leq x \leq 0 \\ 2x & \text{für } 0 \leq x \leq 1 \end{cases}$

36.

Funktionen — Schulbuchseiten 106 bis 107

37. a) Vorzeichentaste (−):
    f_2; f_3
    Rechenzeichentaste −:
    f_2; f_4
    c) siehe nebenstehende Abbildung
    d) unregelmäßiges Viereck; die Anstiege sind paarweise verschieden

38. $S_x(0{,}447 \mid 0)$; $S_y(0 \mid -1{,}23)$

39. a) y_1: $x_0 \approx 1{,}87$
       y_2: $x_0 \approx 2188$
    b) y_1: $x_0 = \dfrac{234}{125} = 1{,}872$
       y_2: $x_0 = \dfrac{54700}{25} = 2188$

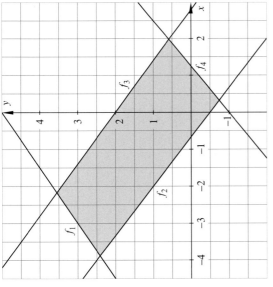

Die Betragsfunktion

Lösungen der Aufgaben auf Seite 107

1. a) Die Abstände betragen: 2; 0,5; 0; 0,5; 1; 4; 7.
   b) Die Zuordnung ist eine Funktion, da zu jedem Punkt genau ein Abstand gehört.
   c) $y = |x|$
   d) nein

2. b) Für $x \leq 0$ sind die Graphen der Funktionen $y = -x$ und $y = |x|$ identisch.
      Für $x \geq 0$ sind die Graphen der Funktionen $y = x$ und $y = |x|$ identisch.
   c) Für $x < 0$ ist der Funktionswert gleich der entgegengesetzten Zahl zu x.
      Für $x \geq 0$ ist der Funktionswert gleich der Zahl x selbst.

3. a) $y = -|x| = \begin{cases} x & \text{für } x < 0 \\ -x & \text{für } x \geq 0 \end{cases}$

   b) $y = |x - 1| = \begin{cases} -x + 1 & \text{für } x < 1 \\ x - 1 & \text{für } x \geq 1 \end{cases}$

   c) $y = |x| - 1 = \begin{cases} -x - 1 & \text{für } x < 0 \\ x - 1 & \text{für } x \geq 0 \end{cases}$

Funktionen — Schulbuchseite 107

4. a) $y = -|x|$
   b) $y = |x| + 1$
   c) $y = |x + 1|$
   Graphen: siehe nebenstehende Abbildung

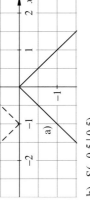
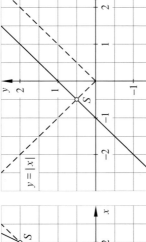

5. a) $S(2 \mid 2)$

   b) $S(-0{,}5 \mid 0{,}5)$

   c) kein Schnittpunkt

   d) $S_1(2 \mid 2)$; $S_2\left(-\dfrac{2}{3} \,\Big|\, \dfrac{2}{3}\right)$

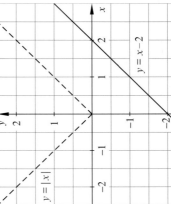
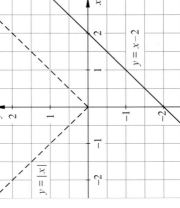
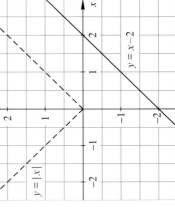

Monotonie und Nullstellen

Lösungen der Aufgaben auf den Seiten 108 bis 109

1. In der ersten Grafik steigen die Werte von Jahr zu Jahr an, die Funktion ist monoton wachsend. In der dritten Grafik fallen die Werte von Jahr zu Jahr, die Funktion ist monoton fallend. Die Werte in der zweiten Grafik verhalten sich ungleichmäßig, die Funktion ist weder monoton wachsend noch monoton fallend.

2. a) Alle Funktionen sind streng monoton steigend. Die Steigung von f ist konstant, während sie für h mit wachsendem x immer mehr abnimmt. Die Steigung von g nimmt zunächst immer stärker bis Null ab und wächst dann immer stärker.

   b) Alle Funktionen sind streng monoton fallend. Die Steigung von f ist konstant. Die Steigung von g wächst zunächst immer stärker bis Null und nimmt dann immer stärker ab. Die Steigung von h nimmt für $x < 0$ immer stärker ab; für $x > 0$ wird sie zunehmend langsamer kleiner.

   c) Die Messwerte werden mit wachsendem x kleiner, dabei wird die Abnahme allmählich geringer. Eine Funktion, die diesen Werteverlauf beschreibt, muss im Intervall [1; 9] streng monoton fallend sein, wobei die Steigung laufend abnimmt.

3. a) Proportionale Funktionen $y = mx$ sind für $m > 0$ streng monoton steigend und für $m < 0$ streng monoton fallend.

   Antiproportionale Funktionen $y = \dfrac{a}{x}$ mit $a > 0$ sind für $x < 0$ streng monoton fallend und für $x > 0$ streng monoton fallend.

   Antiproportionale Funktionen $y = \dfrac{a}{x}$ mit $a < 0$ sind für $x < 0$ streng monoton steigend und für $x > 0$ streng monoton steigend.

   b) Die Funktion ist für $x \leq 0$ streng monoton fallend und für $x \geq 0$ streng monoton steigend.

4. a), c) streng monoton steigend für $x \in \mathbb{Q}$
   b), d) streng monoton fallend für $x \in \mathbb{Q}$
   e), f), h) streng monoton fallend für $x \leq 0$, streng monoton steigend für $x \geq 0$
   g) streng monoton fallend für $x \leq 1$, streng monoton steigend für $x \geq 1$

5. a) $f(x) = \dfrac{4}{3}x - 2$; $g(x) = -\dfrac{1}{2}x + 1$ b) $f: (1,5|0), (0|-2)$; $g: (2|0), (0|1)$

   c) $y = mx + n$. Schnittpunkt mit der y-Achse: $x = 0 \Rightarrow y = n$; $S_y(0|n)$.

   Schnittpunkt mit der x-Achse: $y = 0 \Rightarrow mx + n = 0 \Rightarrow x = -\dfrac{n}{m}$; $S_x\left(-\dfrac{n}{m}\Big|0\right)$.

6. a) $x_0 = 0{,}25$ b) keine Nullstelle in $\mathbb{N}$ c) $x_0 = 2$
   d) $x_0 = -8$ e) keine Nullstelle in $\mathbb{Q}$ f) $x_0 = -0{,}375$

7. a) $x_0 = -1$ b) keine Nullstelle in $\mathbb{Z}$ c) keine Nullstelle in $\mathbb{Q}$
   d) $x_0 = 1$ e) keine Nullstelle   f) $x_0 = 0$

8. a) Die Aussage trifft für die meisten bekannten Funktionstypen zu, jedoch nicht für die konstante Funktion $f(x) = 0$.

   b) Die Aussage ist falsch. Gegenbeispiele: $f(x) = x^2$; $g(x) = x^2 + 1$; $h(x) = \dfrac{1}{x}$

NACHGEDACHT (Randspalte S. 109):
- achsensymmetrisch zur y-Achse: nicht möglich
- punktsymmetrisch zum Koordinatenursprung: möglich, z. B. $y = 2x$; $y = x^3$

Teste dich!

Lösungen der Aufgaben auf den Seiten 110 bis 111

1. a) Da das Doppelte einer gegebenen rationalen Zahl eindeutig bestimmt ist, ist die genannte Zuordnung eindeutig, also eine Funktion.

   b) Da der Umfang eines gegebenen Vielecks eindeutig bestimmt ist, ist die genannte Zuordnung eindeutig, also eine Funktion.

   c) Zu einer gegebenen positiven Zahl a kann es immer mehrere Vielecke mit dem Umfang a cm geben, z. B. ein gleichseitiges Dreieck mit der Seitenlänge $\dfrac{a}{3}$ cm und ein Quadrat mit der Seitenlänge $\dfrac{a}{4}$ cm. Deshalb ist die genannte Zuordnung nicht eindeutig, also keine Funktion.

2. a) Nullstelle: $x_0 = 10$;   Anstieg: $m = 3$; y-Achsenabschnitt: $n = -30$; streng monoton steigend.

   b) Nullstelle: $x_0 = -\dfrac{5}{3}$;   Anstieg: $m = -1{,}5$; y-Achsenabschnitt: $n = -2{,}5$; streng monoton fallend.

   Zu beachten ist beim y-Achsenabschnitt, dass aufgrund des Definitionsbereichs $\{x \in \mathbb{Q} \mid x < 0\}$ der Punkt $P(0|-2{,}5)$ nicht mit zum Graphen gehört; der Graph hat keinen gemeinsamen Punkt mit der y-Achse. Man kann aber Punkte auf dem Graphen finden, die dem Punkt $P(0|-2{,}5)$ beliebig nahe kommen.

   c) Nullstelle: $x_0 = 0$;   Anstieg: $m = \dfrac{3}{7}$; y-Achsenabschnitt: $n = 0$; streng monoton steigend.

d) Nullstelle: existiert nicht; Anstieg: $m = 0,4$; y-Achsenabschnitt: $n = -0,2$; streng monoton steigend.
Der Graph besteht aus isolierten Punkten für $x = 0, 1, 2, 3, \ldots$, die auf einer ansteigenden Geraden liegen.

3. Abb. links oben: $f(x) = x + 1$;
   Abb. rechts oben: $f(x) = 0,5x$;
   Abb. links unten: $f(x) = -x + 3,5$;
   Abb. rechts unten: $f(x) = 2x - 2$

4. $f(x) = mx + n$; $f(0) = m \cdot 0 + n = 1 \Rightarrow n = 1$; $f(2) = m \cdot 2 + 1 = 5 \Rightarrow m = 2$
   Funktionsgleichung: $f(x) = 2x + 1$

5. z. B. jede Funktion $f(x) = x^2 + a$ und jede Funktion $g(x) = -x^2 - a$ mit $a > 0$.

6. a)
m	$\frac{1}{4}$	$\frac{1}{2}$	1	$\frac{3}{2}$	2	5
α	14°	27°	45°	56°	63°	79°

   b) m und α sind nicht direkt proportional.
   c) gelb: $m < -1$; rot: $-1 < m < 0$; grün: $0 < m < 1$; blau: $m > 1$

7. z. B. $f(x) = \begin{cases} -x & \text{für } x < -3 \\ x + 6 & \text{für } -3 \leq x \leq -1 \\ 4 - x & \text{für } -1 < x \end{cases}$ (Nullstelle: $x_0 = 4$)

8. Die Funktion g ist für jede Funktion $f(x) = \frac{a}{x}$ mit $a \neq 0$ auf dem Bereich $x < 0$ streng monoton steigend und auf dem Bereich $x > 0$ streng monoton fallend. Der Graph besteht aus zwei Hyperbelästen, die beide oberhalb der x-Achse verlaufen, egal ob $a > 0$ oder $a < 0$ ist.

9. a) $y = f(x) = \frac{a}{x}$ $(a \neq 0)$; $D = \mathbb{Q} \setminus \{0\}$; der Graph ist eine Hyperbel.
   b) Aus $xy = 2x + 1$ folgt $y = g(x) = 2 + \frac{1}{x}$ $(x \neq 0)$; $D = \mathbb{Q} \setminus \{0\}$; der Graph ist die um 2 Einheiten nach oben verschobene Hyperbel der Funktion $y = \frac{1}{x}$.

10. a) Abweichungen entstehen durch Messfehler.
    b) Es liegt näherungsweise Proportionalität vor.
       $\frac{U}{I} \approx 18\,\Omega$ ist der elektrische Widerstand.
    c) 660 mA
    d) 750 mA entsprechen der Spannung 13,6 V. Man darf höchstens 13,5 V anlegen.

Zufallsversuche

„Das Gewebe dieser Welt ist aus Notwendigkeit und Zufall gebildet; die Vernunft des Menschen stellt sich zwischen beide und weiß sie zu beherrschen; sie behandelt das Notwendige als den Grund ihres Daseins; das Zufällige weiß sie zu lenken, zu leiten und zu nutzen..."

(Johann Wolfgang von Goethe in „Wilhelm Meisters Lehrjahre", S. 27)

Wenn der Zufall bei Geschehnissen auftritt, wird er gegenüber klaren Ursache-Wirkungs-Gefügen häufig als Mangel und störend empfunden. Zu unterscheiden ist dabei zwischen **subjektivem** Zufall, der auf den Mangel an Wissen über bestimmte Erscheinungen zurückzuführen ist, und **objektivem** Zufall, der den Erscheinungen prinzipiell zugrunde liegt. Der erste wird sicher zu Recht als Mangel empfunden.

Doch man stelle sich einmal eine Welt ohne objektiven Zufall vor: Es wäre eine ideal geordnete Welt, in der jedes Ereignis eindeutig auf frühere Zustände zurückgeführt werden könnte und in der Vergangenheit, Gegenwart und Zukunft starr miteinander verknüpft wären. Durch den Zufall kommt eine positive, schöpferische Kraft in die Welt. Zufall ist nicht nur in Spielsituationen von Bedeutung, sondern er hat eine immense Bedeutung für den Aufbau und das Wirkungsgefüge der Welt, in der wir alle leben. Dieser Aspekt sollte den Schülerinnen und Schülern deutlich bewusst werden. Sie sollten unbedingt über die begrenzte Sicht hinaus kommen, dass Zufall nur verbunden ist mit so genannten Zufallsgeräten, die in Spielsituationen genutzt werden, wie z. B. Würfel, Glücksrad, Roulettegerät. Andererseits sollten sie die Urne als geeignetes mathematisches Modell für die Darstellung von Zufallsprozessen kennen und kompetent damit arbeiten können.

In unserer realen Welt sind Kausalbeziehungen **wahrscheinlichkeitsbedingte** Beziehungen; wir leben in einer **Wahrscheinlichkeitswelt**, d. h. in einer Welt, die auf der Wahrscheinlichkeit aufgebaut ist. Durch die Stochastik und ihre Gesetze sind wir Menschen in der Lage, den Zufall gewissermaßen zu berechnen. So sind z. B. alle Berechnungen für Erscheinungen auf der Quantenebene, die den Erscheinungen auf der makroskopischen Ebene zugrunde liegen, durch Wahrscheinlichkeiten bestimmt.

Daten, Stichproben, Häufigkeiten (Wiederholung)

Lösungen der Aufgaben auf den Seiten 114 bis 115

1. Bei 20 Würfen einer nicht gezinkten Münze ist mit etwa 10-maligem Auftreten von „Wappen" zu rechnen. Die Abweichung hiervon ist nur bei der Versuchsserie L2 besonders groß. Bei den insgesamt 200 Würfen ist damit zu rechnen, dass „Wappen" etwa 100-mal auftritt; tatsächlich trat es 92-mal auf. Die Versuchsergebnisse belegen also nicht, dass die Münze gezinkt ist.

Anzahl der Würfe	20	40	60	80	100	120	140	160	180	200
Häufigkeit von „Wappen"	13	18	27	39	48	57	65	74	81	92

2. a)
Partei	SPD	CDU/CSU	B'90/Grüne	FDP	PDS	Sonstige
Anzahl der Stimmen	13	18	27	39	48	57

   b) Die Summe der Säulenhöhen beträgt 1 Koordinateneinheit, dies entspricht 1000 befragten Personen.

3.
Weltmeisterschaft	1994	1998	2002
Anzahl der Tore	141	171	161
Anzahl der Spiele	52	64	64
Anzahl der Tore je Spiel	2,71	2,67	2,52

4. a)
Anzahl der Tore	0	1	2	3	4	5	6	7	8
relative Häufigkeit 1994	0,058	0,192	0,192	0,250	0,192	0,096	0	0,019	0
relative Häufigkeit 1998	0,063	0,188	0,188	0,281	0,172	0,094	0	0	0,016
relative Häufigkeit 2002	0,047	0,234	0,313	0,172	0,125	0,063	0,016	0,016	0,016

   b)
Weltmeisterschaft	1994	1998	2002
Anzahl der Tore je Spiel	2,71	2,67	2,52

   c)
	1994	1998	2002
Anzahl der Spiele mit 2 oder weniger Toren	23	28	38
Anteil dieser Spiele in %	44,2 %	43,8 %	59,4 %

Zufallsversuche und Ereignisse

Lösungen der Aufgaben auf den Seiten 116 bis 121

1. a)
Farbe	gelb	grün	blau	rot
Rad 1	25 %	25 %	25 %	25 %
Rad 2	25 %	12,5 %	12,5 %	50 %

   d) Philipp: Rad 2; Alexander: Rad 1

2. a) $\frac{1}{6}$ aller Würfe   e) ca. $\frac{1}{6}$

4. Aufgabe 1: z. B. {gelb, grün, blau, rot}
   Aufgabe 2: z. B. {1; 2; 3; 4; 5; 6} oder {1; nicht 1}
   Aufgabe 3: z. B. {kleine Seite, mittlere Seite, große Seite} oder {kleine Seite, nicht kleine Seite}

5. a) 2; 3; 4; 5; 6; 7; 8; 9; 10; 11; 12
   b) 0; 1; 2; ...; 99; 100; 101; ...
      (Das maximal erreichbare Alter ist nicht genau bekannt.)
   c) beliebige Zahlen von 0 % bis 100 %   d) 0; 1; 2; 3; 4; 5; 6
   e) A; B; AB; 0   f) 0; 1; 2; ...; 36

6. a) Werfen eines Würfels. Ergebnisse: 1, 2, 3, 4, 5, 6
   b) Werfen einer Münze. Ergebnisse: Wappen, Zahl
   c) Geburt eines Kindes. Ergebnisse: Junge, Mädchen
   d) Elfmeter beim Fußball. Ergebnisse: Treffer, gehalten, verschossen
   e) Fußballspiel. Ergebnisse: 0:0, 1:0, 0:1, 2:0, 1:1, 0:2, 3:0, 2:1, ...
      Die vollständige Ergebnismenge lässt sich hier nur schwer angeben, da es unterschiedliche Meinungen darüber geben kann, wie viele Tore in einem Spiel maximal möglich sind.

7. a) Ω = {Januar, Februar, ..., Dezember}   b) z. B. Ω = {Gewinn, Niete}
   c) z. B. Ω = {Gewinn, Remis, Niederlage}
   e) z. B. Ω = {Ring passt, Ring passt nicht}   d) Ω = {Gewinn, Niederlage}
   f) z. B. Ω = {gleiche Zahlen, ungleiche Zahlen}
      (siehe auch Lösungsteil des Schulbuches)

8. a) Zufallsexperiment; z. B. Ω = {Karo 7; Karo 8; ...; Kreuz As}
   b) kein Zufallsexperiment
   c) Zufallsexperiment; Ω = {0; 1; ...; 28} oder Ω = {0; 1; ...; 29}

AUFTRAG (Randspalte S. 117):
Ein Frosttag ist ein Tag, an dem die Tagesmitteltemperatur unter 0 °C liegt.

9. $\Omega = \{1, 2, 3, 4, 5, 6, 7, 8, 9, 10\}$

10. a) $\Omega = \{11; 12; 13; 21; 22; 23; 31; 32; 33; 41; 42; 43\}$
    b) $A = \{11; 22; 33\}$; $B = \{12; 13; 23\}$; $C = \{11; 12; 13; 21; 22; 31\}$;
    $D = \{12; 13; 21; 22; 23; 31; 32; 33; 42; 43\}$; $E = \{22; 42\}$;
    $F = \{11; 13; 21; 23; 31; 33; 41; 43\}$
    c) 12 und 13 gehören zu B und C.
    23 gehört zu B, aber nicht zu C.
    11, 21, 22, 31 gehören zu C, aber nicht zu B.
    32, 33, 41, 42, 43 gehören weder zu B noch zu C.

11. Das Ergebnis 22 ist günstig für die Ereignisse A, C, D und E.

12. Die Ergebnismenge hat $12^2 = 144$ Elemente.
    Für das Ereignis A sind $144 - 12 = 132$ Ergebnisse günstig.

13. a) $\Omega_1 = \{A, B, 0, AB\}$
    b) $\Omega_2 = \{A+, A-, B+, B-, 0+, 0-, AB+, AB-\}$
    c) Der Rhesusfaktor ist vorhanden.

14. a) $\Omega = \{gg, gb, gr, gw, rr, rb, rw, bb, bw\}$
    b) $A = \{gg, rr, bb\}$; $B = \{gr, gb, gw, rb, rw, bw\}$; $C = \{gb, rb, bb, bw\}$;
    $D = \{gr, rb, rw\}$; $E = \{gg, gr, gb, gw, rr, rb, rw, bb, bw\} = \Omega$; $F = \emptyset$

15. a) $A = \Omega \setminus B$; $E = \Omega \setminus F$
    b) $\Omega \setminus C = \{gg, gr, gw, rr, rw\}$ (keine der beiden Kugeln ist blau)

16. $\overline{A} = \{(1; 1), (1; 2), (2; 1)\}$ (die Augensumme beträgt höchstens 3)
    $\overline{B} = \{(6; 6)\}$ (es fallen zwei Sechsen)
    $\overline{C} = \{(6; 6)\}$ (die Augensumme beträgt 12)

AUFTRAG (Randspalte S. 119): Relative Häufigkeiten der einzelnen Blutgruppen:

	Rh+	Rh–
A	0,37	0,06
B	0,09	0,02
AB	0,04	0,01
0	0,35	0,06

NACHGEDACHT (Randspalte S. 119):
Das Gegenereignis zu $\overline{A}$ ist A. Das Gegenereignis zu Ω ist $\emptyset$.

17. Für S sind alle Ergebnisse günstig. U tritt bei keinem Ergebnis ein.

18. A: Dieses Ereignis ist sicher, da die Woche nur 7 Tage hat.
    B: Dieses Ereignis ist weder sicher noch unmöglich. Es ist zwar sehr unwahrscheinlich, aber nicht unmöglich, dass bei 100 Würfen keine 6 fällt.
    C: Dieses Ereignis ist unmöglich, da es nur 7 Wochentage gibt.

19. a) Nein, denn D kann mit einer anderen Zahl nicht erfüllt werden.
    b) Nein. Wegen A und E ist nur die 27 möglich. Diese ist aber in F nicht enthalten.
    c) Die 27 ist für A, B, C und E günstig. Alle weiteren Kombinationen von vier der sechs Ereignisse werden nicht gleichzeitig durch eine weitere Zahl erfüllt.

20. a) $C = \{13; 14; 15; …; 24\}$ b) 14; 16; 18; 20; 22; 24
    c) 14; 16; 18 d) 14; 18 e) Solche Zahlen gibt es nicht.

21. a) z. B. S – Zahl kleiner als 37 b) z. B. U – Zahl größer als 100

22. a) $B \cap C$; $A \cap B \cap C$
    b) $A \cap B \cap C \cap D \cap E = \{14; 18\}$
    c) $A \cap B \cap C \cap D \cap E \cap F$ ist folgendes Ereignis: Rot und gerade (ohne 0) und mittleres Dutzend und erste Hälfte und Viererblock (14, 15, 17, 18) und Querreihe (19, 20, 21). Dieses ist das unmögliche Ereignis.

23. a) $A = \{WWW, WWZ, WZW, WZZ\}$
    $B = \{WWW, WZW, ZWW, ZZW\}$
    b) $A \cap B = \{WWW, WZW\}$
    (Wappen im 1. und 3. Wurf)
    $A \cup B = \{WWW, WZW, WWZ, WZZ, ZWW, ZZW\}$
    (Wappen im 1. oder 3. Wurf)
    c) $\overline{A} \cap B = \overline{A \cup \overline{B}} = \{ZWZ, ZZZ, WWZ, WZZ, ZWW, ZZW\}$
    (Zahl im 1. oder 3. Wurf)
    d) $\overline{A \cup B} = \overline{A} \cap \overline{B} = \{ZWZ, ZZZ\}$ (Zahl im 1. oder 3. Wurf)
    e) Das Ereignis $\overline{A} \cap B$ setzt sich aus allen Ergebnissen zusammen, die nicht zu A oder nicht zu B gehören. Dasselbe trifft auf $\overline{A} \cup \overline{B}$ zu.
    Das Ereignis $\overline{A} \cup B$ setzt sich aus allen Ergebnissen zusammen, die nicht zu A und nicht zu B gehören. Dasselbe trifft auf $\overline{A} \cap \overline{B}$ zu.

24. a) $A = \{60, 61, 62, …, 101\}$;
    $B = \{0, 1, 2, …, 74\}$ (nicht $\{0, 1, 2, …, 75\}$, denn wenn ein Mensch z. B. genau 75 Jahre und 1 Minute alt ist, ist er schon älter als 75 Jahre)
    b) $A \cap B = \{60, 61, 62, …, 74\}$ ist das Ereignis:
    „Ein Neugeborenes wird mindestens 60 und höchstens 75 Jahre alt."
    c) $A \cup B = \{0, 1, 2, …, 101\}$ ist das sichere Ereignis.

25. $A \cup \overline{A} = \Omega$, da jedes Element von Ω entweder zu A oder zu $\overline{A}$ gehört.
    $A \cap \overline{A} = \emptyset$, da jedes Element von Ω entweder zu A oder zu $\overline{A}$ gehört. Kein Element von Ω ist sowohl in A als auch in $\overline{A}$ enthalten.

Zufallsversuche

Erläuterungen und Anregungen

Diese Lerneinheit dient der Einführung der Begriffe Zufallsversuch, Ergebnis, Ergebnismenge und Ereignis, einschließlich des sicheren und des unmöglichen Ereignisses. Die Aufgaben stammen fast ausschließlich aus den Bereichen des Glücksspiels. Somit werden Ursprünge der Wahrscheinlichkeitsrechnung aufgegriffen. Gleichzeitig wird die Gelegenheit gegeben, auf Anfänge der historischen Entwicklung der Stochastik hinzuweisen. Der Einstieg und viele weitere Aufgaben erfordern in starkem Maße sowohl bei der Durchführung als auch bei der Auswertung das Tätigsein der Schülerinnen und Schüler.
Die Lerneinheit ist durchgehend so angelegt, dass der nachfolgend über die stabilisierte relative Häufigkeit eingeführte Begriff der Wahrscheinlichkeit unmittelbar vorbereitet wird. Alternativ dazu wäre es möglich, den Begriff Zufallsversuch noch stärker in das Zentrum zu stellen, etwa durch einen Einstieg mit Beispielen (wie im Schulbuch) und Gegenbeispielen (auf die im Buch vor der Begriffsfestlegung verzichtet wurde).

Häufigkeiten und Wahrscheinlichkeiten

Lösungen der Aufgaben auf den Seiten 122 bis 127

1. a)

Person	1	2	3	4	5	6	7	8	9	10
H(2K)	1	5	3	2	1	3	1	2	4	2
h(2K)	0,1	0,5	0,3	0,2	0,1	0,3	0,1	0,2	0,4	0,2

Person	11	12	13	14	15	16	17	18	19	20
H(2K)	1	3	2	5	1	4	2	1	2	2
h(2K)	0,1	0,3	0,2	0,5	0,1	0,4	0,2	0,1	0,2	0,2

$\bar{h}$(2K) = 0,235

b)

Personen	1	1–2	1–3	1–4	1–5	1–6	1–7	1–8	1–9	1–10
H(2K)	1	6	9	11	12	15	16	18	22	24
h(2K)	0,10	0,30	0,30	0,28	0,24	0,25	0,23	0,22	0,24	0,24

Personen	1–11	1–12	1–13	1–14	1–15	1–16	1–17	1–18	1–19	1–20
H(2K)	25	28	30	35	36	40	42	43	45	47
h(2K)	0,23	0,23	0,23	0,25	0,24	0,25	0,25	0,24	0,24	0,24

3. Aus dem Diagramm erhält man $P(A) \approx 0{,}43$. Der exakte Wert ist $P(A) = \frac{5}{12} \approx 0{,}4167$.

NACHGEDACHT (Randspalte S. 123, Mitte):

Sei $H_n(A)$ die absolute Häufigkeit des Ereignisses A bei n Versuchen, d. h. die Anzahl der Versuche, bei denen A eintrat. Dann gilt $0 \leq H_n(A) \leq n$.

Hieraus folgt wegen $n > 0$: $\frac{0}{n} \leq \frac{H_n(A)}{n} \leq \frac{n}{n} \Rightarrow 0 \leq h_n(A) \leq 1$.

Aus $H_n(\Omega) = n$ folgt $h_n(\Omega) = \frac{H_n(\Omega)}{n} = \frac{n}{n} = 1$.

Für das sichere Ereignis ist die relative Häufigkeit also immer gleich 1.

AUFGABE (Randspalte S. 123, unten):

Seien $a_1, a_2, \ldots, a_m$ die für das Ereignis A günstigen Ergebnisse und $H_n(a_i)$ die absolute Häufigkeit des Ergebnisses a_i bei n Versuchen ($1 \leq i \leq m$).
Dann ist $H_n(A) = H_n(a_1) + \ldots + H_n(a_m)$.
Hieraus folgt wegen $n > 0$:
$\frac{H_n(A)}{n} = \frac{H_n(a_1)}{n} + \ldots + \frac{H_n(a_m)}{n} \Rightarrow h_n(A) = h_n(a_1) + \ldots + h_n(a_m)$.

4. a) 1. Wurfserie: $\approx 0{,}5069$; 2. Wurfserie: $\approx 0{,}5016$; 3. Wurfserie: $\approx 0{,}5005$
Die relativen Häufigkeiten weichen nur sehr wenig von der Wahrscheinlichkeit 0,5 ab. Je größer die Anzahl der Würfe ist, desto geringer ist die Abweichung.
b) 1. Serie: 2014 bis 2026; 2. Serie: 11 962 bis 12 038

5. a) etwa 6890 b) $\approx 0{,}5081$

6. a) 5 (50, 100, 200, 4000) b) 500-mal

7. a) $\frac{2311}{3102} \approx 0{,}745$ b) $\frac{224}{3102} \approx 0{,}072$

c) Die Wahrscheinlichkeit für das Verwandeln eines Elfmeters hängt stark vom Können der Spieler und ihrem Trainingszustand ab. Die Daten aus der 1. Bundesliga können deshalb nicht auf andere Spielklassen oder Länder verallgemeinert werden. Auch das Wetter und die Platzverhältnisse können eine Rolle spielen.

8. $P(A) = \frac{1}{6}$; $P(B) = \frac{1}{3}$; $P(C) = \frac{2}{3}$

9. Die möglichen Ergebnisse sind: (rot; blau); (rot; gelb); (blau; gelb).
Keines dieser drei Ergebnisse tritt bevorzugt ein.

10. a) – Münzwurf. Ergebnismenge: {Wappen, Zahl}; Wahrscheinlichkeit jeweils 0,5
– Würfeln mit zwei unterscheidbaren Spielwürfeln. Ergebnismenge:
{(1; 1); (1; 2); (1; 3); (1; 4); (1; 5); (1; 6); (2; 1); (2; 2); (2; 3); …; (6; 6)}
(36 verschiedene Ergebnisse); Wahrscheinlichkeit jeweils $\frac{1}{36}$
– Ziehung der „Super 6" (einer 6-stelligen Ziffernfolge) beim Lotto. Ergebnismenge: {000000, 000001, 000002, …, 999999}; Wahrscheinlichkeit jeweils 10^{-6}

Zufallsversuche — Schulbuchseiten 126 bis 127

b) – Würfeln mit zwei nicht unterscheidbaren Spielwürfeln. Ergebnismenge:
{(1; 1), (1; 2), (1; 3), (1; 4), (1; 5), (1; 6), (2; 2), (2; 3), (2; 4), (2; 5), (2; 6), (3; 3), (3; 4), (3; 5), (3; 6), (4; 4), (4; 5), (4; 6), (5; 5), (5; 6), (6; 6)}
(21 verschiedene Ergebnisse). Die Ergebnisse mit zwei gleichen Zahlen haben jeweils die Wahrscheinlichkeit $\frac{1}{36}$, die anderen jeweils $\frac{1}{18}$.

– Geburt eines Kindes. Ergebnismenge: {Junge, Mädchen}. Erfahrungsgemäß werden meist etwas mehr Jungen als Mädchen geboren.

– Herunterfallen einer belegten Brotscheibe. Ergebnismenge: {Belag oben, Belag unten}. Die belegte Seite fällt vermutlich häufiger nach unten, weil sie schwerer ist.

11. $P(A) = \frac{1}{4}$; $P(B) = \frac{1}{8}$; $P(C) = \frac{1}{2}$; $P(D) = \frac{1}{2}$; $P(E) = \frac{7}{16}$

12. Münze werfen: ja;
    Glücksrad 2 drehen: ja; Glücksrad 1 drehen: ja;
    Autohersteller ermitteln: nein; erste Lottozahl ermitteln: nein

13. a) Ω_1 b) Ω_2 c) Ω_2

14. a) $P(A) = \frac{18}{37}$; $P(B) = \frac{18}{37}$; $P(C) = \frac{12}{37}$; $P(D) = \frac{1}{37}$; $P(E) = \frac{3}{37}$; $P(F) = \frac{4}{37}$

    b) $P(A) = \frac{18}{37}$; $P(B) = \frac{18}{37}$; $P(C) = \frac{12}{37}$; $P(D) = \frac{18}{37}$; $P(E) = \frac{4}{37}$; $P(F) = \frac{3}{37}$

    c) Sei A ein Ereignis beim Roulette, e der hierauf gesetzte Einsatz und $f(A, e)$ die dazugehörige Auszahlung. Dann gilt: $f(A, e) = \frac{36 e}{37 P(A)}$.

15. a) Es sind 36 verschiedene Ergebnisse möglich, die als gleich wahrscheinlich angesehen werden können, wenn qualitativ gute, nicht gezinkte Würfel benutzt werden.

    b) Nur die Ergebnismenge Ω_3 ist geeignet. Bei Ω_1 besitzt z. B. die Augensumme 7 eine höhere Wahrscheinlichkeit als die Augensumme 12, da es für die Summe 7 mehrere Möglichkeiten, für die Summe 12 aber nur eine Möglichkeit gibt. Bei Ω_2 besitzt z. B. das Ergebnis (5; 6) eine doppelt so hohe Wahrscheinlichkeit wie das Ergebnis (6; 6), da (5; 6) auf zwei verschiedene Weisen zustande kommen kann: (5 rot; 6 blau) und (5 blau; 6 rot). Für (6; 6) gibt es dagegen nur die eine Möglichkeit (6 rot; 6 blau).

    c) $P(A) = \frac{1}{18}$; $P(B) = \frac{1}{36}$

    d) Leibniz hat möglicherweise die 21 verschiedenen Ergebnisse beim Werfen zweier nicht unterscheidbarer Spielwürfel (vgl. Ω_2) als gleich wahrscheinlich angesehen.

16. Im Folgenden bezeichne $g(A)$ die Anzahl der für das Ereignis A günstigen Ergebnisse und k die Anzahl aller möglichen Ergebnisse des Laplace-Experiments ($k > 0$).

    a) $P(\Omega) = \frac{g(\Omega)}{k} = \frac{k}{k} = 1$

    b) Es gilt in jedem Falle $0 \le g(A) \le k$. Hieraus folgt: $\frac{0}{k} \le \frac{g(A)}{k} \le \frac{k}{k} \Rightarrow 0 \le P(A) \le 1$.

    c) Sei $u(A)$ die Anzahl der für A ungünstigen Ergebnisse.
    Dann gilt $g(A) + u(A) = k$. Wegen $u(A) = g(\overline{A})$ und $k > 0$ folgt hieraus:
    $\frac{g(A)}{k} + \frac{g(\overline{A})}{k} = \frac{k}{k} \Rightarrow P(A) + P(\overline{A}) = 1 \Rightarrow P(\overline{A}) = 1 - P(A)$.

    d) $P(A) = \frac{g(A)}{k} = \frac{m}{k} = \underbrace{\frac{1}{k} + \frac{1}{k} + \ldots + \frac{1}{k}}_{m \text{ Summanden}} = \frac{g(a_1)}{k} + \ldots + \frac{g(a_m)}{k} = P(a_1) + \ldots + P(a_m)$

    e) Bei unvereinbaren Ereignissen A und B ($A \cap B = \emptyset$) gilt offensichtlich:
    $g(A \cup B) = g(A) + g(B)$.
    Für nicht unvereinbare Ereignisse A und B ($A \cap B \ne \emptyset$) gilt diese Formel nicht, denn auf der rechten Seite werden alle Ergebnisse, die für A und für B günstig sind, doppelt gezählt. Die Formel ist deshalb folgendermaßen zu korrigieren:
    $g(A \cup B) = g(A) + g(B) - g(A \cap B)$.
    Diese geänderte Formel gilt sowohl für nicht unvereinbare als auch für unvereinbare Ereignisse, denn bei letzteren ist $g(A \cap B) = g(\emptyset) = 0$. Hieraus folgt:
    $\frac{g(A \cup B)}{k} = \frac{g(A)}{k} + \frac{g(B)}{k} - \frac{g(A \cap B)}{k} \Rightarrow P(A \cup B) = P(A) + P(B) - P(A \cap B)$.

AUFGABE (Randspalte S. 127):
Beispiele für unvereinbare Ereignisse:
– beim Werfen einer Münze: $A = \{\text{Zahl}\}$, $B = \{\text{Wappen}\}$
– beim Würfeln mit einem Würfel: $A = \{2; 3; 5\}$, $B = \{1; 6\}$

In Aufgabe 16 e) gilt im Falle unvereinbarer Ereignisse A und B:
$P(A \cap B) = P(\emptyset) = 0 \Rightarrow P(A \cup B) = P(A) + P(B)$

Erläuterungen und Anregungen

Eine Reihe von Zufallsversuchen dient der Hinführung der Schülerinnen und Schüler zu der Erkenntnis, dass sich bei einer großen Anzahl von Durchführungen des Versuchs die relative Häufigkeit eines Ereignisses stabilisiert, d. h. von einer festen Zahl nur noch geringfügig abweicht. Diese feste Zahl wird als Wahrscheinlichkeit des Ereignisses betrachtet. Dabei kann ein Teil der Aufgaben sicher als Hausaufgabe ausgeführt werden.

Zufallsversuche

Um große Anzahlen der Versuchsdurchführungen möglichst schnell zu erreichen wird dabei stillschweigend vorausgesetzt, dass die Ergebnisse mehrerer Schülergruppen zusammenzufassen. Dass treffen des betrachteten Ereignisses alle die gleiche Wahrscheinlichkeit besitzen, dürfte von den Schülern nicht problematisiert werden. Der Lehrer kann darauf hinweisen, ohne die gewonnen Erkenntnisse in Frage zu stellen.

Im zweiten Teil der Lerneinheit werden Wahrscheinlichkeiten von Ereignissen bei der Durchführung von Laplace-Experimenten berechnet. Dabei erscheint es wichtig, sofort eine gründliche Überlegung anzuregen, ob ein Zufallsexperiment mit der gewählten Ergebnismenge tatsächlich ein solches Experiment darstellt, also alle Ergebnisse gleich wahrscheinlich sind. Die abschließenden Aufgaben sollen diesbezüglich zeigen, wie schnell in diesem Zusammenhang Irrtümer auftreten können.

Simulation mit Zufallszahlen

Lösungen der Aufgaben auf den Seiten 128 bis 129

2. Gleichverteilte Zufallszahlen sind solche, bei denen jede der möglichen Zahlen mit derselben Wahrscheinlichkeit auftritt.

3. a) Es wird zweimal gewürfelt und die Augenzahl jeweils mit 10 multipliziert.
   b) 6 Tischtennisbälle werden mit den Zahlen 10, 20, 30, 40, 50, 60 beschriftet und in ein Gefäß gegeben. Danach wird zweimal ein Ball mit Zurücklegen gezogen.
   c) $P(A) = P(B) = \frac{1}{6}$

4. a) Gleichverteilung: $P(1) = P(2) = 0{,}5$
   b) keine Gleichverteilung, da $P(5)$ und $P(3)$ von den Fähigkeiten des Schützen abhängen
   c) keine Gleichverteilung: $P(7) = P(8) = P(9) = P(10) = 0{,}125$; $P(11) = 0{,}5$
   d) keine Gleichverteilung, da im Allgemeinen nicht genau gleich viel weiße, schwarze und andersfarbige Autos unterwegs sind

Lösungen der Aufgaben auf Seite 130

1. a) z. B. gerade Ziffer ≙ Wappen; ungerade Ziffer ≙ Zahl
   b) Es werden jeweils 2 Ziffern gelesen und zu einer zweistelligen Zahl (evtl. mit führender 0) zusammengefasst. Ist die Zahl größer als 49, wird 50 subtrahiert. Ist die Zahl nun gleich 00 oder gleich einer schon gezogenen Zahl, wird sie übersprungen, andernfalls wird sie als Gewinnzahl notiert.

   c) 1. Möglichkeit: Es werden jeweils 4 Ziffern gelesen. Ist die erste Ziffer größer als 4, wird von dieser 5 subtrahiert. Ist die dritte Ziffer gerade, wird sie durch 0 ersetzt, sonst durch 1. Bilden die Ziffern jetzt ein gültiges Datum des laufenden Jahres, bestehend aus zwei Tages- und zwei Monatsziffern in dieser Reihenfolge, dann wird dieses Datum notiert, andernfalls wird die Ziffernfolge übersprungen.
   2. Möglichkeit: Die Tage des Jahres werden von 1 bis 365 bzw. 366 durchnummeriert. Es werden jeweils 3 Ziffern gelesen und zu einer dreistelligen Zahl zusammengefasst. Ist diese größer als 499, wird 500 subtrahiert. Liegt die Zahl jetzt im Bereich von 001 bis 365 (bzw. 366 bei einem Schaltjahr), wird das dazugehörige Datum bestimmt und notiert. Andernfalls wird die Zahl übersprungen.

2. Es werden jeweils 2 Ziffern gelesen.
   00 ... 06 ≙ Bleistift fehlerhaft; 07 ... 99 ≙ Bleistift in Ordnung.
   Die gesuchte Wahrscheinlichkeit ist gleich $0{,}93^6 \approx 0{,}647$.

3. a) *Romy*: Bei dieser Simulation ist die Wahrscheinlichkeit für die Auslosung eines Jungen genau so groß wie die für die Auslosung eines Mädchens. In Wirklichkeit sind aber mehr Jungen als Mädchen vorhanden, die Wahrscheinlichkeit für die Auslosung eines Jungen muss also größer sein.
   Stefanie: Hier tritt das Problem auf, dass sich in der Wirklichkeit beim zweiten Ziehungsvorgang die Wahrscheinlichkeiten für die Auslosung eines Mädchens bzw. eines Jungen nicht wie 40 : 60 verhalten, weil entweder ein Mädchen oder ein Junge bereits fehlt (es kann nicht zweimal dieselbe Person ausgelost werden).
   Tom: Bei dieser Simulation wird von vornherein von der Annahme ausgegangen, dass übereinstimmende und verschiedene Geschlechter bei der betrachteten Auswahl gleich oft auftreten, d. h. der Sachverhalt wird gar nicht untersucht, sondern es wird eine unbewiesene Behauptung über das Ergebnis aufgestellt und diese durch die Simulation illustriert.
   b) Es werden jeweils vier Ziffern gelesen und zu zwei zweistelligen Zahlen (evtl. mit führender 0) zusammengefasst. Von beiden zweistelligen Zahlen wird der Rest modulo 25 gebildet. Sind beide Reste gleich, wird die Ziffernfolge übersprungen, andernfalls gilt: 00 ... 09 ≙ Mädchen; 10 ... 24 ≙ Junge.
   Wahrscheinlichkeit für übereinstimmende Geschlechter:
   $P(MM \cup JJ) = P(MM) + P(JJ) = \frac{10}{25} \cdot \frac{9}{24} + \frac{15}{25} \cdot \frac{14}{24} = \frac{2 \cdot 3}{5 \cdot 8} + \frac{3 \cdot 7}{5 \cdot 12} = \frac{3}{20} + \frac{7}{20} = \frac{1}{2}$
   Wahrscheinlichkeit für verschiedene Geschlechter:
   $P(MJ \cup JM) = P(MJ) + P(JM) = \frac{10}{25} \cdot \frac{15}{24} + \frac{15}{25} \cdot \frac{10}{24} = \frac{2 \cdot 5}{5 \cdot 8} + \frac{3 \cdot 5}{5 \cdot 12} = \frac{1}{4} + \frac{1}{4} = \frac{1}{2}$

Lösungen der Aufgaben auf Seite 133

4. Die Funktion Ran# liefert annähernd gleichverteilte rationale Zufallszahlen aus dem Bereich $0 \leq x < 1$.

5. Das dargestellte Programm liefert die Zahlen 0, 1, 2, 3 jeweils mit der Wahrscheinlichkeit $\approx 0{,}25$.

6. For 1 → I To 20 ↵
   Int (6×Ran#) + 1 ◼
   Next ↵

Lösungen der Aufgaben auf Seite 135

1. Die Summe aller ausgezahlten Gewinne betrug 10 791 813,10 €. Es wurden also 44,9 % des Einsatzes als Gewinn ausgezahlt. Die mittlere Gewinnauszahlung je Ziehung ist allerdings etwas höher, da der für die Gewinnklasse I vorgesehene Anteil in den Jackpot einfließt, d. h. in einer späteren Ziehung mit ausgezahlt wird, sobald jemand 6 Richtige mit Superzahl hat.

2. Ein sehr einfaches Simulationsprogramm für den GTR ist z. B.:
   For 1 → I To 20 ↵
   Int (49×Ran#) + 1 ◼
   Next ↵
   Dieses Programm liefert gleichverteilte natürliche Zufallszahlen im Bereich von 1 bis 49. Es kann hierbei jedoch geschehen, dass ein und dieselbe Zahl mehrmals gezogen wird. Dann muss diese Zahl ab dem zweiten Auftreten von Hand aussortiert werden. Man kann natürlich auch kompliziertere Programme schreiben, die wiederholtes Ziehen derselben Zahl automatisch erkennen oder von vornherein ab der zweiten Zahl den Grundbereich der Zufallszahlen um die bereits gezogenen Zahlen verkleinern.

3. Beispiel:
   For 1 → I To 5 ↵
   Int (3×Ran#) ◼
   Next ↵
   Dieses Programm liefert die Zahlen 0, 1, 2 jeweils mit der Wahrscheinlichkeit $\frac{1}{3}$.
   Man kann z. B. festlegen, dass die Zahl 0 eine richtige Antwort und die Zahlen 1 und 2 falsche Antworten bedeuten sollen, denn eine einzelne Frage wird mit der Wahrscheinlichkeit $\frac{1}{3}$ richtig beantwortet. Die gesuchte Wahrscheinlichkeit beträgt:

$$\binom{5}{3}\left(\frac{1}{3}\right)^3\left(\frac{2}{3}\right)^2 + \binom{5}{4}\left(\frac{1}{3}\right)^4 \cdot \frac{2}{3} + \binom{5}{5}\left(\frac{1}{3}\right)^5 = \frac{10 \cdot 4 + 5 \cdot 2 + 1}{243} = \frac{51}{243} \approx 0{,}210$$

Erläuterungen und Anregungen

Der Schwerpunkt dieses Wahlthemas liegt auf der experimentellen Lösung bestimmter Problemstellungen aus den Bereichen Statistik und Stochastik. Inwieweit mit von den Schülerinnen und Schülern selbst erstellten Zufallszahlentabellen oder sogar mit selbst programmierten Zufallszahlengeneratoren gearbeitet werden kann, hängt sicherlich stark von den gegebenen technischen und zeitlichen Möglichkeiten ab. Der entscheidende Punkt für ein tieferes Verständnis des mathematischen Konzepts von Zufall und Wahrscheinlichkeit ist jedoch, dass überhaupt mit *verschiedenen* Zufallszahlentabellen gearbeitet wird. Indem nämlich mit verschiedenen Zufallszahlen oder überhaupt mit unterschiedlichen Simulationsgeräten *dieselben* Aufgabenstellungen bearbeitet werden, kann ein Gespür einerseits für das empirische Gesetz der großen Zahlen ebenso wie für die Schwierigkeiten mathematischen Modellierens – speziell im Bereich der Stochastik – entwickelt werden.

Über eine große Anzahl von Experimenten (oder Simulationen) können realen Vorgängen Wahrscheinlichkeiten zugeschrieben werden. Mit diesen kann nach gewissen Regeln (Axiome der Wahrscheinlichkeitsdefinition) gerechnet werden. Die so erhaltenen Ergebnisse können wiederum durch Simulation überprüft werden. – Dieser Mechanismus weist die auf der *statistischen Wahrscheinlichkeitsdefinition* basierende Theorie als eine im Kern *physikalische* Theorie aus. Wie jede physikalische Theorie wird auch diese erst durch das Experiment lebendig.

Mehrstufige Zufallsversuche und Baumdiagramme

Lösungen der Aufgaben auf den Seiten 136 bis 141

1. Es gibt 24 mögliche Ergebnisse:

   (Berit, Grit, Heike); (Berit, Grit, Simone); (Berit, Heike, Grit);
   (Berit, Heike, Simone); (Berit, Simone, Grit); (Berit, Simone, Heike);
   (Grit, Berit, Heike); (Grit, Berit, Simone); (Grit, Heike, Berit);
   (Grit, Heike, Simone); (Grit, Simone, Berit); (Grit, Simone, Heike);
   (Heike, Berit, Grit); (Heike, Berit, Simone); (Heike, Grit, Berit);
   (Heike, Grit, Simone); (Heike, Simone, Berit); (Heike, Simone, Grit);
   (Simone, Berit, Grit); (Simone, Berit, Heike); (Simone, Grit, Berit);
   (Simone, Grit, Heike); (Simone, Heike, Berit); (Simone, Heike, Grit).

2. Es gibt 8 mögliche Ergebnisse: (rot, rot); (rot, blau); (rot, gelb); (blau, rot); (blau, blau); (blau, gelb); (gelb, rot); (gelb, blau).

Zufallsversuche

3. A: (rot, rot), (blau, blau);
   B: (blau, blau), (blau, gelb), (gelb, blau);
   C: (rot, gelb), (blau, gelb)

4. Das Baumdiagramm zu Aufgabe 1 hat $4 \cdot 3 \cdot 2 \cdot 1 = 4! = 24$ Pfade.

5. a) 6 Möglichkeiten: 123, 132, 213, 231, 312, 321
   b) Für die Anordnung von 4 Zahlen gibt es $4 \cdot 3 \cdot 2 \cdot 1 = 24$ Möglichkeiten,
   für die Anordnung von 5 Zahlen $5 \cdot 4 \cdot 3 \cdot 2 \cdot 1 = 120$ Möglichkeiten,
   für die Anordnung von 6 Zahlen $6 \cdot 5 \cdot 4 \cdot 3 \cdot 2 \cdot 1 = 720$ Möglichkeiten.
   Für die Anordnung von n Zahlen gilt: Für die Auswahl der ersten Zahl gibt es n Möglichkeiten, für die Auswahl der zweiten Zahl $(n-1)$ Möglichkeiten usw., bis es für die Auswahl der letzten Zahl nur noch eine Möglichkeit gibt. Die Anzahl der Möglichkeiten, n verschiedene natürliche Zahlen in einer Reihe anzuordnen, beträgt also: $n \cdot (n-1) \cdot (n-2) \cdot \ldots \cdot 3 \cdot 2 \cdot 1 = n!$

6. a) Es gibt 60 Möglichkeiten:

123	124	125	134	135	145	234	235	245	345
132	142	152	143	153	154	243	253	254	354
213	214	215	314	315	415	324	325	425	435
231	241	251	341	351	451	342	352	452	453
312	412	512	413	513	514	423	523	524	534
321	421	521	431	531	541	432	532	542	543

   b) Es gibt 10 solche Auswahlmöglichkeiten bzw. 10 dreielementige Teilmengen der Menge $\{1; 2; 3; 4; 5\}$.
   c) $10 = \dfrac{5 \cdot 4 \cdot 3}{3!} = \dfrac{60}{6}$

7. Aufgabe 1: Anzahl der Anordnungen von 3 Läuferinnen aus einer Menge von 4 Läuferinnen: $4 \cdot 3 \cdot 2 = 24$
   Aufgabe 2: Anzahl der Anordnungen von 2 Farben aus einer Menge von 3 Farben, wobei die Farben *wiederholt* auftreten dürfen, aber eine Möglichkeit (gelb; gelb) auszuschließen ist: $3 \cdot 3 - 1 = 8$

8. a) Anzahl der Anordnungen von n Objekten:
   z. B. Reihenfolge des Einlaufs aller Pferde bei einem Pferderennen (unter der Voraussetzung, dass nicht zwei Pferde genau dieselbe Zeit laufen).
   Anzahl der Anordnungen von k Objekten aus einer Menge von n Objekten:
   z. B. Reihenfolge der ersten drei Pferde beim Pferderennen („großer Einlauf").
   Anzahl der k-elementigen Teilmengen einer n-elementigen Menge:
   z. B. Lotto 6 aus 49 (ohne Zusatzzahl): Aus 49 vorhandenen Zahlen werden 6 zufällig ausgewählt, auf die Reihenfolge kommt es hierbei nicht an.

9. a) $\binom{4}{3} = 4$;   b) $\binom{9}{3} = 84$; $\binom{9}{4} = 126$
   c) $\binom{7}{3} = 35$;   d) $\binom{6}{3} = 20$; $\binom{6}{4} = 15$
   $\binom{4}{4} = 1$
   $\binom{7}{4} = 35$

10. a) großer Einlauf: $9 \cdot 8 \cdot 7 = 504$; kleiner Einlauf: $\binom{9}{3} = 84$
    b) Es gibt $9! = 362\,880$ Möglichkeiten für den Einlauf aller 9 Pferde.

11. Es gibt 36 verschiedene Ergebnisse. Bei 6 Ergebnissen zeigen beide Würfel die gleiche Augenzahl.

12. a) $\dfrac{1}{36}$ b) $\dfrac{16}{36} = \dfrac{4}{9}$ c) $\dfrac{3}{36} = \dfrac{1}{12}$ d) $\dfrac{9}{36} = \dfrac{1}{4}$

13. a) Ja, alle Pfade besitzen die gleiche Wahrscheinlichkeit 0,5.   b) $P(A) = 0{,}5$
    c)

Ergebnis	WW	WZ	ZW	ZZ
absolute Häufigkeit	18	28	28	26
relative Häufigkeit	0,18	0,28	0,28	0,26

    $h_{100}(A) = h_{100}(WZ) + h_{100}(ZW) = 0{,}28 + 0{,}28 = 0{,}56$
    Die ermittelten Häufigkeiten deuten nicht darauf hin, dass die Münze gezinkt ist. Geringfügige Abweichungen der relativen Häufigkeiten von den entsprechenden Wahrscheinlichkeiten sind normal.

14. a) $\dfrac{1}{15}$ b) $\dfrac{1}{10}$ c) $\dfrac{1}{10}$ d) $\dfrac{1}{15}$

15. a) $\dfrac{2}{3}$ b) $\dfrac{1}{5}$ c) 0   d) $\dfrac{11}{15}$ e) 1   f) $\dfrac{1}{6}$

16. a) $\dfrac{1}{8}$ b) $\dfrac{1}{4}$

17. a) $\dfrac{2}{3}$ b) $\dfrac{1}{3}$ c) $\dfrac{2}{3}$ d) $\dfrac{2}{3}; \dfrac{4}{9}; \dfrac{4}{9}$

18. a) „Gleichmäßige" Zahlen werden von Dieben oft zuerst ausprobiert.
    b) $\dfrac{1}{10}$ c) $\dfrac{1}{1000}$ d) $\dfrac{1}{100}$ e) $\dfrac{1}{8}$

19. Gewinnchance für das zweite Kind: $\dfrac{3}{4} \cdot \dfrac{1}{3} = \dfrac{1}{4}$; für das dritte Kind: $\dfrac{3}{4} \cdot \dfrac{2}{3} \cdot \dfrac{1}{2} = \dfrac{1}{4}$

20. Ereignisbezeichnungen:
    R_1, R_2, R_3, R_4: Im 1., 2., 3., 4. Versuch wird eine rote Kugel gezogen.
    B_1, B_2, B_3: Im 1., 2., 3. Versuch wird eine blaue Kugel gezogen.
    Die Wahrscheinlichkeit, dass der erste Spieler gewinnt, beträgt:

$P(R_1) + P(B_1 \cap B_2 \cap R_3) = \frac{2}{5} + \frac{3}{5} \cdot \frac{2}{4} \cdot \frac{2}{3} = \frac{2}{5} + \frac{1}{5} = \frac{3}{5}$

Die Wahrscheinlichkeit, dass der zweite Spieler gewinnt, beträgt:

$P(B_1 \cap R_2) + P(B_1 \cap B_2 \cap B_3 \cap R_4) = \frac{3}{5} \cdot \frac{2}{4} + \frac{3}{5} \cdot \frac{2}{4} \cdot \frac{1}{3} \cdot \frac{2}{2} = \frac{3}{10} + \frac{1}{10} = \frac{2}{5}$

Es ist also besser, als Erster zu ziehen.

21. a) siehe Abbildung

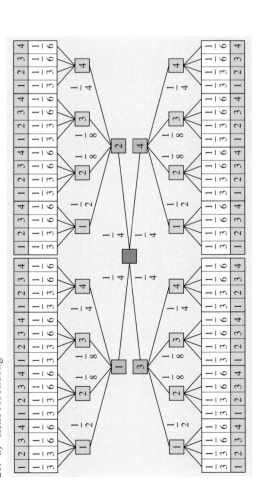

b) $P((2;2;2)) = \frac{1}{4} \cdot \frac{1}{8} \cdot \frac{1}{3} = \frac{1}{96}$; c) $P((1;1;1)) = \frac{1}{4} \cdot \frac{1}{2} \cdot \frac{1}{3} = \frac{1}{24}$;

$P((3;3;3)) = \frac{1}{4} \cdot \frac{1}{8} \cdot \frac{1}{6} = \frac{1}{192}$; $P((4;4;4)) = \frac{1}{4} \cdot \frac{1}{4} \cdot \frac{1}{6} = \frac{1}{96}$

d) $\frac{13}{192} \approx 0{,}0677$, also etwa 6,8 %

22. a) $\frac{1}{3}$ b) $\frac{2}{3}$ c) $\frac{109}{192}$ d) $\frac{1}{4}$ e) $\frac{7}{192}$ f) $\frac{29}{32}$

23. a) $\frac{1}{8} \cdot \frac{3}{31} = \frac{3}{248}$ b) $\frac{1}{4} \cdot \frac{7}{31} = \frac{7}{124}$ c) $\frac{3}{8} \cdot \frac{4}{31} + \frac{1}{8} \cdot \frac{12}{31} = \frac{6}{8} \cdot \frac{4}{31} = \frac{3}{31}$ d) $1 - \frac{3}{4} \cdot \frac{3}{4} \cdot \frac{3}{4} = 1 - \frac{27}{64} = \frac{37}{64}$

24. a) Das einmalige Spielen kann als dreistufiger Zufallsversuch angesehen werden, weil der Reihe nach aus jedem Rad zufällig ein Bild ausgewählt wird.

b) $\frac{1}{64}$ c) $\frac{1}{16}$

Teste dich!

Lösungen der Aufgaben auf den Seiten 142 bis 143

1. a) Die Austragung eines Fußballspiels kann als Zufallsversuch aufgefasst werden. Mögliche Ergebnismengen sind z. B.:
{Sieg der Heimmannschaft; Sieg der Gästemannschaft; Unentschieden} oder {kein Tor; 1 Tor; 2 Tore; 3 Tore; 4 Tore; 5 oder mehr Tore};

b) Wenn ein Kunde in einer Konditorei aus den vorhandenen Torten eine auswählt, so ist das aus seiner Sicht gesehen kein Zufallsversuch, denn er bestimmt selbst, welche Torte er möchte. Aus Sicht des Verkäufers ist es allerdings ein Zufallsversuch, denn der Verkäufer weiß im Allgemeinen vorher nicht (zumindest nicht hundertprozentig), welche Torte der Kunde wählen wird. Ein Zufallsversuch liegt auch vor, wenn sich ein Kunde bereits vor Betreten des Geschäfts für eine bestimmte Torte entscheidet und sich dafür interessiert, ob die von ihm gewählte Torte in der Konditorei vorrätig ist oder nicht.

2. a) Es können $\binom{4}{3} \cdot 3! = 4 \cdot 3 \cdot 2 = 24$ solche Geheimzahlen gebildet werden.

b) Die Anzahl der möglichen Geheimzahlen beträgt in diesem Falle $4^3 = 64$.

3. a) $\frac{\binom{3}{2} \cdot 2!}{24} = \frac{6}{24} = \frac{1}{4}$ b) $\frac{4^2}{4^3} = \frac{1}{4}$ c) 0

4. a) Diese Situation kann bei einem Zufallsversuch vorkommen. Beispiel: Ziehen einer Kugel aus einer Urne mit fünf roten, drei blauen, einer grünen und einer gelben Kugel. A, B und C seien hierbei folgende Ereignisse:
A: Die gezogene Kugel ist rot.
B: Die gezogene Kugel ist blau oder grün.
C: Die gezogene Kugel ist blau.

b) Diese Situation kann bei einem Zufallsversuch nicht vorkommen, denn die Summe der Wahrscheinlichkeiten aller Ergebnisse muss gleich 1 sein, sie beträgt aber $\frac{63}{64}$. (Bei dieser Aufgabe ist von Ergebnissen, nicht von Ereignissen die Rede.)

c) Diese Situation kann bei einem Zufallsversuch nicht vorkommen, denn das Ereignis $A \cup B$ (mindestens eines der Ereignisse A oder B tritt ein) hätte dann die Wahrscheinlichkeit 1,1 > 1.

5. $P(A) = \frac{1}{4} \cdot \frac{4}{8} + \frac{3}{4} \cdot \frac{2}{6} = \frac{1}{3}$; $P(B) = \frac{1}{4} \cdot \frac{1}{2} + \frac{3}{4} \cdot \frac{1}{2} = \frac{1}{2}$; $P(C) = \frac{1}{4} \cdot \frac{1}{4} + \frac{3}{4} \cdot \frac{1}{6} = \frac{1}{16} + \frac{1}{8} = \frac{3}{16}$

6. a) Beispiel: Man zieht dreimal nacheinander aus dem Skatspiel jeweils eine Karte. Hierbei bedeutet: Kreuz: blaue Kugel; Pik: grüne Kugel; Herz/Karo: rote Kugel.

   c) $P(A) = \left(\frac{1}{2}\right)^3 = \frac{1}{8}$; $P(B) = 1 - P(\overline{B}) = 1 - \left(\frac{1}{2}\right)^3 = 1 - \frac{1}{8} = \frac{7}{8}$

   ($\overline{B}$ ist das Ereignis: Keine Kugel ist rot, d. h. alle 3 Kugeln sind blau oder grün.)

   Sei C_i für $i \in \{1; 2; 3\}$ jeweils das Ereignis: Die i-te gezogene Kugel ist rot, die anderen beiden nicht.

   $P(C) = P(C_1) + P(C_2) + P(C_3) = \frac{1}{2} \cdot \frac{1}{2} \cdot \frac{1}{2} + \frac{1}{2} \cdot \frac{1}{2} \cdot \frac{1}{2} + \frac{1}{2} \cdot \frac{1}{2} \cdot \frac{1}{2} = 3 \cdot \frac{1}{8} = \frac{3}{8}$

7. a) Man beschriftet eine Seite des Würfels mit der Ziffer 1, zwei Seiten mit der Ziffer 2 und drei Seiten mit der Ziffer 3.

   b) Eine Beschriftung der angegebenen Art ist nicht möglich. Begründung: Werden n Seiten des Würfels mit der Ziffer 1 beschriftet, so müssen $2n$ Seiten mit der Ziffer 2 und $2n$ Seiten mit der Ziffer 3 beschriftet werden. Die Gesamtzahl der beschrifteten Würfelseiten ist dann gleich $5n$, d. h. sie muss durch 5 teilbar sein.

   Das aber ist nicht möglich, da der Würfel genau 6 Seiten hat.

9. Das Glücksrad rechts oben kann nicht zur Erzeugung der Zahlenreihe verwendet worden sein, denn auf ihm kommt die Ziffer 5 nicht vor. Es kann also nur eines der beiden anderen Glücksräder sein. Um herauszufinden welches, kann man z. B. die relativen Häufigkeiten der einzelnen Zahlen berechnen und mit den entsprechenden Wahrscheinlichkeiten vergleichen:

Ziffer	1	2	3	4	5
absolute Häufigkeit	16	25	22	20	17
relative Häufigkeit	16 %	25 %	22 %	20 %	17 %
Wahrscheinlichkeit beim Glücksrad links oben	20 %	20 %	20 %	20 %	20 %
Wahrscheinlichkeit beim Glücksrad rechts unten	12,5 %	25 %	25 %	25 %	12,5 %

Leider lassen sich in diesem Falle keine Anhaltspunkte dafür finden, welches der beiden Glücksräder verwendet wurde. In beiden Fällen weichen die ermittelten relativen Häufigkeiten um nicht mehr als 5 Prozentpunkte von den dazugehörigen Wahrscheinlichkeiten ab.

10. a) Wahrscheinlichkeit, dass Anna alle drei Sätze gewinnt: $0{,}6^3 = 0{,}216$

    Wahrscheinlichkeit, dass Anna mindestens zwei Sätze gewinnt:
    $0{,}6^2 \cdot 0{,}6 + 0{,}4 \cdot 0{,}3 + 0{,}4 \cdot 0{,}3 \cdot 0{,}3 = 0{,}36 + 0{,}072 + 0{,}036 = 0{,}468$

    b) Wahrscheinlichkeit, dass Jonas die ersten beiden Sätze gewinnt: $0{,}4 \cdot 0{,}7 = 0{,}28$

Körper und Figuren

Dem Kapitel liegt – grob gesehen – eine Vierteilung zugrunde:

1. Erarbeitung desjenigen Wissens, das notwendig ist, um Kreise und Kreisteile zu berechnen, und Entwicklung erster diesbezüglicher Fertigkeiten;
2. Erarbeitung von Fähigkeiten im Zeichnen von Schrägbildern, Netzen und Zweitafelbildern von Körpern;
3. Erarbeitung desjenigen Wissens, das notwendig ist, um Prismen, Pyramiden und Kreiszylinder zu berechnen, und Entwicklung erster diesbezüglicher Fertigkeiten;
4. Nutzung des Wissens über elementare ebene und räumliche Figuren und der entsprechenden Fertigkeiten, um zusammengesetzte Körper im Zusammenhang mit vielfältigen Anwendungen darzustellen und zu berechnen.

Neben den genannten Hauptanliegen des Kapitels sollen auch andere Aspekte ausreichend beachtet werden:
– übersichtliche Lösungsdarstellungen;
– Entwicklung sachgerechter Größenvorstellungen und Erwerb von Fähigkeiten im Abschätzen;
– Angabe von Resultaten mit sinnvoller Genauigkeit;
– gedankliches bzw. reales Zusammensetzen und Zerlegen von Flächen und Körpern;
– Herleiten von Formeln;
– Finden und Begründen von Lösungsvarianten für komplexe Aufgaben;
– Entwicklung des räumlichen Vorstellungsvermögens.

Der Kapiteleinstieg mit der Erdmessung des Eratosthenes sowie die Seiten zur Geschichte der Kreiszahl π geben Anlass für historische Betrachtungen. Bei der an Archimedes anknüpfenden Ermittlung von Näherungswerten für π wird nicht nur die Idee der Einschachtelung irrationaler Zahlen erneut aufgegriffen, sondern es kann auch auf den Grenzwert-Begriff vorbereitet werden.

Soweit im Unterricht ein Tabellenkalkulationsprogramm genutzt wird, kann es interessant sein, einmal verschiedene Verfahren zur π-Berechnung auszuprobieren und zu vergleichen – etwa nach Archimedes, nach Gregory und Leibniz, nach Wallis, mittels Monte-Carlo-Methode oder über die Bogenlänge. Anregungen dazu enthält u. a. das Heft: Leßmann, J.: *Tabellenkalkulation*. Cornelsen, Volk und Wissen, Berlin 2003, ISBN 3-06-000766-7.

Ermittlung des Erdumfangs

Lösungen der Aufgaben auf Seite 146

1. a) Die auf die Erde fallenden Lichtstrahlen sind parallel. Folglich sind die Wechselwinkel α und β gleich groß.
   b) Dem Winkel $\beta = 7{,}5°$ entspricht die Entfernung zwischen Alexandria und Syene. Der Erdumfang ist daher $\dfrac{360°}{7{,}5°} = 48$-mal so groß wie die Entfernung Alexandria – Syene. Damit erhält man als Erdumfang 240 000 Stadien = 44 400 km.
   c) Der wirkliche Erdumfang beträgt etwa 40 000 km.
   d) $d = \dfrac{u}{\pi}$

Umfang von Kreisen

Lösungen der Aufgaben auf den Seiten 147 bis 148

3. a) 22 cm b) 390 mm c) 2,8 m d) 79 cm e) 7,67 m
   f) 14 cm g) 300 mm h) 110 cm i) 0,75 cm

4. a) $d = 0{,}14$ m; b) $d = 4{,}0$ dm; $r = 2{,}0$ dm
   c) $d = 8{,}5$ mm; $r = 4{,}3$ mm
   d) $d = 27{,}5$ m; $r = 13{,}8$ m
   e) $d = 2{,}0$ dm; $r = 1{,}0$ dm f) $d = 0{,}11$ km; $r = 0{,}06$ km
   g) $d = 1{,}5$ cm; $r = 0{,}8$ cm h) $d = 141$ m; $r = 71$ m
   i) $d = 8{,}14$ cm; $r = 4{,}07$ cm

5. Kinderrad: $u = 1{,}51$ m; Tourenrad: $u = 2{,}26$ m; Hochrad: $u = 3{,}90$ m

6. a) $d = 12732$ km   b) $u = 942\,000\,000$ km; $v \approx 107\,600$ km/h $= 29{,}9$ km/s

7. a) Fichte: $u = 1{,}16$ m b) Eiche: $d = 79$ cm
   c) Riesenmammutbaum: $u = 34{,}9$ m; etwa 23 Schüler

8. a) 0,05 % b) 0,04 % c) 0,6 % d) 0,02 %

9. Alle Wege sind gleich lang: etwa 12,6 cm.

10. a) $d = 8{,}02$ cm b) $d = 10{,}3$ cm c) $d = 15{,}1$ cm d) $d = 14{,}3$ cm

11. $u = 267\,525$ km; $t = 86298$ s $= 23$ h 58 min
    Der Nachrichtensatellit benötigt etwas weniger als 24 Stunden für seinen Flug. Er umfliegt die Erde in der Zeit einer Erdrotation und steht daher ständig über dem gleichen Ort am Äquator (geostationärer Satellit).

Flächeninhalt von Kreisen

Lösungen der Aufgaben auf den Seiten 149 bis 151

1. Der Preis ist viel zu hoch, denn der Kreis passt in ein Quadrat mit der Seitenlänge 3 cm und dem Flächeninhalt 9 cm². Hierfür würde das Material 270 € kosten.

2. a) 9 cm² b) 4,5 cm² c) etwa 7 cm²
   d) $4 \cdot 0{,}97$ cm² $+ 4 \cdot 0{,}54$ cm² $+ 1$ cm² $= 7{,}04$ cm²

3. c) Die Form der Fläche nähert sich einem Rechteck mit den Seiten $\pi \cdot r$ und r an. Formel für den Flächeninhalt des Kreises: $A = \pi \cdot r^2$

4. a) $d = 16{,}8$ cm; $A \approx 222$ cm² b) $d = 130$ m; $A \approx 13300$ m²
   c) $d = 132$ mm; $A \approx 137$ cm² d) $d = 128$ km; $A \approx 12900$ km²
   e) $r = 6{,}3$ m; $A \approx 125$ cm² f) $r = 6{,}3$ m; $A \approx 125$ m²
   g) $r = 33$ mm; $A \approx 34{,}2$ cm² h) $r = 110$ km; $A \approx 38000$ km²
   i) $r = 4{,}07$ cm; $d \approx 8{,}14$ cm j) $r \approx 19{,}9$ m; $d \approx 39{,}7$ cm
   k) $r \approx 10{,}9$ km; $d \approx 21{,}9$ km l) $r \approx 1{,}95$ mm; $d \approx 3{,}91$ mm
   m) $r \approx 8{,}88$ m; $d \approx 17{,}8$ m n) $r \approx 3{,}40$ cm; $d \approx 6{,}81$ cm
   o) $r \approx 27{,}6$ km; $d \approx 55{,}3$ km p) $r \approx 17{,}7$ m; $d \approx 35{,}4$ m

5. Der Abfall beträgt in allen drei Fällen 21,5 %.

6. a) $A \approx 12{,}2$ cm² b) $A \approx 349$ m² c) $A \approx 0{,}115$ km² d) $A \approx 12700$ m²
   e) $u \approx 55{,}6$ cm f) $u \approx 32{,}7$ m g) $u \approx 40{,}1$ km h) $u \approx 26{,}4$ dm

7. $A = 8{,}0$ cm²; $u = 10$ cm.
   Der Umfang wird verdoppelt, verdreifacht und vervierfacht.
   Der Flächeninhalt wird vervierfacht, verneunfacht und versechzehnfacht.
   U ist proportional zu r; A ist proportional zu r^2.

8. a) $A = \dfrac{1}{2}\pi r^2 + 2r^2 - 2 \cdot \dfrac{1}{4}\pi r^2 = 2r^2$ b) $A = a^2 + 4 \cdot \dfrac{1}{2} \cdot \dfrac{\pi}{4}a^2 - \dfrac{\pi}{4} \cdot 2a^2 = a^2$
   c) $A = \dfrac{1}{2}ab + \dfrac{1}{2} \cdot \dfrac{\pi}{4}a^2 + \dfrac{1}{2} \cdot \dfrac{\pi}{4}b^2 - \dfrac{1}{2} \cdot \dfrac{\pi}{4}c^2 = \dfrac{1}{2}ab + \dfrac{\pi}{8}(a^2+b^2-c^2) = \dfrac{1}{2}ab$

9. $a = 2\sqrt{\pi}$ cm $\approx 3{,}54$ cm

10. Exakte Lösung: $a^2 = \dfrac{\pi}{4}d^2 \Rightarrow a = \dfrac{d}{2}\sqrt{\pi} \approx 0{,}8862 \cdot d$

    Näherungslösung: $a_N = \dfrac{8}{9} \cdot d = 0{,}\overline{8} \cdot d$

    Die nach der Regel ermittelte Quadratseite ist etwas zu groß.
    Der Fehler beträgt 0,3 %.

11. b) 85,33 m c) Die zweite Bahn ist 7,67 m länger als die Innenbahn.

12. Linke Figur: $u = (3\pi + 4)$ cm $= 13{,}4$ cm; $A = (5\pi - 4)$ cm² $= 11{,}7$ cm²
    Mittlere Figur: $u = 4\pi$ cm $= 12{,}6$ cm; $A = 8$ cm²
    Rechte Figur: $u = 4\pi$ cm $= 12{,}6$ cm; $A = (4\pi - 8)$ cm² $= 4{,}6$ cm²

13. $r_1 = 2{,}8$ cm; $r_2 = 1{,}6$ cm; $A = \pi r_1^2 + 5{,}6$ cm $\cdot 3{,}2$ cm $- \pi r_2^2 = 34{,}5$ cm²

14. Kampffläche: 38,5 m²; Passivitätszone: 25,1 m²

15. a) $A = \pi r_a^2 - \pi r_i^2$
    (Differenz der Flächeninhalte des äußeren und des inneren Kreises)
    b) $A = \dfrac{\pi}{4}(d_a^2 - d_i^2) = \dfrac{\pi}{4}(d_a + d_i)(d_a - d_i)$

16. a) 16,9 cm²   b) 403 mm²   c) 0,16 m²   d) 13,2 cm²

Zur Geschichte der Kreiszahl π

Lösungen der Aufgaben auf den Seiten 152 bis 153

1. Achteck: $A = \dfrac{7}{9}a^2 \approx 0{,}7778\,a^2$; Kreis: $A = \dfrac{\pi}{4}a^2 \approx 0{,}7854\,a^2$; Abweichung: 0,97 %

2. $\left(\dfrac{16}{9}\right)^2 \approx 3{,}16049$; Abweichung: 0,60 %; $\dfrac{252}{81} \approx 3{,}11111$; Abweichung: 0,97 %

3. a) $3\dfrac{10}{71} \approx 3{,}14085$; Abweichung: 0,02 %; $3\dfrac{1}{7} \approx 3{,}14286$; Abweichung: 0,04 %
   b) Kreis: $u = 2\pi r \approx 6{,}2832\,r$; inneres Sechseck: $u = 6\,r$, Abweichung 4,5 %; äußeres Sechseck: $u = 4\sqrt{3}\,r \approx 6{,}9282\,r$, Abweichung 10,3 %

4. Man benötigt 1 073 742 Blätter, wenn das Papier nur einseitig bedruckt wird, bzw. 536 871 Blätter, wenn Vorder- und Rückseite bedruckt werden. Die Höhe des Papierstapels würde im ersten Falle 107,4 m und im zweiten Falle 53,7 m betragen.

Prismen und Pyramiden

Lösungen der Aufgaben auf den Seiten 154 bis 158

1. z. B.: – vierseitige Pyramiden
   – fünfseitige Prismen
   – ein sechsseitiges Prisma
   – Kreiszylinder

2.

Körperform	Nummer
Würfel	6
Quader	5, 6
vierseitiges Prisma	3, 5, 6
dreiseitiges Prisma	7
sechsseitiges Prisma	1, 4
zwölfseitiges Prisma	10
Pyramide	2, 8, 9

4.

Prisma Nr.	Form der Grundfläche	Form der Deckfläche	Seitenflächen	Anzahl der Ecken	Anzahl der Kanten	Anzahl der Flächen
1	Sechseck	Sechseck	Rechteck	12	18	8
3	Trapez	Trapez	Rechteck	8	12	6
4	Sechseck	Sechseck	Rechteck	12	18	8
5	Rechteck	Rechteck	Rechteck	8	12	6
6	Quadrat	Quadrat	Quadrat	8	12	6
7	Dreieck	Dreieck	Parallelogramm	6	9	5
10	Zwölfeck	Zwölfeck	Rechteck	24	36	14

5. $2n$ Ecken; $3n$ Kanten; $n + 2$ Flächen

6. a) Bei einem Würfel oder einem Quader kann man zwei gegenüberliegende Begrenzungsflächen als Grund- und Deckfläche auswählen. Diese sind zueinander parallel und kongruent. Die übrigen Flächen (Seitenflächen) sind Rechtecke.
   b) Bei einem Würfel sind Grund- und Deckfläche Quadrate, die Seitenflächen ebenfalls. Die Körperhöhe ist immer gleich der Seitenlänge der Grundfläche.
   Bei einem Quader sind Grund- und Deckfläche Rechtecke, die Seitenflächen ebenfalls. Die Körperhöhe kann beliebig sein.

7.

Prismen / Quader / Würfel

8.

Nr.	Grundfläche	Deckfläche	Seitenflächen	Höhe	Prisma
1	ABCDEF	GHIJKL	ABHG, BCIH, CDJI, DEKJ, EFLK, FAGL	$\overline{AG}$	gerades regelm. 6-seitiges Prisma
2	ABC	DEF	ABED, BCFE, CADF	$\overline{AD}$	gerades 3-seitiges Prisma
3	BCGIF	ADHJE	ABFE, EFIJ, JIGH, HGCD, DCBA	$\overline{AB}$	gerades 5-seitiges Prisma
4	ABEF	DCGH	ADCB, BCGF, FGHE, EHDA	$\overline{AD}$	gerades 4-seitiges Prisma
5	ABCDEF	GHIJKL	ABHG, BCIH, CDJI, DEKJ, EFLK, FAGE	$\overline{AG}$	gerades 6-seitiges Prisma
6	z. B. ABFE	DCGH	ADCB, BCGF, FGHE, EHDA	$\overline{AD}$	Quader

9. b) 12 Drähte
   c) 3 Trinkröhrchen; ein Röhrchen ergibt 5 cm; 5 cm; 8 cm
   d) ja, die Höhe beträgt 10 cm

10. b) Ein Körper heißt schiefes Prisma, wenn er von folgenden Flächen begrenzt wird: von zwei zueinander parallelen kongruenten Vielecken (Grund- und Deckfläche) und von Parallelogrammen (Seitenflächen), die nicht alle Rechtecke sind. Alle Seitenflächen zusammen bilden den Mantel.
   Der Abstand zwischen Grund- und Deckfläche heißt die Höhe des Prismas.

11. Folgende Körper sind Pyramiden: Nr. 1, 2, 5, 7 und 8.

12. Es werden 6 Stäbchen und 4 Knetmassekügelchen benötigt.

13. a) dreiseitiges Prisma (gerade oder schief, 6 Knetkugeln werden benötigt); zusammengesetzter Körper aus zwei regulären Tetraedern (5 Knetkugeln)
    b) reguläres Tetraeder (regelmäßige dreiseitige Pyramide, 4 Kugeln)

c) Quader (8 Kugeln); vierseitiges Prisma z. B. mit einem Parallelogramm oder Drachenviereck als Grundfläche (8 Kugeln); zusammengesetzter Körper aus zwei unterschiedlich hohen geraden Pyramiden mit einem Quadrat als gemeinsamer Grundfläche (6 Kugeln)

d) gerade regelmäßige sechsseitige Pyramide (7 Kugeln); vierseitiges Prisma z. B. mit einem gleichschenkligen Trapez als Grundfläche (8 Kugeln); zusammengesetzter Körper aus zwei geraden Pyramiden mit einem Rechteck als gemeinsamer Grundfläche (6 Kugeln)

e) gerade rechteckige Pyramide (5 Kugeln)

14. Die Begriffe „gerade Pyramide" und „schiefe Pyramide" lassen sich nur dann definieren, wenn die Grundfläche der Pyramide einen Mittelpunkt besitzt. Eine Pyramide heißt gerade, wenn der Fußpunkt des Lotes von der Spitze auf die Grundfläche mit dem Mittelpunkt der Grundfläche zusammenfällt. Andernfalls heißt sie schief.

15. a) Regelmäßige Pyramiden sind die Körper Nr. 2 und 8.
    b) Die Seitenflächen regelmäßiger Pyramiden sind zueinander kongruente gleichschenklige Dreiecke.

16.

	Ecken	Kanten	Flächen
4-seitige Pyramide	5	8	5
5-seitige Pyramide	6	10	6
6-seitige Pyramide	7	12	7
n-seitige Pyramide	$n+1$	$2n$	$n+1$

18. a) Alle fünfseitigen Pyramiden haben genau 10 Kanten.
    b) Eine Pyramide mit genau 11 Kanten kann es nicht geben, denn eine Pyramide besitzt immer genau so viele Grund- wie Seitenkanten, folglich muss die Gesamtzahl der Kanten immer gerade sein.
    c) Eine n-seitige Pyramide hat stets genau n Grundkanten und n Seitenkanten, also $2n$ Kanten insgesamt. Die Anzahl der Kanten einer Pyramide ist also stets gerade und außerdem ≥ 6, weil die Grundfläche mindestens 3 Seiten haben muss.

Erläuterungen und Anregungen

An realen Gegenständen sollen Prismen und Pyramiden erkannt und veranschaulicht werden. Dabei sollten auch Extremformen aus der Praxis (z. B. Profilstahl) beachtet werden. Mithilfe von Trinkhalmen, Drähten oder Netzen können die Schülerinnen und Schüler Modelle der betrachteten Körper selbst herstellen. Es fördert die Abstraktionsfähigkeit und das Raumvorstellungsvermögen, wenn die Lage der Körper möglichst oft variiert wird.

Darstellung von Prismen und Pyramiden durch Schrägbilder

Lösungen der Aufgaben auf den Seiten 159 bis 163

2. (1) Quader: $a = 1{,}7$ cm; $b = 0{,}95$ cm; $c = 5{,}3$ cm
   (2) Quader: $a = 1{,}9$ cm; $b = 1{,}4$ cm; $c = 2{,}3$ cm
   (3) aus zwei Quadern zusammengesetzter Körper:
   $a = 1{,}9$ cm; $b = 0{,}67$ cm; $c = 3{,}8$ cm; $d = 0{,}95$ cm; $e = 0{,}95$ cm; $f = 1{,}9$ cm

3. a)

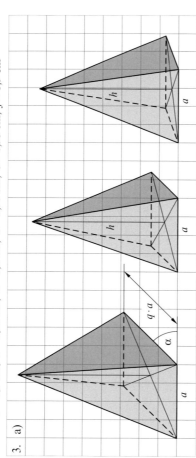

c) Der Verzerrungswinkel α ist der Winkel zwischen Tiefenstrecken und waagerecht verlaufenden Strecken im Schrägbild. Das Verkürzungsverhältnis q ist das Verhältnis der Länge einer Tiefenstrecke im Schrägbild zur Länge der dazugehörigen Originalstrecke.

d) Die mittlere und die rechte Abbildung vermitteln einen guten räumlichen Eindruck einer quadratischen Pyramide, wobei in der mittleren Abbildung die Form der Grundfläche besser zu erkennen ist als in der rechten. Die linke Abbildung vermittelt eher den Eindruck einer rechteckigen Pyramide.

4. a) Auf der Grundfläche stehen die Körper: (1), (3), (5).
   Auf einer Seitenfläche liegen die Körper: (2), (4), (6).
   b) (1) Achteck (2) regelmäßiges Sechseck (3) Achteck
      (4) Sechseck (5) rechtwinkliges Dreieck (6) Fünfeck
   c) (1) $h = 1{,}5$ cm (2) $h = 5{,}6$ cm (3) $h = 2$ cm
      (4) $h = 2$ cm (5) $h = 2$ cm (6) $h = 4{,}2$ cm
   d) (1) 8-seitiges gerades Prisma, aus zwei Quadern zusammengesetzt
      (2) 6-seitiges regelmäßiges gerades Prisma
      (3) 8-seitiges gerades Prisma, aus drei Quadern zusammengesetzt
      (4) 6-seitiges gerades Prisma, aus zwei Quadern zusammengesetzt
      (5) 3-seitiges gerades Prisma
      (6) 5-seitiges gerades Prisma

5. a) siehe nebenstehende Abbildung
   b) [1] Man zeichnet ein gleichseitiges Dreieck mit der Seitenlänge a in wahrer Größe als Grundfläche.
   [2] Von den Eckpunkten des Dreiecks aus trägt man jeweils die halbe Prismenhöhe unter einem Winkel von 45° zur Waagerechten an und erhält als Endpunkte die Eckpunkte der Deckfläche.
   [3] Man zeichnet sichtbare Kanten dick und verdeckte Kanten gestrichelt ein.

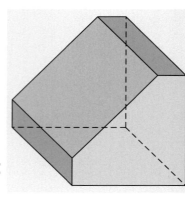

6.

7. Die Schrägbilder zu (2) und (6) müssen mit dem entsprechenden Bild im Lehrbuch übereinstimmen, da in den Lehrbuchabbildungen dieser beiden Körper Grund- und Deckfläche parallel zur Zeichenebene sind. Bei den anderen vier Abbildungen ist das nicht der Fall.

8.

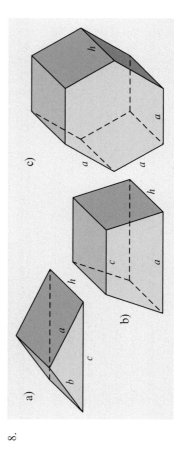

9./11.

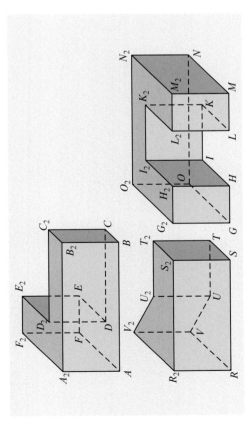

10. a) Es handelt sich um ein gerades dreiseitiges Prisma mit einem gleichschenklig-rechtwinkligen Dreieck als Grundfläche.

b)

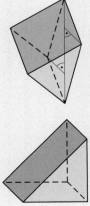

12.

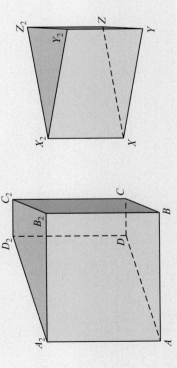

13.

14. a) (1) schiefe rechteckige Pyramide
    (2) gerade quadratische Pyramide
    (3) dreiseitige Pyramide mit einem rechtwinkligen Dreieck als Grundfläche
    (4) unregelmäßige gerade sechsseitige Pyramide

c) (1) $\overline{AB} = \overline{CD} = 3$ cm; $\overline{AD} = \overline{BC} = 2{,}1$ cm; $\overline{AS} = 2{,}5$ cm; $\overline{BS} = 3{,}9$ cm
   (2) $\overline{EF} = \overline{FG} = \overline{GH} = \overline{EH} = 3$ cm
   (3) $\overline{LM} = 2$ cm; $\overline{LN} = 2{,}8$ cm; $\overline{NO} = 1{,}8$ cm
   (4) $\overline{RS} = \overline{UV} = 1{,}5$ cm

15. [1] Man konstruiert ein Parallelogramm $ABCD$ mit $\overline{AB} = \overline{CD} = a$, $\overline{AD} = \overline{BC} = \frac{b}{2}$ und $\sphericalangle BAD = 45°$.

    [2] Man zeichnet die Diagonalen ein, deren Schnittpunkt sei M.

    [3] Man konstruiert das Lot von M auf CD und trägt hierauf von M aus nach oben (oder nach unten) die Höhe h ab. Auf diese Weise erhält man die Spitze S der Pyramide.

    [4] Man verbindet S mit A, B, C und D, wobei sichtbare Körperkanten mit größerer Linienstärke und verdeckte Kanten gestrichelt zu zeichnen sind. In gleicher Weise kennzeichnet man auch die restlichen Kanten der Pyramide.

Körper und Figuren — Schulbuchseite 163

16. a)

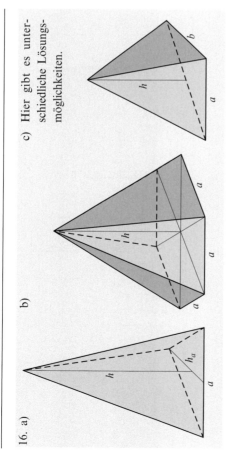

b)

c) Hier gibt es unterschiedliche Lösungsmöglichkeiten.

Erläuterungen und Anregungen

Spätestens seit Klasse 6 haben die Schüler Vorstellungen über die zu behandelnden Körper. Jetzt sollten sie selbstständig Definitionen formulieren, die Körper in den verschiedensten Lagen und Darstellungen identifizieren und selbst darstellen können.
Bisher haben die Schülerinnen und Schüler Schrägbilder vorwiegend im Gitterraster gezeichnet. Jetzt werden sie an das exakte Zeichnen herangeführt. Viel Wert sollte auf den richtigen Umgang mit Zeichengeräten gelegt werden. Im Buch wird vorwiegend mit dem Verzerrungswinkel $\alpha = 45°$ und dem Verzerrungsverhältnis $q = ½$ gearbeitet. Hier bieten sich je nach Klassensituation Möglichkeiten für differenziertes Arbeiten. Besondere Beachtung sollten Darstellungen von Körpern finden, bei denen keine Kanten in Tiefenrichtung verlaufen. Nach erlangter Sicherheit im Zeichnen sollte auch das Skizzieren von Schrägbildern geübt werden. Anfangs könnten dabei durchaus Hilfsmittel zugelassen werden, um dann schrittweise zu übersichtlichen Freihandskizzen zu kommen.
Die Raumvorstellung ist weiter zu entwickeln. Der Einsatz von Unterrichtsmitteln für den Lehrer wie auch für den Schüler spielt eine wesentliche Rolle. Nur über die bewusste Raumanschauung bilden sich klare Vorstellungen. Auch in dieser Altersgruppe ist der Selbstbau von Modellen noch angebracht. Neben dem Herstellen von Körpern aus selbst gezeichneten Netzen ist das Anfertigen aus Trinkröhrchen, die durch Drähte oder Gefrierbeutelverschlüsse verbunden werden können, sehr einfach. Differenziertes Arbeiten ist gut möglich, indem diese Modelle bei manchen Schülern zur Hilfe, bei anderen zur Kontrolle verwendet werden können. Das Ziel des Unterrichtes sollte der schrittweise Wegfall der gegenständlichen Veranschaulichung sein.

Körper und Figuren — Schulbuchseiten 164 bis 165

Netze von Prismen und Pyramiden

Lösungen der Aufgaben auf den Seiten 164 bis 166

2. Die Figuren (1) und (3) sind Netze ein und desselben Quaders. Figur (2) ist kein Quadernetz, da eine Fläche doppelt vorkommt und eine andere fehlt.

3. a) Die Figuren (1), (2) und (4) sind Würfelnetze, Figur (3) nicht.
   b) (1) $A-F$, $B-D$, $C-E$ (2) $A-C$, $B-E$, $D-F$
   (4) $A-D$, $B-E$, $C-F$

4. b)

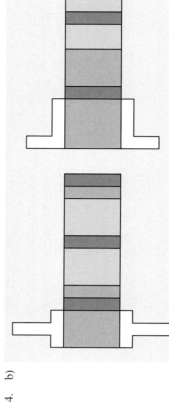

5. a) (1) Prisma; Grundfläche: $EFBA$ oder $DCGH$; Höhe: $\overline{AD} = \overline{BC} = \overline{EH} = \overline{FG}$
   (2) kein Prisma, sondern rechteckiger Pyramidenstumpf; Grundfläche: $ABCD$; Höhe: $\approx 1{,}58$ cm, kommt nicht als Seitenkante vor
   (3) Prisma; Grundfläche: $ADHIE$ oder $CBFKG$;
   Höhe: $\overline{AB} = \overline{DC} = \overline{EF} = \overline{HG} = \overline{IK}$
   (4) Prisma; Grundfläche: $ABCDE$; Höhe: $\overline{AF} = \overline{BG} = \overline{CH} = \overline{DI} = \overline{EK}$
   (5) Prisma; Grundfläche: $AFEDCB$ oder $GHIKLM$;
   Höhe: $\overline{AG} = \overline{BH} = \overline{CI} = \overline{DK} = \overline{EL} = \overline{FM}$

6. a) Die Figuren (1), (2) und (3) sind Netze von Prismen; Figur (4) ist das Netz eines Kreiszylinders.
   b) Figur (1): achsensymmetrisches Fünfeck; Figur (2): gleichschenklig-rechtwinkliges Dreieck; Figur (3): Trapez
   c) Der Mantel setzt sich bei allen drei Prismen aus Rechteckflächen zusammen.

7.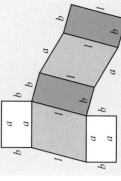

Körper und Figuren

8. a) Figur (1) ist kein Körpernetz. Figur (2) ist das Netz einer geraden quadratischen Pyramide, Figur (3) das Netz einer geraden rechteckigen Pyramide.
9. a) Die Figuren a), b), c) und e) sind Pyramidennetze, Figur d) nicht, da eine Seitenfläche doppelt vorhanden ist und eine andere fehlt.

10.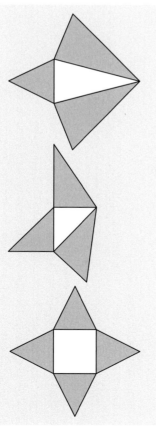

Erläuterungen und Anregungen

Der Begriff des Körpernetzes kann mithilfe der Aufgabe 1 aus der Tätigkeit des Zerlegens gewonnen werden. Günstig ist es, noch so oft wie möglich durch Zusammenfalten festzustellen, ob das gefundene Netz tatsächlich richtig ist.

Das Kennzeichnen oder Färben vorgegebener Kanten und Flächen in Körpernetzen ist eine gute Möglichkeit, das Vorstellungsvermögen zu schulen und die Merkmale der Körper einzuprägen. Aufgabe 3 enthält eine entsprechende Fragestellung. Eine weitere Möglichkeit ist das Eintauchen von Körperteilen (z. B. einer Ecke eines Würfels) in Farbe oder Tinte. Das Wiedererkennen oder Vorhersagen der gefärbten Teile im Körpernetz stellt hohe Anforderungen an das Vorstellungsvermögen.

Hinweis: Im Projekt „**Burgen**" unter *www.mathe-plus.de* werden die Schülerinnen und Schüler angeregt, an deutschen Burganlagen die verschiedenen geometrischen Formen zu entdecken. In der Online-Version können sie dazu im Internet auf einer speziellen Burgen-Seite verschiedene Burgen und ihre Geschichte kennen lernen. Anschließend soll eine Burg aus Pappe und Papier projektiert werden. Dazu sind vor allen Dingen verschiedene Körpernetze zu entwerfen, womit insbesondere der Zusammenhang zwischen Körpernetz und Körperform in spielerischer Form geschult wird.
Die Lösungen der Übungsaufgaben, Schülerbeispiele und didaktisch-methodische Hinweise zu diesem Projekt finden Sie direkt im passwortgeschützten Lehrerbereich auf der entsprechenden CD bzw. im Internet unter der oben genannten Adresse.

Kreiszylinder und Kreiskegel – Grundbegriffe

Lösungen der Aufgaben auf den Seiten 167 bis 170

1. Die Banderole hat die Form eines Rechtecks. Die Länge der Banderole entspricht dem Umfang der Dose, ist also gleich $\pi \cdot d$. Die Breite der Banderole ist gleich der Höhe der Dose oder etwas kleiner als diese.
2. Es wurden Baumstämme, die die Form eines Zylinders hatten, als Rollen benutzt.
3. Folgende Gegenstände können, aber müssen nicht die Form eines Zylinders haben: Schornstein, Blechdose, Eisenstange (wenn gerade), Kopfbedeckung des Schornsteinfegers, Tablettenröhrchen, Bleistift (wenn neu und noch ungespitzt), Wurstscheibe (wenn rund und eben).
4. sehr hoch mit kleinem Durchmesser: z. B. Wasserrohr, gerader Draht; sehr flach mit großem Durchmesser: z. B. runde Glasscheibe, rundes Stück Papier
5. a) $\overline{AB}$: Grundfläche; $\overline{BC}$: Mantel; $\overline{CD}$: Deckfläche
   b) $\overline{AB} = \overline{CD} = r$: Radius der Grund- bzw. Deckfläche; $\overline{BC}$: Mantellinie; $\overline{DA} = \overline{BC} = h$: Höhe des Zylinders
6. a) Die kürzere Kathete überstreicht eine Kreisfläche, die Grundfläche des entstehenden Kegels. Die Hypotenuse überstreicht den Kegelmantel.
   b) Die Grundfläche ist größer, da der Radius größer ist. Die Höhe ist kleiner.
7. a) Gemeinsamkeiten:
   – Pyramiden und Kreiskegel besitzen eine Grundfläche, eine Spitze und eine Höhe.
   – Für beide Körper gilt die Volumenformel $V = \frac{1}{3} A_G \cdot h$.

   Unterschiede:
   – Bei der Pyramide ist die Grundfläche ein Vieleck, beim Kreiskegel ein Kreis.
   – Bei der Pyramide sind die Seitenflächen Dreiecke, beim Kreiskegel nicht.

   c) Ein Kreiskegel besitzt unendlich viele Mantellinien.
8. a) Ein Kreiskegel heißt gerade, wenn der Fußpunkt des Lotes von der Spitze auf die Grundfläche des Kegels mit dem Mittelpunkt der Grundfläche zusammenfällt.
   c) Beim geraden Kreiskegel sind alle Mantellinien gleich lang, beim schiefen nicht.
9.–12. vgl. Beispiele auf Schulbuchseite 169

Schulbuchseite 170

13. c)

14. c)

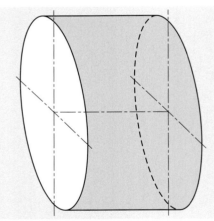

AUFGABEN ZUR WIEDERHOLUNG

1. a) $2a-3$ b) $(c+7) \cdot 5$ c) $\dfrac{x}{y} - 3x$

   d) $12 - 7b$ e) $(a-1)(b+1)(a-b)$

2. a) $6b - y$ b) $4x - \dfrac{x}{y} = x \cdot \left(4 - \dfrac{1}{y}\right)$ c) $9{,}1s - 1{,}2t$

3. Kantenlänge: $a = 12{,}5$ cm;
   Volumen: $V \approx 1953$ cm³;   Oberflächeninhalt: $A_O = 937{,}5$ cm²

4. a) das Vierfache von x
   b) 5 vermindert um a
   c) das Siebenfache von x vermindert um 4
   d) das Produkt aus dem Vorgänger und dem Nachfolger von a
   e) die Summe aus dem Reziproken und dem Fünffachen von x
   f) x geteilt durch das Produkt aus dem Vorgänger von x und dessen Vorgänger
   g) 100 vermindert um das Fünffache von a und das Doppelte von b
   h) die Summe von 4 und x wird multipliziert mit der Summe aus 2 und x

5. a) $a = 3$ b) $b = -2$ c) $x = \dfrac{1}{6}$

6. Kantenlängen: $a = 7{,}5$ cm; $b = 5{,}5$ cm; $c = 3{,}5$ cm;
   Oberflächeninhalt: $A_O = 173{,}5$ cm²;   Volumen: $V \approx 144{,}4$ cm³

Schulbuchseite 171

Erläuterungen und Anregungen

Es ist empfehlenswert, die Darstellung von Körpern im Schrägbild an Prismen oder zusammengesetzten Körpern zu wiederholen und erst dann Zylinder und Kegel im Schrägbild zu konstruieren. Dem Skizzieren von Zylindern, die auf der Grundfläche stehen, sollte genügend Raum eingeräumt werden.

Kreis und Ellipse lassen sich gut mithilfe einer Taschenlampe veranschaulichen. Trifft der Lichtkegel auf eine ebene Fläche, so können je nach Stellung des Lichtkegels Kreise oder Ellipse entstehen. Mit dieser Veranschaulichung kann die Erkenntnis abgeleitet werden, dass die Grundfläche eines stehenden Zylinders im Schrägbild wie eine Ellipse aussieht. Leider gibt es bei der Schrägbilddarstellung eines Kreises die Anschaulichkeit beeinträchtigende Verzerrungen. Viel Wert sollte deshalb von Anfang an auf das richtige Einzeichnen der seitlichen Mantellinien gelegt werden (siehe Schulbuchseite 169, Abbildung rechts unten). Der Verzerrungswinkel $\alpha = 90°$ erleichtert das Zeichnen.

Zweitafelbilder

Lösungen der Aufgaben auf den Seiten 171 bis 174

1. b)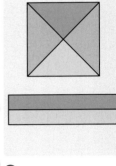

2. a) Zum Grundriss I gehören die Körper 2 und 8, außerdem die Körper 4 und 5, wenn verdeckte Körperkanten unberücksichtigt bleiben. Zum Grundriss II gehören die Körper 1, 3 und 7. Körper 6 gehört zu keinem der beiden Grundrisse.
   b) Zu ein und demselben Grundriss können unterschiedliche Körper gehören.
   c)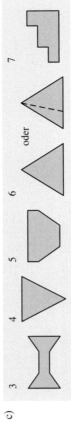

3. Die Schattenbilder Nr. 1, 2 und 4 können von einem Zylinder stammen, das Bild Nr. 2 aber auch von einem Kegel.

Körper und Figuren — Schulbuchseite 172

4. b)
   a) A liegt höher als B und weiter hinten als B.
   b) A liegt tiefer als B und weiter hinten als B.
   c) A liegt tiefer als B; A und B sind gleich weit von der Aufrissebene entfernt.
   d) A und B liegen gleich hoch und A liegt weiter vorn als B.
   e) A und B liegen gleich hoch und in gleicher Entfernung von der Aufrissebene.
   f) A liegt tiefer als B und A liegt weiter hinten als B.
   g) A liegt höher als B, A liegt genau über B.
   h) A und B liegen gleich hoch, A liegt genau vor B.

   c) In folgenden Zweitafelbildern kann die wahre Länge von $\overline{AB}$ gemessen werden:
   c) (Aufriss), d) (Grundriss), e) (Grund- und Aufriss), g) (Aufriss), h) (Grundriss).

5. a) b) c)

6. a) Die Höhe des Prismas ist nur aus dem Grundriss ersichtlich.
   b) Der Abstand zwischen Grundriss und Rissachse ist gleich der Entfernung des Prismas von der Aufrissebene. Der Abstand zwischen Aufriss und Rissachse ist gleich der Höhe, in der das Prisma über der Grundrissebene schwebt.

7.

Die Strecken sind nicht eindeutig bestimmt; abweichende Lösungen sind daher möglich.

Körper und Figuren — Schulbuchseiten 173 bis 174

8. (1) fünfseitige Pyramide, deren Grundfläche zur Grundrissebene parallel ist
   (2) gerades vierseitiges Prisma, dessen trapezförmige Grundfläche zur Grundrissebene parallel ist
   (3) gerade rechteckige Pyramide, die auf der Grundrissebene steht
   (4) gerade Pyramide, deren Spitze nach rechts weist, mit einem Rechteck oder rechtwinkligen Dreieck als Grundfläche (oder Kegel mit elliptischer Grundfläche)
   (5) gerades dreiseitiges Prisma, das auf der Grundrissebene steht, mit einem gleichschenkligen Dreieck, dessen Spitze nach rechts weist, als Grundfläche
   (6) treppenförmiges achtseitiges gerades Prisma, das auf einer Seitenfläche liegend über der Grundrissebene schwebt; die Grundfläche weist nach vorn zum Betrachter;
   (7) flaches gerades quadratisches Prisma (Quader) mit aufgesetzter quadratischer Pyramide, deren Grundflächen-Seitenlänge halb so groß ist wie die des Prismas; die Pyramide weist mit der Spitze nach oben; der Körper schwebt über der Grundrissebene;
   (8) dreiseitige Pyramide mit einem gleichschenklig-rechtwinkligen Dreieck als Grundfläche; die Grundfläche ist parallel zur Grundrissebene, die Spitze liegt senkrecht über einem der beiden rechten Eckpunkte der Grundfläche (2 Möglichkeiten). Es könnte sich aber auch um eine schiefe quadratische Pyramide handeln, deren Grundfläche auf Grund- und Aufrissebene senkrecht steht und deren Spitze sich links vorn unten befindet.

9. Die Zweitafelbilder Nr. 1, 4 und 6 stellen Zylinder dar. (Nr. 6 ist kein Quader, da vorausgesetzt war, dass alle Eckpunkte bezeichnet sind.) Bild 2 stellt einen Kegel dar, Bild 3 eine Kugel, Bild 5 einen Würfel.

10. Durchmesser der Deckfläche des Restkörpers: $d = 3{,}2$ cm
    Länge einer Seitenlinie:
    $s = \sqrt{(2{,}8\text{ cm} - 1{,}6\text{ cm})^2 + (3{,}0\text{ cm})^2}$
    $s \approx 3{,}23$ cm

11.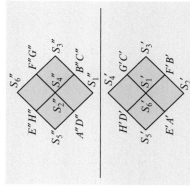

Körper und Figuren

Flächeninhalt von Dreiecken, Vierecken und anderen ebenen Figuren (Wdh.)

Lösungen der Aufgaben auf den Seiten 175 bis 176

1. a) $A = 5\ \text{cm}^2$ b) $A = 3{,}9\ \text{cm}^2$ c) $A = 4{,}77\ \text{cm}^2$ d) $A = 113{,}22\ \text{m}^2$
2. a) $A = 10{,}36\ \text{cm}^2$ b) $A = 112{,}2\ \text{m}^2$ c) $A = 1{,}44\ \text{km}^2$
   e) $A = 2470\ \text{mm}^2$ f) $A \approx 1311\ \text{cm}^2$ g) $A \approx 68{,}18\ \text{m}^2$ h) $A \approx 3251\ \text{m}^2$
   i) $A = 517{,}5\ \text{cm}^2$ j) $A \approx 2{,}90\ \text{ha}$ k) $A \approx 1061\ \text{cm}^2$ l) $A \approx 53{,}4\ \text{ha}$
   m) $A = 213{,}75\ \text{cm}^2$ n) $A = 3{,}91\ \text{cm}^2$
3. a) $h_a = 7{,}42\ \text{cm}$ b) $h_c = 12\ \text{m}$ c) $b \approx 97{,}4\ \text{mm}$ d) $a \approx 21{,}7\ \text{cm}$
   e) $h_c = 3{,}59\ \text{cm}$ f) $b \approx 39{,}0\ \text{m}$
4. a) $A = 8{,}75\ \text{cm}^2$ b) $A = 4{,}2\ \text{cm}^2$ c) $A = 10{,}5\ \text{cm}^2$
5. a) $A = 15\ \text{cm}^2$ b) $A = 30\ \text{cm}^2$ c) $A = 123{,}75\ \text{m}^2$ d) $A = 765\ \text{mm}^2$
   e) $A \approx 4{,}96\ \text{cm}^2$ f) $A \approx 5{,}19\ \text{m}^2$
6. a) $A \approx 41{,}53\ \text{cm}^2$; $u = 26{,}4\ \text{cm}$ b) $A \approx 21{,}73\ \text{cm}^2$; $u = 18{,}8\ \text{cm}$
   c) $A \approx 24{,}48\ \text{cm}^2$; $u = 20{,}0\ \text{cm}$ d) $A \approx 34{,}31\ \text{cm}^2$; $u = 26{,}2\ \text{cm}$
   e) $h_a = 5\ \text{cm}$; $u = 22{,}4\ \text{cm}$ f) $A \approx 49\ \text{cm}^2$; $a = 7\ \text{cm}$
7. $A = 106\ \text{m}^2$; Preis: $5830\ \text{€}$
8. Es sei vorausgesetzt, dass die Koordinateneinheit 1 cm beträgt.
   a) $A = 21\ \text{cm}^2$ b) $A = 30\ \text{cm}^2$ c) $A = 29{,}5\ \text{m}^2$
9. a) $A = 360{,}91\ \text{m}^2$; Preis: $32\,482\ \text{€}$ b) $A \approx 410{,}88\ \text{m}^2$; Preis: $32\,870\ \text{€}$
   c) $A \approx 622{,}68\ \text{m}^2$; Preis: $46\,701\ \text{€}$ d) $A \approx 153{,}27\ \text{m}^2$; Preis: $13\,028\ \text{€}$

Oberflächeninhalt und Volumen von Prismen

Lösungen der Aufgaben auf den Seiten 177 bis 181

1. a) 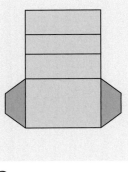 b) Der Mantel hat die Form eines Rechtecks. c) $A_O = 416\ \text{cm}^2$
2. b) $A_O = 26{,}46\ \text{m}^2$; Stoffbedarf: $29{,}2\ \text{m}^2$
3. b) $A_M = u \cdot h$ (u: Umfang der Grund- bzw. Deckfläche; h: Höhe des Prismas)

---

12. b)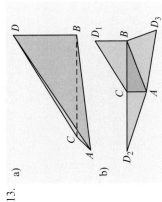

13. a)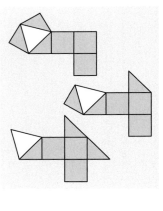

    b)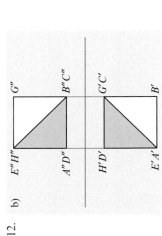

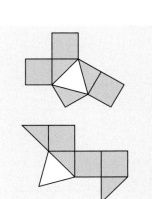

AUFGABE (Randspalte S. 174): Nur die untere Figur ist ein Netz des dargestellten Körpers. Die linke Abbildung zeigt eine Möglichkeit, wie die beiden anderen Figuren abgeändert werden können. Das Bild rechts zeigt drei weitere Netze des Körpers.

Erläuterungen und Anregungen

Beim Übergang vom Schrägbild zur Zweitafelprojektion sollte den Schülerinnen und Schülern die unterschiedliche Stellung der Bildebenen bewusst sein (Schrägbild: die Bildebene steht vertikal; Grundriss: die Bildebene steht horizontal). Die senkrecht zur Grundrissebene stehende Aufrisstafel wird sehr schnell, aber nicht ohne Veranschaulichung, um 90° geklappt. Um klare Vorstellungen herauszubilden, sollten sowohl Lehrerinnen und Lehrer als auch Schülerinnen und Schüler anfangs mit einer Klapptafel arbeiten.

Der Einsatz von Körpermodellen ist unerlässlich. Nur über die Raumanschauung kann das Raumvorstellungsvermögen herausgebildet werden.

Das Schrägbild stellt gegenüber dem Körpermodell eine Abstraktion dar, vermittelt aber einen anschaulichen Eindruck. Deshalb stellt es aus didaktischer Sicht eine Zwischenstufe zur Entwicklung des abstrakten Raumvorstellungsvermögens dar.

Schulbuchseiten 177 bis 181

4. a) $A_O \approx 93{,}6$ cm²   b) $A_O \approx 189$ cm²   c) $A_O \approx 129$ cm²   d) $A_O \approx 2{,}16$ m²
5. a) $A_O \approx 120$ cm²   b) $A_O \approx 18{,}72$ cm²   c) $A_O \approx 47{,}88$ cm²
6. a) $A_O \approx 4{,}22$ dm²   b) $A_O \approx 136{,}8$ dm²
7. a) $A_O \approx 153{,}7$ cm²   b) $A_G \approx 43{,}25$ m²   c) $A_O \approx 104{,}2$ cm²
8. $h = 15$ cm
9. a) $V \approx 1926{,}4$ cm³   b) $V \approx 996{,}36$ cm³
   c) $b = 30$ mm; $c = 45$ mm; $V = 20{,}25$ cm³   d) $c = 5$ cm; $b = 3$ cm; $V = 30$ cm³
10. a) $V = 24$ cm³   b) $V = 12$ cm³
    c) Sei V_Q das Volumen des Quaders, den man durch Zusammensetzen aus zwei Exemplaren des gegebenen Prismas wie in der Lehrbuchabbildung rechts erhält. Es gilt dann: $V = \frac{1}{2}V_Q = \frac{1}{2}abc = (\frac{1}{2}ab) \cdot c = A_G \cdot h$.
11. a) Das obere Dreieck ist unregelmäßig und spitzwinklig.
    Das untere Dreieck ist unregelmäßig und stumpfwinklig.
    b) Ein spitzwinkliges Dreieck wird durch eine beliebige Höhe, ein recht- oder stumpfwinkliges Dreieck durch die Höhe über der Seite, die dem rechten bzw. stumpfen Winkel gegenüberliegt, in zwei rechtwinklige Dreiecke geteilt.
    c) Aus b) folgt, dass das Prisma in zwei Teilprismen mit rechtwinkligen Dreiecken als Grundflächen zerlegt werden kann. Seien A_{G1} und A_{G2} die Grundflächen der beiden Teilprismen und V_1 und V_2 ihre Volumina. Dann gilt nach Aufgabe 10 c):
    $V = V_1 + V_2 = A_{G1} \cdot h + A_{G2} \cdot h = (A_{G1} + A_{G2}) \cdot h = A_G \cdot h$.
12. a) Die Zerlegung sollte so erfolgen, dass das Kästchenpapier geschickt genutzt wird und die Fläche der Dreiecke leicht ausgezählt werden kann.
    b) $V = (A_{G1} + A_{G2} + A_{G3} + \ldots) \cdot h$
13. a) $V_1 = V_2 = V_4 = V_5$
    b) kleinster Rauminhalt: V_6; größter Rauminhalt: V_3; $V_6 < V_1 = V_2 = V_4 = V_5 < V_3$
14. a) 525 cm³   b) 470,4 cm³   c) 12 cm³   d) 142,45 dm³
15. a) 13,5 cm³   b) 4,69 cm³   c) 18,9 cm³   d) 38,5 cm³   e) 17 dm³

16.

		$A_O = 2A_G + A_M$	V
a)	Quader; a, b, c verdoppelt	$4 A_O$	$8V$
	Quader; a, b, c halbiert	$\frac{1}{4} A_O$	$\frac{1}{8} V$
b)	Prisma; h verdreifacht	$2A_G + 3A_M$	$3V$
c)	Prisma; a, c, h_T verdoppelt	$8A_G + 2A_M$	$4V$

17. b) $V \approx 1566$ cm³
18. a) 70000 m³ Erde   b) Es sind 5834 Fuhren nötig.
19. a) 561,3 m² $\approx$ 562 m²   b) Es müssen etwa 850 m³ Wasser eingefüllt werden.
20. a) etwa 0,862 m³   b) Es wird Farbe für etwa 9,47 m² Fläche benötigt.

Schulbuchseiten 182 bis 183

Erläuterungen und Anregungen

In diesem Abschnitt soll das vorher Gelernte durch stete Verbindung zwischen Darstellen und Berechnen gefestigt werden. In Anlehnung an das Vorgehen beim Lösen von Sachaufgaben ist es hilfreich, durch ähnliche Vorgehensweise dem Schüler Analogien zu verdeutlichen. Die Orientierung könnte lauten:

A Analysiere die Aufgabe!
Schreibe gegebene Größen auf. Schreibe auf, was gesucht ist.
Skizziere und kennzeichne Gegebenes und Gesuchtes verschiedenfarbig.
Schätze das Ergebnis.

B Ermittle den Ansatz!
Finde für die gesuchte Größe eine Formel. Benutze die Zahlentafel.
Stelle unter Umständen die Formel um. Setze die gegebenen Größen ein.

C Berechne das Ergebnis!
Achte auf gleiche Einheiten.
Berechne. Gib das Ergebnis in sinnvoller Genauigkeit an.

Oberflächeninhalt und Volumen von Pyramiden

Lösungen der Aufgaben auf den Seiten 182 bis 183

1. b) $A_M = 2ah_a = 2 \cdot 6$ m $\cdot 7{,}4$ m ≈ 89 m²   (a: Grundkantenlänge; h_a: Seitenflächenhöhe)
2. b) $A_O = a \cdot b + a \cdot h_1 + a \cdot h_2 = 6$ cm $\cdot 4$ cm $+ 6$ cm $\cdot 5{,}4$ cm $+ 4$ cm $\cdot 5{,}8$ cm $\approx 79{,}6$ cm²
   c) Der Anteil des Mantels an der Oberfläche einer Pyramide ist immer größer als 50 % und kleiner als 100 %. In diesem Falle beträgt er etwa 70 %.
3. $A_O = 3 \cdot 4{,}5$ cm $\cdot 3{,}9$ cm $+ 3 \cdot 4{,}5$ cm $\cdot 9{,}75$ cm ≈ 184 cm²
4. b) (1) $A_O = 55{,}7$ cm²   (2) $A_O = 46{,}6$ cm²   (3) $A_O = 64$ cm²
5. Der Oberflächeninhalt einer Pyramide ist gleich der Summe aus Grund- und Mantelflächeninhalt: $A_O = A_G + A_M$.
6. a) $A_O = 2ah_a = 2 \cdot 45$ mm $\cdot 39$ mm $= 3510$ mm² $= 35{,}1$ cm²
   b) $A_O = a(b + d) + e(a + b + c + d) = 3{,}5$ cm $\cdot 6{,}3$ cm $+ 3$ cm $\cdot 14{,}2$ cm $= 64{,}65$ cm²
   c) $A_O = a^2 + 2ah_a = (5{,}9$ m$)^2 + 2 \cdot 5{,}9$ m $\cdot 6{,}6$ m $= 112{,}69$ m² ≈ 113 m²
   d) $A_O = ab + 2ac + 2bc + ah_a + bh_b = 176{,}65$ cm² ≈ 177 cm²
7. a) $3 : 1$ c) $V = \frac{1}{3}a^2 h$
8. b) $V = \frac{1}{6}a^3$
9. a) $V = 35$ cm³   b) $V = 21{,}6$ cm³   c) $V \approx 10{,}1$ cm³

Körper und Figuren   Schulbuchseiten 184 bis 185

Erläuterungen und Anregungen

Die Berechnung des Prismenvolumens ist bekannt. Man könnte zeigen, wie durch einen ebenen Schnitt durch ein dreiseitiges Prisma eine Pyramide mit gleicher Grundfläche und gleicher Höhe abgespalten werden kann. Schätzungen und Volumenvergleiche sind lehrreich. Durch Herstellen zweier Hohlkörper der oben angegebenen Form kann durch Umfüllen von Sand die Volumenformel für Pyramiden empirisch gefunden werden.
Ein dreiseitiges Prisma kann durch zwei ebene Schnitte in 3 dreiseitige Pyramiden zerlegt werden. Es ist leicht nachzuweisen, dass sie gleiche Grundflächen und Höhen haben. Nach dem Satz des Cavalieri sind sie volumengleich. Damit ist die Volumenformel für dreiseitige Pyramiden hergeleitet. Durch Veranschaulichung und übersichtliche zeichnerische Darstellungen dieses Zusammenhangs kann das Raumvorstellungsvermögen unterstützt und geschult werden. Die Übertragung auf beliebige Pyramiden ist durch die stets mögliche Zerlegung in dreiseitige Pyramiden leicht selbst zu vollziehen.

Oberflächeninhalt und Volumen von Kreiszylindern

Lösungen der Aufgaben auf den Seiten 184 bis 186

1. a) Rechteck mit den Seitenlängen $u = \pi \cdot d \approx 105,7$ cm^2 und $h = 90$ mm
   b) Blechbedarf: $A = 2\pi r^2 \approx 105,7$ cm^2 (ohne Berücksichtigung von Verschnitt)
2. a) $A_O \approx 226,2$ cm^2 b) $A_O \approx 88,15$ cm^2 c) $A_O \approx 130,3$ cm^2
   d) $A_O \approx 1461$ cm^2 e) $A_O \approx 1997$ cm^2 f) $h \approx 1,2$ cm
3. a) Die Bilder 1 und 3 entsprechen dem Netz eines Zylinders.
   b) Netz 1: $d = 0,9$ cm; $h = 1,3$ cm; $A_O \approx 4,95$ cm^2
      Netz 3: $d = 1,1$ cm; $h = 1,2$ cm; $A_O \approx 6,05$ cm^2
4. a) Es gibt zwei Möglichkeiten:
      (1) a wird gerollt, b ist eine Mantellinie: $h = b = 2$ cm; $r \approx 0,80$ cm
      (2) b wird gerollt, a ist eine Mantellinie: $h = a = 5$ cm; $r \approx 0,32$ cm
   b) (1) $A_O \approx 14,0$ cm^2 (2) $A_O \approx 10,6$ cm^2
5. a) $V_1 = 0,5\, a h_a h = 32,25$ cm^3; $V_2 = 3\, a h_a h = 66$ cm^3; $V_3 = 6\, a h_a h = 74,88$ cm^3
   b) $V_1 < V_2 < V_3$
6. a) In beiden Fällen beträgt das Volumen der Flüssigkeit 4 cm^3.
   b) $V_Q = A_G \cdot h = 10$ cm^3 c) $V_Z = A_G \cdot h = 10$ cm^3
7. a) $V \approx 199$ cm^3 b) $V \approx 258$ cm^3 c) $V \approx 78,8$ dm^3
   d) $V \approx 7,98$ dm^3 e) $V \approx 163$ cm^3 f) $V \approx 13,46$ dm^3
8. Das Volumen wird bei a) verdoppelt, bei b) geviertelt und bei c) verdoppelt.

Körper und Figuren   Schulbuchseite 186

9. a) $V \approx 845$ cm^3; Angabe auf der Dose: 850 cm^3
   b) $A = 500 \cdot (\pi d + 1,2$ cm$) \cdot h \approx 18$ m^2 c) $A \approx 27,3$ m^2 ($A_O \approx 495,7$ cm^2)
10. a) Mantelflächeninhalt eines Zylinders   b), c) Volumen eines Zylinders
    d) Oberflächeninhalt eines an der Grund- oder Deckfläche offenen Zylinders
    e) Oberflächeninhalt eines Zylinders
    f) Oberflächeninhalt eines Zylinders oder Prismas (u: Umfang der Grundfläche)
    g) Flächeninhalt eines Trapezes
    h) Mantelflächeninhalt eines Prismas mit rechteckiger Grundfläche
    Umgestellte Formeln:
    a) $h = \dfrac{A_M}{2\pi r}$ b) $d = \sqrt{\dfrac{4V}{\pi h}}$ c) $r = \sqrt{\dfrac{V}{\pi h}}$ d) $h = \dfrac{A}{\pi d} - \dfrac{d}{4}$
    e) $h = \dfrac{A_O}{2\pi r} - r$ f) $h = \dfrac{A_O - 2A_G}{u}$ g) $a = \dfrac{2A}{h} - c$ h) $b = \dfrac{A_M - a}{2h}$

11.
r	h	A_G	A_M	A_O	V
5,2 cm	3,7 cm	**84,95 cm^2**	120,9 cm^2	290,8 cm^2	314,3 cm^3
16,6 cm	**0,27 cm**	865,7 cm^2	28,15 cm^2	1760 cm^2	233,6 cm^3
7 mm	8 mm	153,94 mm^2	351,86 mm^2	659,74 mm^2	1231,5 mm^3
0,8003 m	1,48 m	**2,012 m^2**	7,442 m^2	11,47 m^2	2,978 m^3
12 cm	9 cm	452,39 cm^2	678,58 cm^2	1583,36 cm^2	**4071,5 cm^3**

12. a) $h \approx 19,9$ cm   b) $e \approx 2,49$ cm
13. a) 10 Plakate (s. linke Abbildung).   b) 9,5 % der Fläche bleiben ungenutzt.
    (Reklamefläche: 11,03 m^2; Flächeninhalt eines Plakates: 0,998 m^2)
    c) 42 Plakate vom Format A2 können angeordnet werden (s. rechte Abbildung).

1	2		7	8
3	4		9	10
5		6		

1	2	3	4	5	6
7	8	9	10	11	12
13	14	15	16	17	18
19	20	21	22	23	24
25	26	27	28	29	30
31	32	33	34	35	36	37	38	39	40	41	42

ZUM KNOBELN (Randspalte S. 186):
Volle ³⁄₄-l-Dose in die leere ⁵⁄₄-l-Dose umgießen, dann die ³⁄₄-l-Dose erneut füllen und so weit in die ⁵⁄₄-l-Dose entleeren, bis diese voll ist. Es bleibt ¼ l übrig.

Darstellung und Berechnung zusammengesetzter Körper

Lösungen der Aufgaben auf den Seiten 187 bis 189

1. a) (1) ein sechsseitiges Prisma (oder zwei Prismen mit trapezförmiger Grundfläche)
   (2) zwei quadratische Pyramiden
   (3) ein Prisma und eine Pyramide, jeweils mit sechseckiger Grundfläche
   (4) zwei Prismen (oder zwei Quader und ein Prisma)
   (5) ein Prisma mit trapezförmiger Grundfläche und ein Quader
   (6) ein Würfel

2. $m_{Kr} = 2 \cdot \frac{1}{2} \cdot 3{,}2\,cm \cdot 3\,cm \cdot 1{,}8\,cm \cdot 2{,}8\,\frac{g}{cm^3} \approx 48{,}4\,g$

   $m_{Fl} = \frac{1}{2} \cdot 4\,cm \cdot 3\,cm \cdot 1{,}8\,cm \cdot 3{,}5\,\frac{g}{cm^3} = 37{,}8\,g$

   $m = m_{Kr} + m_{Fl} \approx 86{,}2\,g$

   $A_G = \frac{1}{2} \cdot (6{,}4\,cm + 4\,cm) \cdot 3\,cm = 15{,}6\,cm^2$

   $A_M = 1{,}8\,cm \cdot (6{,}4\,cm + 4\,cm + 2 \cdot 3{,}23\,cm) \approx 30{,}3\,cm^2$

   $A_O = 2 \cdot A_G + A_M \approx 61{,}5\,cm^2$

3. Mantelfläche der oberen Pyramide: $A_1 = 5\,cm \cdot 3{,}6\,cm + 4\,cm \cdot 3{,}9\,cm = 33{,}6\,cm^2$
   Mantelfläche des Prismas: $A_2 = 18\,cm \cdot 6\,cm = 108\,cm^2$
   Mantelfläche der unteren Pyramide: $A_3 = 5\,cm \cdot 4{,}5\,cm + 4\,cm \cdot 4{,}7\,cm = 41{,}3\,cm^2$
   Oberflächeninhalt: $A_O = A_1 + A_2 + A_3 \approx 183\,cm^2$
   Volumen: $V = \frac{1}{3} \cdot 5\,cm \cdot 4\,cm \cdot 3\,cm + 5\,cm \cdot 4\,cm \cdot 6\,cm + \frac{1}{3} \cdot 5\,cm \cdot (4\,cm)^2 \approx 167\,cm^3$

4. Dichte von Stahl: $7{,}85\,\frac{g}{cm^3}$; Dichte von Aluminium: $2{,}70\,\frac{g}{cm^3}$
   L-Profil, Länge 8,50 m: Stahl Masse 15,0 kg, Aluminium Masse 5,2 kg
   L-Profil, Länge 6,20 m: Stahl Masse 11,0 kg, Aluminium Masse 3,8 kg
   T-Profil, Länge 8,50 m: Stahl Masse 14,9 kg, Aluminium Masse 5,1 kg
   T-Profil, Länge 6,20 m: Stahl Masse 10,9 kg, Aluminium Masse 3,7 kg

5. b) $V = 522{,}9\,m^3 \approx 523\,m^3$

6. a) $m = 4{,}68\,kg$
   b) Eine Fahrt ist nötig ($m_{780} = 3650\,kg$).

7. a) vierseitiges Prisma mit einem Trapez als Grundfläche; der Mantel besteht aus vier Rechtecken; der oberen und unteren Fläche und der Vorder- und Rückseite
   b) $A = A_V + A_R + 2 \cdot A_T = 1\,m^2$

8. b) Oberflächeninhalt einer Schachtel: $A_O = 2032\,cm^2$
   Benötigter Karton für eine Schachtel: $A_S \approx 2438\,cm^2$
   c) Es werden 8,20 m von der Papprolle benötigt.
   $l = 20 \cdot 40\,cm + 20\,cm = 820\,cm$
   d) Bei der gezeigten Anordnung ergeben sich 17,3 % Abfall.
   Flächeninhalt der Papprolle: $A_P = 8{,}20\,m \cdot 0{,}72\,m \approx 5{,}90\,m^2$
   Flächeninhalt für 20 Häuser: $A \approx 4{,}88\,m^2$

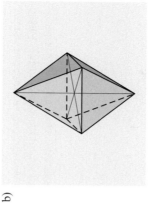

9. **Achtung, Fehler im 1. Druck:** Der in der Randspalte dargestellte „Stern" ist kein Pyramidennetz, da zusammengehörende Seitenkanten unterschiedlich lang sind. Man kann aber trotzdem aus den bei a) gegebenen Abmessungen eine rechteckige Pyramide konstruieren.

10.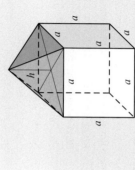

Schulbuchseite 189

11. a) siehe Abbildung

    b) Inhalt der Grundfläche:

    $A_G = (27{,}7 \text{ m})^2 - 2 \cdot (8{,}1 \text{ m})^2$

    $A_G = 636{,}07 \text{ m}^2$

    Volumen des umbauten Raumes:

    $V = A_G \cdot 5 \text{ m} + \frac{1}{3} \cdot A_G \cdot 7 \text{ m}$

    $V \approx 4665 \text{ m}^3$

    c) Flächeninhalt des Glasdaches:

    $A_M = 8 \cdot \frac{1}{2} \cdot a \cdot h \approx 714 \text{ m}^2$ m

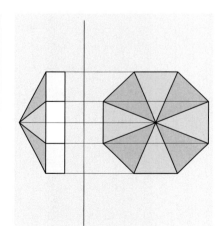

12. $V = \pi \cdot [(0{,}75 \text{ cm})^2 - (0{,}45 \text{ cm})^2] \cdot 4{,}5 \text{ cm} \approx 5{,}09 \text{ cm}^3$;

    $A_a = 2\pi \cdot 0{,}75 \text{ cm} \cdot 4{,}5 \text{ cm} + 2 \cdot \pi \cdot [(0{,}75 \text{ cm})^2 - (0{,}45 \text{ cm})^2] \approx 23{,}5 \text{ cm}^2$

13. a) $d_i = 75 \text{ cm}$

    b) Grund- und Deckfläche sind Kreisringe.

    c) $V \approx 313 \text{ dm}^3$

    d) $V = \pi (r_a^2 - r_i^2) h$

14. Höhe einer Seitenfläche: $h_a \approx 5{,}2 \text{ cm}$

    Kantenlänge des Würfels: $b \approx 8{,}5 \text{ cm}$

    Oberflächeninhalt des Sternkörpers: $A_O = 12 \cdot a \cdot h_a \approx 12 \cdot 6 \text{ cm} \cdot 5{,}2 \text{ cm} \approx 374 \text{ cm}^2$

    Volumen eines der 12 Restkörper, die den Sternkörper zu einem Würfel ergänzen:

    $V_R = \frac{1}{3} \cdot \frac{1}{4} b^2 \cdot \frac{1}{2} \cdot b = \frac{1}{24} b^3$

    Volumen des Sternkörpers: $V = b^3 - 12 \cdot \frac{1}{24} b^3 = \frac{1}{2} b^3 \approx 307 \text{ cm}^3$

Erläuterungen und Anregungen

Die Aufgabe 1 soll als Einstieg dazu dienen, dass die Schüler die in der Abbildung dargestellten Körper gedanklich in einfache, leicht zu berechnende Grundkörper zerlegen. Dabei ist die sprachliche Ausdrucksfähigkeit zu schulen. Die Aufgaben 2 bis 8 enthalten vorwiegend Volumen- und Oberflächenberechnungen von Objekten aus der Praxis. Die Aufgaben 9 bis 14 sollen zum Üben der Darstellung und Berechnung verschiedener Körper und zur Entwicklung des räumlichen Vorstellungsvermögens der Schüler dienen.

Lesen einfacher technischer Zeichnungen

Lösungen der Aufgaben auf den Seiten 190 bis 191

1. c)

Linienart	Bedeutung
dicke Volllinien	sichtbare Körperkanten
Strichlinie	verdeckte Körperkante
Strich-Punkt-Linien	Mittellinien
dünne Volllinien (schwarz)	Ordnungslinien
dünne Volllinie (rot)	Rissachse

2. a) Die Draufsicht entspricht dem Grundriss, die Vorderansicht dem Aufriss.

   b) In der technischen Zeichnung fehlen die Rissachse und die Ordnungslinien. Dafür sind Maßangaben vorhanden.

   c)
   - Für die Bemaßung sind dünne Volllinien zu verwenden.
   - Die Maßzahlen müssen von unten oder von rechts lesbar sein.
   - Die Einheit (mm) ist wegzulassen.
   - Die Maßzahlen müssen oberhalb des Doppelpfeils stehen.
   - Bei sehr kurzen Längen sind die Pfeilspitzen außen, sonst innen anzubringen.
   - Es sind nur die unbedingt notwendigen Maßangaben anzubringen. Längen, die sich durch Rechnung aus vorhandenen Angaben ergeben, brauchen nicht eingetragen zu werden.
   - „Kettenbemaßung", d. h. das Anbringen mehrerer Doppelpfeile unmittelbar nebeneinander auf einer Geraden, ist nicht zulässig.
   - Bei mehreren Maßangaben entlang einer Körperkante sind zur besseren Übersichtlichkeit kürzere Strecken weiter innen und längere Strecken weiter außen zu bemaßen.

   d) Es handelt sich um einen aus zwei Quadern zusammengesetzten Körper.

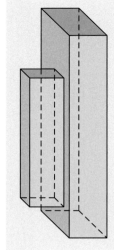

3. a) Volumen des Eisenkerns: $V = (13 \text{ cm} \cdot 6 \text{ cm} - 11 \text{ cm} \cdot 4 \text{ cm}) \cdot 6 \text{ cm} = 204 \text{ cm}^3$

   Masse des Eisenkerns: $m = \varrho \cdot V = 1603{,}44 \text{ g} \approx 1{,}6 \text{ kg}$

   b) Volumen des Abfalls: $V_A = 686 \text{ cm}^3 - 204 \text{ cm}^3 = 482 \text{ cm}^3$

4. $V = \frac{1}{3} \cdot (5{,}4\,\text{cm} + 3{,}4\,\text{cm}) \cdot 2{,}8\,\text{cm} \cdot 5{,}2\,\text{cm} \approx 42{,}71\,\text{cm}^3$

5. a) Volumen: $V = 24\,\text{cm}^3$; Dichte: $\varrho = 2{,}7\,\text{g/cm}^3$; Masse: $m = 64{,}8\,\text{g}$
   b)

ZUM KNOBELN (Randspalte S. 191):

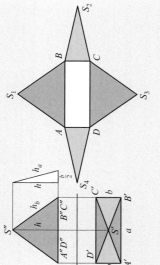

Teste dich!

Lösungen der Aufgaben auf den Seiten 192 bis 193

1.
	Gegebene Umrechnung	Bewertung	Korrektur
a)	$2{,}04\,\text{m}^2 = 204\,\text{cm}^2$	falsch	$2{,}04\,\text{m}^2 = 204\,\text{dm}^2 = 20\,400\,\text{cm}^2$
b)	$245\,\text{dm}^3 = 0{,}245\,\text{m}^3$	richtig	–
c)	$6382\,\text{dm}^3 = 6{,}382\,\text{cm}^3$	falsch	$6382\,\text{dm}^3 = 6\,382\,000\,\text{cm}^3 = 6{,}382\,\text{m}^3$
d)	$7502\,\text{mm}^2 = 7{,}502\,\text{cm}^2$	falsch	$7502\,\text{mm}^2 = 75{,}02\,\text{cm}^2$

2. a) Ein gerades Prisma ist ein Körper, der von zwei zueinander parallelen kongruenten n-Ecken (Grund- und Deckfläche) und von n Rechtecken (den Seitenflächen) begrenzt wird.

   b) Evas Antwort ist richtig. Bei Udo könnte das Prisma auch schief sein. Bei Bernd fehlen die Kongruenz von Grund- und Deckfläche sowie die Tatsache, dass es sich bei diesen um Vielecke handeln muss. Möglich wären hier z. B. auch ein Pyramidenstumpf, ein Kegelstumpf oder ein Kreiszylinder.

3. a) vgl. Schulbuchseite 254
   b) (1) $A_O \approx 63{,}2\,\text{cm}^2$; $V = 30\,\text{cm}^3$ (2) $A_O \approx 126{,}8\,\text{cm}^2$; $V = 54{,}6\,\text{cm}^3$

4. siehe nebenstehende Abbildung (Darstellung verkleinert).

   Die Seitenflächenhöhe h_b kann dem Aufriss entnommen werden. Die Seitenflächenhöhe h_a erhält man als dritte Seite eines rechtwinkligen Stützdreiecks mit den Seitenlängen $h = 4\,\text{cm}$ und $\frac{b}{2} = 1{,}1\,\text{cm}$.

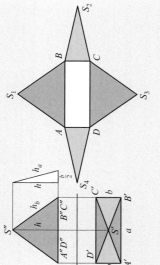

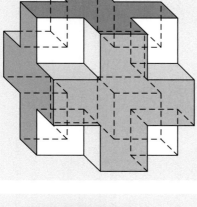

5. Grundfläche vgl. Schulbuchseite 254. $A_G = 12{,}75\,\text{m}^2$; $A_O = 80{,}66\,\text{m}^2$; $V = 44{,}625\,\text{m}^3$

6. Es sei vorausgesetzt, dass die Maßangaben in cm gegeben sind.
   a) $A_O = (3{,}5\,\text{cm})^2 + 2 \cdot 3{,}5\,\text{cm} \cdot 5{,}3\,\text{cm} = 49{,}35\,\text{cm}^2$
   b) $A_O = 5\,\text{cm} \cdot 3\,\text{cm} + 5\,\text{cm} \cdot 4{,}3\,\text{cm} + 3\,\text{cm} \cdot 4{,}7\,\text{cm} = 50{,}6\,\text{cm}^2$

7. Seitenlänge des Quadrates: $a = 3\,\text{cm}$
   rote Fläche: $A = a^2 - \frac{\pi}{4}a^2 = \left(1 - \frac{\pi}{4}\right)a^2 \approx 0{,}215\,a^2 \approx 1{,}93\,\text{cm}^2$
   grüne Fläche: $A = a^2 - \frac{\pi}{8}a^2 = \left(1 - \frac{\pi}{8}\right)a^2 \approx 0{,}607\,a^2 \approx 5{,}47\,\text{cm}^2$

8. a) Abmessungen des Rechtecks: Länge: $3\pi\,\text{cm} \approx 9{,}42\,\text{cm}$; Breite: $\pi\,\text{cm} \approx 3{,}14\,\text{cm}$; $A_O \approx 43{,}7\,\text{cm}^2$; $V \approx 22{,}21\,\text{cm}^3$
   b) Abmessungen des Rechtecks: Länge: $9\pi\,\text{cm} \approx 28{,}27\,\text{cm}$; Breite: $3\pi\,\text{cm} \approx 9{,}42\,\text{cm}$; $A_O \approx 280{,}6\,\text{cm}^2$; $V \approx 199{,}86\,\text{cm}^3$

9. a/b) vgl. Schulbuchseite 254. Für das dort abgebildete Netz ist ein rechteckiges Stück Pappe mit den Abmessungen 230 mm × 160 mm erforderlich. Der Abfall beträgt $25\,\text{mm} \cdot 160\,\text{mm} = 4000\,\text{mm}^2 = 0{,}4\,\text{dm}^2$. c) $V = 288\,\text{cm}^3$

10. Der Radius der Tonne beträgt etwa $r \approx 31{,}7\,\text{cm}$, ihre Höhe ist also $h \approx 127\,\text{cm}$. Die zu streichende Fläche ist $A = 2 \cdot 2\pi r h + 2 \cdot \pi r^2 = 4\pi r \cdot 4r + 2\pi r^2 = 18\pi r^2 \approx 5{,}68\,\text{m}^2$. Es werden 0,57 kg Farbe benötigt.

11. Sei $a > 0$ die längere Seite des Mantelrechtecks, $b > 0$ die kürzere Seite. Dann ist mit a als Zylinderhöhe der Grundkreisradius $r_1 = \frac{b}{2\pi}$, also $V_1 = \pi r_1^2 a = \frac{ab^2}{4\pi}$.

   Mit b als Zylinderhöhe ist der Grundkreisradius $r_2 = \frac{a}{2\pi}$, also $V_2 = \pi r_2^2 b = \frac{a^2 b}{4\pi}$.

   Wegen $a > b$ ist also $V_2 > V_1$.

Lineare Funktionen und lineare Gleichungssysteme

Die Lösungsverfahren für lineare Gleichungssysteme erhalten mit der zunehmenden Verfügbarkeit von Taschenrechnern und Computern mit Computeralgebrasystemen (CAS) ein verändertes Gewicht. Gegenwärtig enthalten die Richtlinien für den Mathematikunterricht noch die Vorgabe, dass die Schülerinnen und Schüler die üblichen grundlegenden Lösungsverfahren beherrschen sollen; der Einsatz von Taschenrechnern mit algebraischen Fähigkeiten wird als zusätzliche Möglichkeit empfohlen. Für die Zukunft dürfte das Gewicht weiter zugunsten der Taschenrechner verschoben werden. Damit bleibt zu diskutieren, wie viel Wissen und Fertigkeiten zu den Lösungsverfahren weiterhin benötigt werden.

Zu den Inhalten, auf welche auch künftig nicht verzichtet werden kann, zählen Wissen und Einsicht in die Begründungszusammenhänge. Im vorliegenden Abschnitt wird ein Grundverständnis über das grafische Lösungsverfahren der Schnittpunktbestimmung zweier Geraden entwickelt. Es dient zur Begründung für die rechnerischen Verfahren (Gleichsetzungs-, Einsetzungs- und Additionsverfahren). Mit zahlreichen Aufgaben sollen die Schülerinnen und Schüler ausreichend Sicherheit gewinnen, die Verfahren ohne Taschenrechnerhilfe durchzuführen. Im Gegensatz dazu steht für den Gauß-Algorithmus da Verständnis der Lösungsstrategie im Vordergrund, ohne dass sicherer Umgang in eigenständiger Ausführung angestrebt wird. Hier bringt der algebrafähige Taschenrechner deutliche Entlastung von fehleranfälligen Rechnungen.

Beim Einsatz von Taschenrechnern oder Computeralgebrasystemen werden lineare Gleichungssysteme durch die Matrix ihrer Parameter angegeben. Soweit die Lösung als Vektor ausgegeben wird, liefern Taschenrechner bei nicht eindeutig lösbaren Gleichungssystemen Fehlermeldungen. Hier müssen die Schülerinnen und Schüler befähigt werden, die Situation korrekt zu beurteilen. Entsprechend müssen sie in der Lage sein, die Lösung, die durch ein CAS in Form einer Diagonalmatrix geliefert wird, zu deuten. Damit kommt der Bestimmung der Mächtigkeit der Lösungsmenge ein besonderes Gewicht zu.

Funktionen als mathematische Modelle

Lösungen der Aufgaben auf den Seiten 196 bis 197

1. a) Für eine grobe Näherung eignen sich die Werte 9800 für 1994 und 8000 für 1998. Mit $x = t - 1990$ ergibt sich aus den Wertepaaren (4 | 9800) und (8 | 8000) die Gleichung $f(x) = -450x + 11600$.

    b) Aus der in a) bestimmten Funktionsgleichung ergeben sich gerundet die folgenden Abweichungen von den tatsächlichen Werten:
    $-150, +70, +300, -10, -100, +140, -100, +10, -220$.
    Positive und negative Abweichungen gleichen sich weitgehend aus (Summe: -60). Die Funktion beschreibt den Datenverlauf brauchbar.

2. Für eine Näherung kommen die Werte 1580 für 1993 und 1080 für 1998 in Betracht. Mit $x = t - 1990$ ergibt sich aus den Wertepaaren (3 | 1580) und (8 | 1080) die Gleichung $f(x) = -100x + 1880$. Die Summe der Abweichungen $-87, +1, +11, -44, +102, +33, -4, -3$ von den realen Werten beträgt $+9$.

3. Die Beschreibung durch eine Gerade gibt einen Trend im Verlauf der Daten wieder, von dem im Modell angenommen wird, er bestehe in einer gleichmäßigen Veränderung (konstante Steigung m). Selbst wenn der Trend sich ändern würde, so wäre für die unmittelbare Zukunft der Einfluss noch nicht so gravierend, dass die Beschreibung durch eine lineare Funktion abwegig würde. Das kann aber nicht für längerfristige Vorhersagen gelten: Wenn wie im Beispiel der Aufgabe 2 die Abnahme fortlaufend geringer wird, lässt sich der Datenverlauf nicht mehr linear beschreiben. Der Verlauf der Zahl der Verkehrstoten weist sicher künftig eine solche Verlaufsänderung auf, sonst müsste die Anzahl auf Null zurückgehen und sogar negativ werden. Für eine längerfristige Beschreibung eignet sich daher nur ein Modell, in welchem eine nicht-konstante Steigung berücksichtigt wird (z. B. eine gebrochen rationale oder Exponentialfunktion).

4. Zu einem Zeitpunkt liegt jeweils ein Messergebnis vor, das diesem eindeutig zugeordnet ist. Das ist auch das Charakteristikum einer Funktion.

5. a) Batterien: $b(t) = 6{,}90 \cdot t$;   Akkus: $a(t) = 0{,}50 \cdot t + 43{,}70$

    b) $G(t) = b(t) - a(t)$ bei t Stunden Fahrzeit, also pro Stunde $g(t) = \dfrac{G(t)}{t}$

    c) In a) ist die Verwendung der Akkus vorteilhafter, sobald der Graph von a unterhalb des Graphen von b verläuft (jenseits des Schnittpunkts der Graphen). Aus den Graphen von G und g erkennt man das, sobald die auftretenden Funktionswerte positiv werden (jenseits der gemeinsamen Nullstelle).

Der Schnittpunkt der Graphen von b und a ist $S\,(6{,}83\,|\,47{,}11)$. Ab 7 Stunden ist also die Benutzung der Akkus günstiger.

d) Würde Ferdinand sein Auto nur eine halbe Stunde fahren lassen, dann würden ihm dieselben Kosten entstehen wir für eine ganze. Daher lassen sich die Werte der betrachteten Funktionen für nicht-natürliche Zahlen nicht sinnvoll interpretieren.

6. a) $D_G = \mathbb{Q},\ D_g = \mathbb{Q}\setminus\{0\}$; sinnvolle Einschränkung: $D_G = \mathbb{N},\ D_g = \mathbb{N}\setminus\{0\}$

b) Die Angaben der verunglückten Personen beziehen sich jeweils auf ein Kalenderjahr. Als Definitionsbereich kommen alle Jahre in Betracht, in denen man von Straßenverkehr sprechen kann (die Existenz von Straßen und von auf diesen verkehrenden Fahrzeugen wird vorausgesetzt). Zwischenwerte lassen sich nicht deuten, denn der Wert z. B. nach einem halben Jahr entspricht nicht den anderen, die sich auf ganze Kalenderjahre beziehen.

7. f stimmt für $x \neq 0$ mit einer linearen Funktion überein, ist aber für $x = 0$ nicht definiert, während die entsprechende lineare Funktion $y = 2x + 1$ dort den Wert 1 besitzt.

Erläuterungen und Anregungen

Bei der Erstellung mathematischer Modelle für reale Vorgänge, deren Daten Jahreszahlen zugeordnet sind, bedarf es der Diskussion, wie ein geeignetes Koordinatensystem gewählt werden kann und welche Genauigkeit der Koeffizienten angebracht ist. Unterschiedliche Antworten hierzu sind möglich, sie hängen zum Teil von der jeweiligen Aufgabe ab.

Als Startzeitpunkt ($x = 0$) lassen sich je nach Auffassung der Daten etwa der Beginn einer Dekade oder eines Jahrhunderts wählen, aber auch das Jahr der ersten Angabe. Entsprechend den Abständen, in welchen die Daten vorliegen, lässt sich auch die Einheit (für die Variable x) unterschiedlich wählen. Vorteilhaft erscheint eine strikte Trennung der Bezeichnungen für die Zeit(punkte) t und für die Variable x zur mathematischen Beschreibung, deren Zusammenhang jeweils explizit angegeben werden sollte.

Auf die Frage der Genauigkeit für die Koeffizienten gibt die Berechnung mithilfe der Regressionsgeraden oft eine andere, theoriebedingte Antwort als unmittelbar durch die grafische Darstellung einsichtig: Warum sollen Steigung bzw. Absolutglied der Näherungsgeraden eher andere als ganze Zahlen sein, solange die Daten als ganze Zahlen vorliegen? Aber auch für die Schätzung einer geeigneten Näherungsgeraden muss geklärt werden, wie mit einer Steigung $\dfrac{200}{3}$ umgegangen werden soll, die auf einen unendlichen Dezimalbruch führt.

Die in Zeitungen reichlich vorhandenen Darstellungen von Werteverläufen als stückweise lineare Verbindung der Wertepaare betonen die Veränderung der Werte, ohne dass oft die grafisch entstandenen Zwischenwerte als (mögliche) Messwerte gedeutet werden könnten; im Gegensatz dazu ist das bei Darstellungen physikalischer Zusammenhänge meistens möglich. Die Aufgabe 8 regt die Diskussion hierzu an, sollte jedoch durch weiteres, aktuelles Material ergänzt werden.

Zur Reflexion über die Wahl der Zeit-Koordinate seien kurze historische Hinweise angefügt: Es ist Aristoteles (384 – 322 v. Chr.), der als erster die Zeit als Möglichkeit versteht, Veränderungen zu beschreiben: „Zeit ist die Zahl des Prozesses hinsichtlich des Früher oder Später" (Aristoteles, Physik IV). Im hier betrachteten Sinne ist es also seit Aristoteles möglich, den Ursprung des Koordinatensystems bezüglich der Zeit auf einen beliebig gewählten Zeitpunkt zu legen und von hier aus zu messen. Vor ihm wurde die Zeit als kosmologisch angesehen, ein Zeitpunkt wie ein Prozess (Veränderung, Bewegung) in die kosmische Zeit des Werdens und Vergehens eingebettet. „Ein bewegtes Bild der Ewigkeit beschließt er zu machen und bildet ... von der beharrenden Ewigkeit ein nach der Vielheit der Zahl sich vorbewegendes dauerndes Abbild, eben das, was wir Zeit genannt haben. Nämlich Tage, Nächte, Monate und Jahre" (Platon, Timaios 37). Die kreisförmige Bewegung, die das beharrend Ewige abbildet, geht bei Aristoteles über in die Möglichkeit der Zeitmessung, legt durch ihre Wiederholung ein Maß fest, mit welchem man die Dauer von Prozessen vergleichen kann. Die Zeit selber fasst Aristoteles als Beschreibung zielgerichteter, irreversibler Prozesse auf. Erst bei Newton (1642 – 1727) wird sie zu einer absoluten, von allem, was in ihr geschieht, abgelösten Größe: „Die absolute, wahre mathematische Zeit fließt gleichmäßig an sich und ihrer Natur nach, ohne Beziehung auf irgendetwas Äußerliches" (Newton, Principia).

Anwendungen linearer Funktionen

Lösungen der Aufgaben auf den Seiten 198 bis 201

AUFGABE (Randspalte S. 198): Funktionsgleichung: $V = f(t) = 22 - 2t$ (t: Zeit in h; V: Wasservolumen in m³). $D = \{t \in \mathbb{Q}\,|\,0 \leq t \leq 11\}$; $W = \{V \in \mathbb{Q}\,|\,0 \leq V \leq 22\}$. Nach 3 Stunden enthält der Pool noch 16 m³ Wasser.

2. a) $P = p \cdot s + g$

b)

s in km	3	10	20
P in €	4,45	10,40	18,90

c) Für 25 € kann man etwa 27 km weit fahren.

d) Gesamtkosten: 14,65 €; Christina: 5,86 € für 10 km; Doris: 8,79 € für 15 km

Lineare Funktionen und lineare Gleichungssysteme — Schulbuchseiten 198 bis 200

3. a) x: Volumen des Heliums in m^3
   y: Gewicht des Zeppelins in kp
   y_G: Gewicht des Gerüstes ohne Helium in kp
   Der Proportionalitätsfaktor 1,11 hat die Einheit kp/m^3.
   c) $1667\ m^3$ e) maximal 2600 kg

4. a) 22 km/h
   b)
t in min	5	10	15	20	25	30	35	40	45
s in km	127,6	129,5	131,3	133,1	135,0	136,8	138,6	140,5	142,3

   d) $s = \dfrac{22}{60} t + 125{,}8$ (t in min, s in km)   e) nach 38 min 44 s

5. a) $y = 0{,}06 \cdot x + 12{,}30$
   b)
x	100	200	300	400	500
y in €	18,30	24,30	30,30	36,30	42,30

   d) 1125 Einheiten   e) bis zu 229 Einheiten

6. a) Benzin: $y_B = 0{,}10 \cdot x + 196{,}00$;
   Diesel: $y_D = 0{,}07 \cdot x + 239{,}50$ (x: Fahrstrecke in km)
   b)
x in km	500	1000	1500
y_B in €	246,00	296,00	346,00
y_D in €	274,50	309,50	344,50

   c) Schnittpunkt: gleiche Kosten von 341,00 € bei 1450 km   d) ab 17400 km

NACHGEDACHT (Randspalte S. 199): Die Autozeitschrift versteht unter Festkosten eines Fahrzeuges die Summe aus Steuern, Versicherungen, Abschreibungsbetrag, entgangenem Kapitalzins und etwaiger Garagen- oder Parkplatzmiete.

7. a), b) siehe Abbildung
   c) Begegnung nach 23 min, also um 7.53 Uhr
   PKW: noch 34,3 km
   LKW: noch 45,7 km
   d) PKW: $s_1 = 120t$ (t in h, s in km)
   LKW: $s_2 = -90t + 80$
   Das Vorzeichen von v gibt die Fahrtrichtung an.

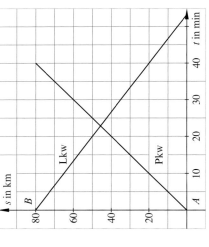

Lineare Funktionen und lineare Gleichungssysteme — Schulbuchseiten 200 bis 201

8. a) Haushalte: $P_H = 0{,}112 \cdot x + 40{,}94$; Gewerbe: $P_G = 0{,}156 \cdot x + 71{,}90$
   (x: Anzahl der Kilowattstunden; y: Zahlenwert des Preises in €)
   b) 194,38 €   c) 1436,90 €
   d) Familie Schulz: 225,48 €; Autowerkstatt: 1666,80 €

9. a) 1 °C je 33 m Tiefe
   b) $y = \dfrac{1}{33} x + 20$ (x: Tiefe in m; y: Zahlenwert der Celsiustemperatur)
   In einem 250 m tiefen Schacht beträgt die Bodentemperatur 27,6 °C.
   c) im Vulkangebiet: 45 °C; anderenorts: 22,5 °C
   d) Sina hat Unrecht: Im Lexikon ist von verschiedenen Stellen der Erdoberfläche die Rede. Die Linearität meint aber den Temperaturanstieg an ein und demselben Punkt der Erdoberfläche.
   e) Bei einem Erdradius von 6378 km am Äquator ergibt sich daraus eine durchschnittliche Temperaturzunahme von etwa 0,94 °C pro Kilometer.

10. a)
t in s	0	1	2	3	4	5	6	8	10	12	14	15
h in cm	50	46,8	43,6	40,4	37,2	30,8	24,4	18	11,6	5,2	2

    b) siehe Abbildung
    c) nach 15,6 s
    d) $h = 50 - 3{,}2t$; $0\ s \leq t \leq 15{,}6\ s$
    e)
t in s	1,5	2,5	5,5
h in cm	45,2	42	32,4

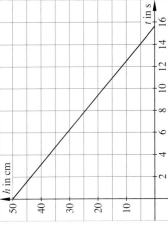

11. a)
x in °C	–50	0	37,8	100
y in °F	–58	32	100	212

    c) 77 °F: 25 °C; 50 °F: 10 °C; Abkühlung um 15 Grad

12. b) $y = 0{,}8x + 28$ (x: Volumen in cm^3; y: Masse in g)
    c) $m = 68$ g
    d) Die Steigung entspricht der Dichte: 0,8 g/cm^3.
    Die Schnittstelle mit der y-Achse entspricht der Leermasse des Glases: 28 g.
    e) etwa 1,2 kg
    f) ja, weil $V = 2{,}875\ l < 3\ l$

Lineare Gleichungen mit zwei Variablen

Lösungen der Aufgaben auf den Seiten 202 bis 205

1. a) Sei c der Preis einer Dose Cola und p der Preis einer Pizza. Dann gilt:
$20c + 3p = 28,50$ €. Diese Gleichung hat mehrere Lösungen, z. B.
$c = 0,75$ €; $p = 4,50$ € oder $c = 0,60$ €; $p = 5,50$ €.
   b) Sei H die Masse eines Hasen und W die Masse des Wolfes. Dann gilt:
$4H = W + H \Rightarrow W = 3H$. Der Wolf ist so schwer wie drei Hasen.

2. x: Anzahl der 5-Cent-Münzen; y: Anzahl der 10-Cent-Münzen

x	1	3	5	7
y	4	3	2	1

3. b) Die Innenmaße des U-Eisens seien b und h. Für den Umfang u des Querschnitts gilt dann: $u = 2b + 4h + 12$ cm $= 90$ cm $\Rightarrow 2b + 4h = 78$ cm $\Rightarrow b + 2h = 39$ cm.
Diese Gleichung ist z. B. erfüllt für $b = 25$ cm, $h = 7$ cm und für $b = 15$ cm, $h = 12$ cm. Einige rechnerisch mögliche Lösungen (z. B. $b = 1$ cm, $h = 19$ cm) sind für das U-Eisen nicht akzeptabel.

4. a) Aufgabe 2: $5x + 10y = 45$ oder $x + 2y = 9$
   Aufgabe 3: $2b + 4h = 78$ oder $b + 2h = 39$
   b) Aufgabe 1 a: $20c + 3p = 28,50$
      Aufgabe 1 b: $4H = W + H$ oder $W = 3H$

5. Aufgabe 2: Variablengrundbereich $\mathbb{N}$
   Aufgabe 3: Variablengrundbereich für b: $\{b \in \mathbb{Q}^+ \mid 2 \leq b \leq 35\}$;
   Variablengrundbereich für h: $\{h \in \mathbb{Q}^+ \mid 2 \leq h \leq 18,5\}$
   (Abweichende Lösungen sind möglich.)

6. a) $s + 1,2k = 14$; $s, k \in \mathbb{N}$
   (s: Anzahl der Salzstangenpäckchen; k: Anzahl der Kartoffelchipstüten)
   b) $x - y = 10$; $x, y \in \mathbb{Q}$
   c) $x + y = 7$; $x \in \{1, 2, 3, ..., 9\}$; $y \in \{0, 1, 2, ..., 9\}$

8. $2x + 2y = 12$ oder $x + y = 6$

x in cm	0,5	1	1,5	2	2,5	3	3,5	4	4,5	1	0,5
y in cm	5,5	5	4,5	4	3,5	3	2,5	2	1,5	5	5,5

Die Punkte $(x \mid y)$ liegen auf einer Geraden.

9. b) Die Punkte auf der Geraden durch $P(2 \mid 7)$ und $Q(5 \mid 5)$ liefern weitere Lösungen.
   c) Alle Zahlenpaare, die die Gleichung $x \cdot 0{,}40 + y \cdot 0{,}60 = 5$ erfüllen, liegen auf der genannten Geraden, denn sie erfüllen auch die Geradengleichung $y = -\frac{2}{3}x + \frac{25}{3}$.

10. siehe nebenstehende Abbildung

11. $2x + 12 = 4 \cdot (\frac{1}{2}y - 5) \Rightarrow y = x + 16$

x	11	12	13
y	27	28	29

12. a) $7x + 5y = 35$
    b) $11b + 8h = 88$
    c) $s = 3t$

13. a) $0{,}3x + 0{,}1y = 4{,}5$
       (x: Anzahl der Apfelsinen,
       y: Anzahl der Mandarinen)
       oder $0{,}1x + 0{,}3y = 4{,}5$
       (x: Anzahl der Mandarinen,
       y: Anzahl der Apfelsinen).
    b) Es ergeben sich die Geraden
       $y = -3x + 45$ und $y = -\frac{1}{3}x + 15$.
       Die beiden Geraden gehen durch Spiegelung an der Geraden $y = x$ auseinander hervor und schneiden sich im Punkt $S(11{,}25 \mid 11{,}25)$.

14. $y = 300x + 360$; $x = \dfrac{y - 360}{300}$ (x: Zeit in Minuten; y: Tankinhalt in Liter)

y in l	1800	2700	4500	5000
x in min	4,8 (4:48)	7,8 (7:48)	13,8 (13:48)	15,5 (15:28)

15. Die Kerze ist anfangs 20 cm lang und wird je Stunde um 0,6 cm kürzer.
    Schnittpunkte der Geraden mit den Koordinatenachsen:
    $S_1(33{,}3 \mid 0)$: Die Kerze hat eine Brenndauer von etwa 33 Stunden.
    $S_2(0 \mid 20)$: Die Kerze ist vor dem Anzünden 20 cm lang.

AUFGABE (Randspalte S. 204): $y = mx + n$ ist äquivalent zu $(-m) \cdot x + 1 \cdot y = n$.

16. $y = 0{,}95x + 23{,}50$ (x: getankte Benzinmenge in Liter; y: Gesamtpreis in Euro)
    Normalform: $-0{,}95x + y = 23{,}50$

17. a) lineare Gleichung (lässt sich umformen zu $4x - 5y = 19$)
    b) keine lineare Gleichung (Auflösen der Klammern ergibt $2xy - 2x = 4$)
    c) lineare Gleichung (lässt sich umformen zu $\frac{17}{12}x - \frac{9}{20}y = 0$)
    d) lineare Gleichung (lässt sich umformen zu $0{,}5x - y = 0{,}5$)
    e) lineare Gleichung (lässt sich umformen zu $6{,}8x - 8y = 12$)
    f) keine lineare Gleichung

18. a) $L = \{(x|y) \mid x \in \mathbb{Q}; \ y = -1,5x + 2,5\}$
    b) $c = 0: \ 3x + 2y = 0; \ L = \{(x|y) \mid x, y \in \mathbb{Q}; \ y = -1,5x\}$
       Die Gerade verläuft parallel zur Geraden aus a) durch den Koordinatenursprung.
       $b = 0: \ 3x = 5; \ L = \{(\tfrac{5}{3}|y) \mid y \in \mathbb{Q}\}$
       Die Gerade verläuft senkrecht zur x-Achse durch den Punkt $(\tfrac{5}{3}|0)$.
       $a = 0: \ 2y = 5; \ L = \{(x|2,5) \mid x \in \mathbb{Q}\}$
       Die Gerade verläuft parallel zur x-Achse durch den Punkt $(0|2,5)$.
    c) $a = c = 0: \ 2y = 0; \ L = \{(x|0) \mid x \in \mathbb{Q}\}$
       Die Gerade fällt mit der x-Achse zusammen.
       $b = c = 0: \ 3x = 0; \ L = \{(0|y) \mid y \in \mathbb{Q}\}$
       Die Gerade fällt mit der y-Achse zusammen.
       $a = b = 0: \ 0 = 5; \ L = \emptyset$
    d) Die Gleichung $0x + 0y = 0$ wird von allen Punkten der Koordinatenebene erfüllt.
       Kein Punkt des Koordinatensystems erfüllt diese Gleichung.
19. Oberes Bild: rot: $0x + y = 1$;   blau: $4x - 5y = 10$;   grün: $x + 2y = 12$
    Unteres Bild: rot: $-x + 5y = 10$;   blau: $x + 3y = 12$;   grün: $x + 0y = 10$
20. a) wahr
    b) falsch (Gegenbeispiel: $x + 0y = 2$)
    c) wahr
    d) falsch (Gegenbeispiel: $3x + 4y = 0$)
    e) falsch (Gegenbeispiel: $x - y = 1$ hat unendlich viele Lösungen mit $x, y \in \mathbb{N}$.)
    f) wahr

Erläuterungen und Anregungen

Dieser Abschnitt entwickelt mithilfe der grafischen Darstellung den Zusammenhang zwischen linearen Funktionen, linearen Gleichungen und ihren Lösungsmengen.
Im Unterschied zu der Sichtweise linearer Funktionen, bei der die zweite Variable als von der ersten abhängig aufgefasst wird, treten bei linearen Gleichungen beide Variablen gleichrangig auf. In der Lösungsmenge einer linearen Gleichung wird die auch hier bestehende Abhängigkeit zwischen den beiden Variablen deutlich: Lösungen können nur Zahlenpaare sein.
Hier besteht die Gelegenheit, an die Darstellung von Funktionen durch Zahlenpaare (Wertetabelle) zu erinnern oder die mengentheoretische Definition von linearen Funktionen in der Form $\mathbb{Q} \to \mathbb{Q}: \{(x|y) \mid x \in \mathbb{Q} \land y \in \mathbb{Q} \land y = mx + n\}$ mit $m \neq 0$ einzuführen.

Wenn die Lösungsmenge einer linearen Gleichung mit zwei Variablen grafisch dargestellt wird, zeigt sich einerseits die Gleichrangigkeit der Variablen bei der Wahl der Achsenbezeichnungen im Koordinatensystem (Aufgaben 13, 14). Andererseits legt die Lage der Lösungspaare die Beschreibung durch eine lineare Funktion nahe, beim Einsatz des grafikfähigen Taschenrechners ist die Darstellung der Lösungsmenge sogar nur mithilfe einer Funktionsgleichung möglich. Damit bedarf es der Diskussion, inwieweit sich lineare Gleichungen (in allgemeiner Form) in die Normalform einer linearen Funktion umformen lassen. Dies geschieht durch Schüleraktivitäten (Aufgabe 18); alternativ lässt sich die Untersuchung auch rein algebraisch vornehmen und anschließend geometrisch deuten.

Lineare Gleichungssysteme mit zwei Variablen

Lösungen der Aufgaben auf den Seiten 206 bis 209

1. e: Preis einer Karte für Erwachsene; k: Preis einer Karte für Kinder
   $e + 4k = 44; \ 3e + k = 44 \Rightarrow e = 12; \ k = 8$
2. c: Preis für ein Glas Cola in €; m: Preis für einen Müsli-Riegel in €
   $5c + 9m = 7,20; \ 3c + 2m = 2c + 5m$
   Normalform: (1) $m = -\tfrac{5}{9}c + 0,80;$ (2) $m = \tfrac{1}{3}c$
   oder   (1a) $c = -1,8m + 7,20;$ (2a) $c = 3m$
   Mögliche Paare $(c|m)$ zu (1): z. B. $(0,54 | 0,50); \ (0,72 | 0,40); \ (0,90 | 0,30)$
   Mögliche Paare $(c|m)$ zu (2): z. B. $(1,50 | 0,50); \ (1,20 | 0,40); \ (0,90 | 0,30)$
   Die richtigen Preise müssen (1) und (2) erfüllen.
   Ein Glas Cola kostet 0,90 €, ein Müsli-Riegel 0,30 €.
3. $2a + c = 10$ cm; $a = 3c \Rightarrow 7c = 10$ cm $\Rightarrow c \approx 1,43$ cm; $a \approx 4,29$ cm
4. m: Anzahl der Milchbrötchen; k: Anzahl der Körnerbrötchen
   $m + k = 25; \ 20m + 30k = 660 \Rightarrow m = 9; \ k = 16$
   Jana kaufte 9 Milchbrötchen und 16 Körnerbrötchen.
5. C: Alter von Clara in Jahren; F: Alter von Florian in Jahren
   $F = 3(C-3); \ F - 2 = 2(C-2) \Rightarrow F = 3C - 9; \ F = 2C - 2 \Rightarrow C = 7; \ F = 12$
   Clara ist 7 Jahre und Florian 12 Jahre alt.
   Die Koordinaten des Schnittpunktes der beiden Geraden bilden die Lösung des Gleichungssystems.

Lineare Funktionen und lineare Gleichungssysteme

7. a) $g_1: y = -\frac{1}{2}x + 5$; $g_2: y = \frac{5}{4}x - 2$;   Lösung: $x = 4$; $y = 3$

b) $g_1: y = \frac{3}{5}x$; $g_2: y = \frac{5}{7}x - \frac{2}{7}$;   Lösung: $x = \frac{5}{2}$; $y = \frac{3}{2}$

c) $g_1: y = -\frac{2}{3}x + \frac{5}{3}$; $g_2: y = \frac{1}{2}x + 4$;   Lösung: $x = -2$; $y = 3$

d) $g_1: y = -\frac{3}{2}x + 9$; $g_2: y = \frac{7}{4}x - \frac{3}{4}$;   Lösung: $x = 3$; $y = \frac{9}{2}$

e) $g_1: y = \frac{1}{3}x + \frac{2}{3}$; $g_2: y = \frac{11}{19}x - \frac{6}{19}$;   Lösung: $x = 4$; $y = 2$

f) $g_1: y = x - 2$; $g_2: y = -\frac{5}{7}x + \frac{4}{7}$;   Lösung: $x = \frac{3}{2}$; $y = -\frac{1}{2}$

8. a) $g_1: y = -\frac{3}{2}x + \frac{9}{2}$; $g_2: y = \frac{1}{2}x + \frac{1}{2}$

b) Schnittpunkt: $S(2\,|\,\frac{3}{2})$

11. a) $x + y = 5$
    $3x - 2y = 0$

b) $x - 6y = 2$
   $2x - 18y = 1$

c) $-3x + y = -2$
   $-2x + 5y = 41$

d) $4x + 5y = -1$
   $-4x + 10y = 7$

12. Geradengleichungen:

$g: \ y = -\frac{5}{8}x + 5$

$g_1: \ y = -\frac{1}{8}x + 3$

$g_2: \ y = -\frac{1}{2}x + 3$

$g_3: \ y = -\frac{5}{8}x + 3$

Schnittpunkte:
g und g_1: $S_1(4\,|\,2{,}5)$
g und g_2: $S_2(16\,|\,-5)$
g und g_3 sind zueinander parallel.

13. a) $L = \{(1{,}2\,|\,2{,}2)\}$

b) $L = \{(x\,|\,-1{,}5x + 4)\,|\,x \in \mathbb{Q}\}$

c) $L = \emptyset$

14. Die Lösung des Gleichungssystems $x + y = 13$; $x - y = 4$ für $x, y \in \mathbb{Q}$ ist $x = 8{,}5 \notin \mathbb{N}$, $y = 4{,}5 \notin \mathbb{N}$. Es ist deshalb nicht möglich, bei diesem Spiel zu gewinnen.

15. Es ist möglich, dass beide Gleichungen dieselbe Gerade beschreiben.

---

16. a) $g_1: y = -3x - 4$; $g_2: y = -\frac{3}{8}x - \frac{1}{2}$; $L = \{(-\frac{4}{3}\,|\,0)\}$
   (genau eine Lösung)

b) $g_1: y = \frac{3}{4}x - \frac{5}{4}$; $g_2: y = \frac{3}{4}x - \frac{5}{4}$; $L = \{(x\,|\,\frac{3}{4}x - \frac{5}{4})\,|\,x \in \mathbb{Q}\}$
   (unendlich viele Lösungen)

c) $g_1: y = -\frac{3}{2}x + \frac{9}{4}$; $g_2: y = \frac{3}{4}x - \frac{1}{2}$; $L = \emptyset$
   (keine Lösung)

d) $g_1: y = \frac{1}{3}x - \frac{2}{3}$; $g_2: y = \frac{1}{3}x - \frac{2}{3}$; $L = \{(x\,|\,\frac{1}{3}x - \frac{2}{3})\,|\,x \in \mathbb{Q}\}$
   (unendlich viele Lösungen)

17. $g_1: y = m_1 x + n_1$; $g_2: y = m_2 x + n_2$

Für $m_1 \neq m_2$ besitzt das Gleichungssystem genau eine Lösung.
Für $m_1 = m_2$ und $n_1 \neq n_2$ besitzt das Gleichungssystem keine Lösung.
Für $m_1 = m_2$ und $n_1 = n_2$ besitzt das Gleichungssystem unendlich viele Lösungen.

18. a) keine Lösung   b) keine Lösung   c) unendlich viele Lösungen
    d) genau eine Lösung   e) genau eine Lösung   f) genau eine Lösung
    g) genau eine Lösung   h) keine Lösung   i) keine Lösung

19. Sei jeweils a die einzusetzende Zahl.
a) genau eine Lösung: nicht möglich, da die zugehörigen Geraden Parallelen sind;
   keine Lösung für $a \neq 12$; unendlich viele Lösungen für $a = 12$
b) keine Lösung: nicht möglich, da $(0\,|\,-2)$ stets Lösung beider Gleichungen ist;
   genau eine Lösung für $a \neq -4$; unendlich viele Lösungen für $a = -4$
c) keine Lösung: nicht möglich, da $(3\,|\,0)$ stets Lösung beider Gleichungen ist;
   genau eine Lösung für $a \neq -6$; unendlich viele Lösungen für $a = -6$
d) genau eine Lösung für beliebiges a, da die beiden Geraden sich stets schneiden

ZUM KNOBELN (Randspalte S. 209):
Tim ist viermal so schnell gefahren wie gelaufen.

AUFGABEN ZUR WIEDERHOLUNG

1. a) $x = 9$ b) $x = \frac{128}{7}$ c) $x = 6$ d) $x = -13$
   e) $x = \frac{4}{9}$ f) $x = -\frac{1}{3}$ g) $x = 5$ h) $x = 1$

2. a) $x = -1$ b) $y = -3$ c) $x = -\frac{37}{13}$ d) $x = \frac{63}{290}$

3. a) $L = \{x \in \mathbb{Q} \mid x > \frac{1}{3}\}$ b) $L = \{x \in \mathbb{Q} \mid x < 2{,}5\}$
   c) $L = \{x \in \mathbb{Q} \mid x > 5\}$ d) $L = \{x \in \mathbb{Q} \mid x < -3\}$
   e) $L = \{x \in \mathbb{Q} \mid x > -3\}$ f) $L = \{x \in \mathbb{Q} \mid x > 2{,}5\}$
   g) $L = \{x \in \mathbb{Q} \mid x > 5{,}5\}$ h) $L = \{x \in \mathbb{Q} \mid x < \frac{17}{3}\}$

4. Bezeichnungen: G: Variablengrundbereich; L: Lösungsmenge.
   a) $G = \mathbb{Q} \setminus \{2\}$; $L = \{x \in \mathbb{Q} \mid x < -1 \text{ oder } x > 2\}$
   b) $G = \mathbb{Q} \setminus \{-3\}$; $L = \{y \in \mathbb{Q} \mid y < -11 \text{ oder } y > -3\}$
   c) $G = \mathbb{Q} \setminus \{-4\}$; $L = \{z \in \mathbb{Q} \mid z > -4\}$

Erläuterungen und Anregungen

Entsprechend der Vorbereitung im vorausgehenden Abschnitt zielt diese Lerneinheit auf das grafische Lösen eines linearen Gleichungssystems ab. Soweit sich aus den beteiligten Gleichungen Funktionsgleichungen bilden lassen – nur diese Situation wird betrachtet, allein Aufgabe 18 bereitet die weiteren Möglichkeiten vor –, wird die Lösungsmenge des Gleichungssystems durch die gemeinsamen Punkte der zugehörigen Geraden dargestellt. Die Mächtigkeit der Lösungsmenge lässt sich mithilfe der Normalform der Funktionsgleichung unmittelbar bestimmen (Aufgaben 13 bis 18).

Im Falle der eindeutigen Lösbarkeit des Gleichungssystems bedingt die Zeichenungenauigkeit, die abgelesene Lösung durch eine Probe zu verifizieren. Aufgaben, deren Lösung nicht präzise durch eine Zeichnung zu ermitteln ist, können zur Motivation rechnerischer Lösungsverfahren dienen.

Empfehlenswert ist ein breiter Einsatz des grafikfähigen Taschenrechners (GTR) in diesem Abschnitt. Die TRACE-Funktion liefert in der Regel nur Näherungswerte für die Koordinaten des Schnittpunktes der Geraden; die Lösung muss „geraten" werden, was eine Probe zwingend notwendig macht. Die grafische Lösung des Gleichungssystems mit dem GTR (ISECT) bietet Möglichkeiten zu üben, in der Dezimaldarstellung Bruchzahlen wiederzuerkennen. Darüber hinaus eignet sich die Arbeit mit dem GTR dazu, bei den Schülerinnen und Schülern die Vorstellung über den Verlauf der Graphen linearer Funktionen zu festigen. Da bei entsprechender Wahl der Parameter die Graphen im Standardgrafikfenster nicht oder nur sehr unvollständig sichtbar sind, lassen sich Übungen aus den Werten der Steigungen die Lage des Schnittpunktes näherungsweise abzuschätzen; damit erhält man Koordinaten für ein geeignetes Grafikfenster, um den Schnittpunkt darzustellen und zu bestimmen. Die besondere Anschaulichkeit des grafischen Lösungsverfahrens sollte genutzt werden, um ausformulierte Darstellungen mathematischer Zusammenhänge zu üben (Aufg. 20).

Das Gleichsetzungs- und das Einsetzungsverfahren

Lösungen der Aufgaben auf den Seiten 210 bis 213

1. a) siehe Abbildung
   b) Lösung: $x = 18$; $y = 900$
   Mark und Sebastian treffen sich nach 18 Minuten wieder, und zwar 900 m vom Startpunkt entfernt.
   c) $50x = 60x - 180$
   $180 = 10x \Rightarrow x = 18$
   $y = 50x = 900$

AUFGABE (Randspalte S. 210):
$50 \frac{m}{min} = 3 \frac{km}{h}$; $60 \frac{m}{min} = 3{,}6 \frac{km}{h}$
Diese Wandergeschwindigkeiten sind im Gebirge durchaus realistisch.

2. a) $S(2 \mid -1)$ b) $S(31 \mid 119)$

3. a) $x = 2{,}8$; $y = 14{,}6$ b) $x = \frac{10}{3}$; $y = -44$ c) $x = 11$; $y = -3$
   d) $x = 3{,}25$; $y = 3$ e) $x = 3$; $y = -5$ f) $x = \frac{83}{110}$; $y = -\frac{13}{55}$
   g) $L = \emptyset$ h) $x = 1{,}25$; $y = 0{,}75$

4. a) $x = -\frac{2}{3}$; $y = -\frac{28}{9}$ b) $x = -9$; $y = 23$ c) $x = \frac{96}{7}$; $y = \frac{19}{14}$

5. a) r: Anzahl der roten Kugeln; g: Anzahl der grünen Kugeln
   $r = g + 23$; $r = 2g - 11 \Rightarrow g + 23 = 2g - 11 \Rightarrow g = 34$; $r = 57$
   Es sind 57 rote und 34 grüne Kugeln.
   b) $6 \cdot (x + 5) = 4x + 20 \Rightarrow x = -5$. Die gedachte Zahl ist -5.

6. a) Brandenburg – Raststätte Ziesar: 25 km
   Brandenburg – Magdeburg-Zentrum: 74 km
   b) Sei s die vom Pkw von Brandenburg bis zur Begegnung mit dem Lkw zurückgelegte Strecke in Kilometern und t die hierfür benötigte Zeit in Stunden. Dann gilt: $s = 120t$; $s = 80t + 25 \Rightarrow 120t = 80t + 25 \Rightarrow t = 0{,}625$; $s = 75$
   Nach dieser Rechnung würden sich die Fahrzeuge einen Kilometer nach der Abfahrt Magdeburg-Zentrum treffen, und zwar nach 37,5 Minuten.

Aufgrund möglicher Mess- und Rundungsfehler und hieraus resultierender unterschiedlicher Angaben in verschiedenen Autoatlanten kann man aber auch zu anderen Ergebnissen kommen. Setzt man beispielsweise die Entfernung Brandenburg – Raststätte Ziesar mit 24,5 km statt 25 km an, dann erhält man $t = 0{,}6125$ und $s = 73{,}5$. Die beiden Fahrzeuge würden sich also schon 500 m vor der Abfahrt Magdeburg-Zentrum treffen. Es lässt sich also nicht eindeutig voraussagen, ob der Pkw den Lkw vor oder nach der Anschlussstelle Magdeburg-Zentrum einholt.

c) $s = 120t$; $s = 25 - 80t$ $\Rightarrow$ $120t = 25 - 80t$ $\Rightarrow$ $t = 0{,}125$; $s = 15$
Die Fahrzeuge treffen sich nach etwa 7,5 Minuten und sind dann ca. 15 km von Brandenburg entfernt.

7. Meike hat zwar korrekt gerechnet, aber nicht beachtet, dass das Gleichsetzungsverfahren auf eine Gleichung mit einer Variablen führen soll. Vor dem Gleichsetzen müssen die beiden Gleichungen nach einer der beiden Variablen oder einem Vielfachen davon aufgelöst werden, z. B. so:

$4x = 6y + 10$; $4x = -2y + 5$ $\Rightarrow$ $6y + 10 = -2y + 5$ $\Rightarrow$ $8y = -5$ $\Rightarrow$ $y = -\frac{5}{8}$; $x = \frac{25}{16}$

8. a) Falls ein Schnittpunkt existiert, müssen dessen Koordinaten beide Geradengleichungen erfüllen. Die beiden Gleichungen werden auf Normalform gebracht, also nach y aufgelöst. Anschließend lässt sich das Gleichsetzungsverfahren anwenden, um eine Gleichung zu erhalten, die nur noch die Variable x enthält.

b) Aus der Normalform der Geradengleichungen lassen sich die Anstiege der beiden Geraden leicht ablesen. Sind diese unterschiedlich, dann schneiden sich die beiden Geraden in genau einem Punkt und das Gleichungssystem hat genau eine Lösung. Bei gleichem Anstieg und unterschiedlichen Absolutgliedern sind die beiden Geraden zueinander parallel, die Lösungsmenge des Gleichungssystems ist leer. Stimmen Anstieg und Absolutglied überein, dann sind die beiden Geraden identisch und das Gleichungssystem besitzt unendlich viele Lösungen.

9. Der Term für y aus (I) kann in (II) eingesetzt werden:
$11x + 3(10x - 25) = 48$ $\Rightarrow$ $41x = 123$ $\Rightarrow$ $x = 3$; $y = 5$
Oder man wendet das Gleichsetzungsverfahren folgendermaßen an:
$3y = 30x - 75$; $3y = 48 - 11x$ $\Rightarrow$ $30x - 75 = 48 - 11x$ $\Rightarrow$ $41x = 123$ $\Rightarrow$ $x = 3$; $y = 5$

10. a) $x = 2$; $y = -3$ b) $x = -7{,}2$; $y = 2{,}6$ c) $x = 3$; $y = -2$
d) $x = -\frac{6}{7}$; $y = -\frac{34}{7}$ e) $x = 3$; $y = -2$ f) $x = \frac{17}{7}$; $y = \frac{2}{7}$
g) $x = \frac{14}{29}$; $y = -\frac{6}{29}$ h) $L = \{(x \mid -2x + \frac{2}{3}) \mid x \in \mathbb{Q}\}$ i) $x = -\frac{5}{54}$; $y = \frac{55}{36}$

11. a) Sven könnte sich darüber wundern, dass nach dem Einsetzen beide Variablen verschwinden ($12 = 12$). Das Gleichungssystem besitzt unendlich viele Lösungen.
b) (I) $x + y = 0$; (II) $x + y = 1$; es ergibt sich $0 = 1$.
c) Wenn eine Gleichung in die andere umgeformt werden kann, dann beschreiben beide Gleichungen dieselbe Gerade. Die Koordinatenpaare aller Punkte dieser Geraden sind Lösungen des Gleichungssystems. (Es muss hierbei jedoch vorausgesetzt werden, dass die Koeffizienten der beiden Variablen nicht alle Null sind.)

AUFGABE (Randspalte S. 212): z. B. $(-4 \mid 9)$; $(-1 \mid 5)$; $(2 \mid 1)$; $(5 \mid -3)$; $(8 \mid -7)$

12. E: Alter von Tante Elsa; F: Alter von Ferdinand
$E = 4F$; $E - 4 = 6(F - 5)$ $\Rightarrow$ $4F - 4 = 6F - 30$ $\Rightarrow$ $F = 13$; $E = 52$
Tante Elsa ist jetzt 52 Jahre alt, Ferdinand 13 Jahre.

14. a) $x + y = 999$; $x - y = 333$ $\Rightarrow$ $x = 666$
b) $x + y = 100$; $x - y = 200$ $\Rightarrow$ $x = 150$; $y = -50$
c) Sei g die Anzahl der Gewinne und n die Anzahl der Nieten. Dann ergibt sich:
$n = 2g$; $n + g = 10$ $\Rightarrow$ $3g = 10$ $\Rightarrow$ $g = \frac{10}{3} \notin \mathbb{N}$
Wenn es nur Nieten und Gewinne gab, können Dörtes Aussagen nicht stimmen.

15. a) Peter muss nachweisen, dass die Gleichungen im Widerspruch zueinander stehen oder dass sie zwei zueinander parallele, nicht identische Geraden beschreiben.
b) Das Gleichungssystem besitzt unendlich viele Lösungen. Es beschreibt eine Gerade durch die Punkte $P(3 \mid 8)$ und $Q(5 \mid 10)$, also die Gerade $y = x + 5$. Beide Gleichungen des Systems müssen also zu $y = x + 5$ äquivalent sein.

16. a) $x = -\frac{65}{17}$; $y = -\frac{107}{17}$ b) $x = \frac{13}{16}$; $y = -\frac{9}{8}$ c) $x = \frac{11}{5a}$; $y = \frac{1}{5}$
d) $x = \frac{3}{7}$; $y = -\frac{51}{7}$ e) $x = 2{,}75$; $y = -4$ f) $x = -a - 10b$; $y = -a - 8b$
g) Aufgabe c): $L = \emptyset$; Aufgabe f): $L = \{(0 \mid 0)\}$

ZUM KNOBELN (Randspalte S. 213):
Da nicht gesagt wird, ob die Differenz der Zahlen x und y durch $x - y$ oder $y - x$ beschrieben werden soll, entstehen zwei verschiedene lineare Gleichungssysteme:
(1) $3x = y - 5$; $x - y = 4$ mit der eindeutigen Lösung $x = -4{,}5$; $y = -8{,}5$;
(2) $3x = y - 5$; $y - x = 4$ mit der eindeutigen Lösung $x = -0{,}5$; $y = 3{,}5$.

AUFGABEN ZUR WIEDERHOLUNG

1. Strecke $\overline{BC} = a$ zeichnen und in B an a den Winkel β antragen. Anschließend um den Punkt C einen Kreisbogen mit dem Radius b zeichnen. Dieser schneidet den zweiten Schenkel von β im Punkt A.

2. Strecke $\overline{AB} = c$ zeichnen und in A an c den Winkel α antragen. Anschließend um B einen Kreisbogen mit dem Radius a zeichnen. Dieser schneidet den zweiten Schenkel von α in den Punkten C_1 und C_2. Die Dreiecke ABC_1 und ABC_2 sind die Lösungen der Aufgabe.

3. a), c) Die Dreiecke existieren, denn die Dreiecksungleichung ist erfüllt.
b) Ein solches Dreieck existiert nicht, denn es ist $a + b < c$.

4. Strecke $\overline{AB} = c$ zeichnen und in A an c den Winkel α antragen. Der zweite Schenkel von α schneidet die zu c parallele Gerade mit dem Abstand h_c im Punkt C.
$a \approx 3{,}86$ cm; $b \approx 4{,}36$ cm;
$\beta \approx 46{,}4°$; $\gamma \approx 93{,}6°$

5. Fehler: Verwendung eines nicht gegebenen Winkels von 72°. Richtige Konstruktion:
a) analog zu den Aufgaben 1, 2 und 4 (mit a und γ beginnend) oder
b) Anwendung des Thalessatzes: zuerst Seite $\overline{AB} = c$ zeichnen, halbieren, Thaleskreis zeichnen, danach um B einen Kreis mit dem Radius a zeichnen. Dieser schneidet den Thaleskreis in den Punkten C_1 und C_2. Die zueinander kongruenten Dreiecke ABC_1 und ABC_2 sind Lösungen der Aufgabe (siehe Abbildung).

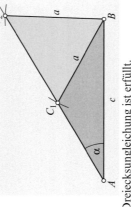
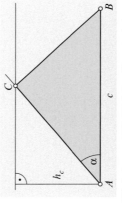
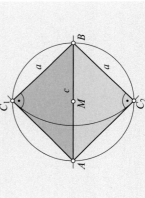

Erläuterungen und Anregungen

Dieser Abschnitt befasst sich nur mit solchen linearen Gleichungen, die auf lineare (nicht konstante) Funktionen führen. Das grafische Lösungsverfahren linearer Gleichungssysteme wird jetzt algebraisch ausgewertet: Die Schnittpunktbestimmung bedeutet nichts anderes als die Bestimmung eines Punktes $P(x|y)$, dessen Koordinaten beide Gleichungen erfüllen; seine y-Koordinate lässt sich also gemäß beiden Funktionsgleichungen ermitteln. Diese Deutung liefert zunächst das Gleichsetzungsverfahren, eignet sich aber auch für das Einsetzungsverfahren. Wegen der Gleichrangigkeit beider Variablen in den linearen Gleichungen gelten die Verfahren auch beim Gleich- oder Einsetzen bezüglich x. Durch das Gleichsetzen bzw. Einsetzen entsteht eine direkt lösbare „Bestimmungsgleichung" für eine der Variablen (die x- bzw. y-Koordinate des Schnittpunktes). Die andere Variable (Koordinate) lässt sich durch Einsetzen dieses Wertes in eine der Gleichungen ermitteln. Da die Lösung nunmehr durch Rechnung ermittelt worden ist, erübrigt sich eine Probe; doch kann es sinnvoll sein, sich mithilfe einer Probe zu vergewissern, dass keine Rechenfehler aufgetreten sind.

Die Schnittpunktberechnung der Geraden zu zwei linearen Funktionen dient zwar der Begründung; bei der Durchführung der beiden Lösungsverfahren treten jedoch in der Regel die zugehörigen Funktionsgleichungen nicht auf. Damit wird es erforderlich zu klären, wie unerfüllbare Gleichungssysteme bzw. solche mit einer Lösungsmenge unendlicher Mächtigkeit bei der Anwendung der Verfahren zu erkennen sind (Aufgabe 11). Die Schülerinnen und Schüler sollen die Technik des rechnerischen Lösens linearer Gleichungssysteme einüben und festigen. Die Aufgaben enthalten eine direkte Anweisung, eines der Verfahren anzuwenden. Zudem lassen sich auf einem üblichen GTR (ohne umfangreiches Computeralgebrasystem) die Verfahren nicht geeignet nachvollziehen.

Das Additionsverfahren

Lösungen der Aufgaben auf den Seiten 214 bis 216

1. H: Masse eines Hasen in kg; M: Masse eines Meerschweinchens in kg
$H + 2M = 2{,}1$ kg; $2H + M = 3{,}3$ kg $\Rightarrow 3H + 3M = 2{,}1$ kg $+ 3{,}3$ kg $= 5{,}4$ kg
Im 3. Bild müssen 5,4 kg in die rechte Waagschale.
(Ein Hase wiegt 1,5 kg, ein Meerschweinchen 0,3 kg.)

2. a) Beide Verfahren sind möglich. Lösung: $x = 2{,}4$; $y = 0{,}45$
b) $3x + 2x + 4y - 4y = 9 + 3 \Rightarrow 5x = 12 \Rightarrow x = 2{,}4$; $y = 0{,}45$

Lineare Funktionen und lineare Gleichungssysteme — Schulbuchseiten 214 bis 215

3. Zwei Gleichungen werden addiert, indem zur linken Seite der ersten Gleichung die linke Seite der zweiten Gleichung und zur rechten Seite der ersten Gleichung die rechte Seite der zweiten Gleichung addiert wird.

   a) $9x = 27$ b) $4x = 10$ c) $-4y = 32$
   $x = 3; y = -0,4$ $x = \frac{5}{2}; y = \frac{13}{8}$ $x = -9,5; y = -8$

4. a) $x = 3; y = -1$ b) $x = 2; y = \frac{5}{3}$ c) $x = \frac{1}{3}; y = 2$
   d) $x = 6,5; y = 8$ e) $x = 1,3; y = 0,1$ f) $x = 0; y = -1$

6. a) erste Gleichung mit 2 multiplizieren; $L = \{(2 | 1)\}$
   b) zweite Gleichung mit -1 multiplizieren; $L = \{(8,5 | -4)\}$
   c) zweite Gleichung mit $-2,5$ multiplizieren; $L = \{(0 | -2)\}$
   d) erste Gleichung mit 2 multiplizieren; $L = \{(-9 | -3,5)\}$
   e) erste Gleichung mit $-1,6$ multiplizieren; $L = \{(-6 | 8)\}$
   f) zweite Gleichung mit 1,5 multiplizieren; $L = \{(3 | 2)\}$

7. a) Zueinander äquivalente Gleichungen besitzen stets dieselbe Lösungsmenge.
   b) Teil 1 des Beweises (Richtung →):
   Voraussetzung: $ax_0 + by_0 = c;\ dx_0 + ey_0 = f$
   Behauptung: $(a+d)x_0 + (b+e)y_0 = c + f$
   Beweis: $(a+d)x_0 + (b+e)y_0 = ax_0 + by_0 + dx_0 + ey_0$
   $= ax_0 + by_0 + dx_0 + ey_0 = c + f$

   Teil 2 des Beweises (Richtung ←):
   Voraussetzung: $ax_0 + by_0 = c;\ (a+d)x_0 + (b+e)y_0 = c + f$
   Behauptung: $dx_0 + ey_0 = f$
   Beweis: Die zweite Gleichung der Voraussetzung lässt sich umformen zu:
   $ax_0 + dx_0 + by_0 + ey_0 = c + f$
   $ax_0 + by_0 + dx_0 + ey_0 = c + f$
   Einsetzen der ersten Gleichung der Voraussetzung ergibt:
   $c + dx_0 + ey_0 = c + f \quad | -c$
   $dx_0 + ey_0 = f$

   c) Die Gleichung (II') ergibt sich durch Addition der Gleichungen (I) und (II). Um ein Gleichungssystem mit zwei Gleichungen und zwei Variablen zu lösen, formt man die gegebenen Gleichungen (ggf. durch Multiplikation mit geeigneten von 0 verschiedenen Faktoren) so um, dass man ein Gleichungssystem der Form (I); (II') mit $a = -d$ oder $b = -e$ erhält. Nach a) ändert sich dadurch die Lösungsmenge des Systems nicht.

Lineare Funktionen und lineare Gleichungssysteme — Schulbuchseiten 215 bis 216

Anschließend ersetzt man wie in b) die Gleichung (II) durch die Gleichung (II'), die man durch Addition der Gleichungen (I) und (II) erhält. Im Fall $a = -d$ lautet die Gleichung (II') $(b+e)y = c + f$; im Fall $b = -e$ lautet sie $(a+d)x = c + f$, d. h. man erhält in beiden Fällen eine leicht lösbare lineare Gleichung mit nur einer Variablen.

8. a) Die zweite Gleichung wurde mit 2 multipliziert. $L = \{(\frac{2}{3} | 2)\}$
   b) Die zweite Gleichung wurde mit -3 multipliziert. $L = \{(-\frac{3}{8} | \frac{3}{2})\}$
   c) (I'): Die zweite Gleichung wurde durch 11 dividiert.
      (II'): Die zweite Gleichung wurde durch 3 dividiert.

11. a) $x = 17; y = -20$ b) $x = -0,4; y = -3$ c) $x = \frac{17}{3}; y = \frac{3}{2}$
    d) $x = \frac{101}{48}; y = \frac{39}{20}$ e) $x = 44; y = \frac{77}{4}$ f) $x = 4; y = 8,5$
    g) $x = 8,5; y = 0,3$ h) $x = \frac{41}{14}; y = \frac{25}{14}$ i) $x = 2; y = -3$
    j) $x = \frac{12}{7}; y = -\frac{3}{7}$ k) $L = \emptyset$ l) $x = \frac{10851}{3359}; y = \frac{98}{3359}$
    m) $x = -\frac{89}{111}; y = -\frac{89}{111}$ n) $x = 11,2; y = -20,52$ o) $x = 2,13; y = 2,29$

12. a) $x = 0; y = -\frac{5}{3}$ b) $x = 2,5; y = 0$ c) $L = \emptyset$
    d) $x = 0; y = -\frac{5}{3}$ e) $x = \frac{50}{321}; y = -\frac{500}{321}$ f) $x = -\frac{1}{10}; y = \frac{521}{300}$

13. a) (1) $x = 7; y = 4$ (2) $x = 35; y = 21,5$ (3) $x = -\frac{690}{11}; y = -\frac{430}{11}$
    c) Bei den Gleichungssystemen (1) und (2) liegen die Lösungen im I. Quadranten, bei System (3) im III. Quadranten.
    d) $x = -115; y = -71,5$
    e) z. B. $1,6x - 5y = 1;\ 5x - 8y = 3$ mit der Lösung $x = \frac{35}{61}; y = -\frac{1}{61}$

14. Berechnung von x: (I) mit e und (II) mit $-b$ multiplizieren. Es ergibt sich:
    $(ae - bd)x = ce - bf \Rightarrow x = \frac{ce - bf}{ae - bd}$
    Berechnung von y: (I) mit $-d$ und (II) mit a multiplizieren. Es ergibt sich:
    $(ae - bd)y = af - cd \Rightarrow y = \frac{af - cd}{ae - bd}$

Lineare Funktionen und lineare Gleichungssysteme

Notwendige Voraussetzung: $ae - bd \neq 0$

AUFGABE (Randspalte S. 216):

$4a + 7b = 13;\ 6a + b = 10 \Rightarrow a = 1{,}5;\ b = 1$

Erläuterungen und Anregungen

Die Lerneinheit behält die Argumentation der vorausgehenden Abschnitte bei: Auch durch „Addition der Gleichungen" lässt sich eine direkt lösbare Gleichung mit nur einer Variablen herstellen. Damit erscheint das Additionsverfahren als eine verallgemeinerte Fassung der zuvor behandelten Verfahren, die nun auf die grafische Deutung ganz verzichten kann.

Einen anderen Begründungszugang bieten die Aufgaben 5 und 6 an: Das lineare Gleichungssystem wird durch äquivalente Umformungen so verändert, dass (im Falle eindeutiger Lösbarkeit) ein System mit einer oder sogar zwei direkt lösbaren Gleichungen für die beiden Variablen entsteht. Auch diese Umformungen lassen sich geometrisch nachvollziehen: Sie führen auf neue Geraden, deren Schnittpunkt derselbe bleibt wie der der Ausgangsgeraden; die Lösung ist erreicht, wenn die beiden Geraden jeweils achsenparallel verlaufen.

Die Aufgabenbeispiele, die das Verfahren sichern sollen, zeigen zugleich ein breiteres Anwendungsfeld: Bei großen oder in der Größe sehr ähnlichen Parametern bietet das Additionsverfahren gute Umformungsmöglichkeiten. Im Falle rationaler Parameter ist häufig der Übergang zu ganzzahligen Parametern (Multiplikation mit dem Hauptnenner) angebracht. Trotz des Formalismus des Verfahrens lohnt sich meistens eine Beurteilung, wie im Einzelfall sinnvoll vorgegangen werden könnte.

Das Additionsverfahren ermöglicht es, für lineare Gleichungssysteme mit zwei Variablen eine allgemeine Lösung zu berechnen (Aufgabe 14). Die Herleitung der Cramerschen Regel kann als kleines Projekt gestaltet werden, das sich insbesondere zur Klärung der Frage, wie nicht lösbare Gleichungssysteme oder solche mit unendlicher Lösungsmenge erkannt werden können, leistungsdifferenzierend organisieren lässt. Schülerinnen und Schüler, die Erfahrungen im Programmieren haben, können die allgemeine Lösung in ein Computerprogramm umsetzen. Historische Aspekte können hinzutreten: Bereits 1678 findet Gottfried Wilhelm Leibniz die allgemeine Lösung (sein „theorema pulcherrimum"), verwendet sie aber nur in seinen Briefen. Gabriel Cramer veröffentlicht nach eingehender Untersuchung von Determinanten die nach ihm benannte Regel im Jahre 1750.

Systeme linearer Ungleichungen

Lösungen der Aufgaben auf den Seiten 217 bis 221

1. Das Ungleichungssystem hat die Lösungsmenge $L = \{x \in \mathbb{Q} \mid -\frac{1}{8} \leq x < 3\}$. Von den gegebenen Zahlen gehören folgende zu dieser Menge: $1;\ -0{,}125;\ 0;\ \frac{8}{3};\ \frac{3}{32};\ 2{,}7$.

2. a) $L = \{x \in \mathbb{Q} \mid 2 \leq x \leq 3{,}5\}$ b) $L = \{x \in \mathbb{Q} \mid -1 < x < 0{,}5\}$
   c) $L = \{x \in \mathbb{Q} \mid -5 < x \leq 0\}$ d) $L = \emptyset$

3. a) Wenn x die Anzahl der Vasen und y die Anzahl der Schalen ist, dann beschreibt der Term $3x + 2y$ die Gesamtkosten von deren Herstellung in Euro. Die Ungleichung $3x + 2y < 24$ sagt aus, dass diese Gesamtkosten kleiner als 24 € sein sollen.
   b) $(0|12);\ (2|9);\ (4|6);\ (6|3);\ (8|0)$
   c) Die den Paaren zugeordneten Punkte liegen auf der Geraden $y = -1{,}5x + 12$.
   d) $(0|0),\ (0|1),\ (0|2),\ ...,\ (0|11);\ (1|0),\ (1|1),\ (1|2),\ ...,\ (1|10);$
   $(2|0),\ (2|1),\ (2|2),\ ...,\ (2|8);\ (3|0),\ (3|1),\ (3|2),\ ...,\ (3|7);$
   $(4|0),\ (4|1),\ (4|2),\ ...,\ (4|5);\ (5|0),\ (5|1),\ (5|2),\ ...,\ (5|4);$
   $(6|0),\ (6|1),\ (6|2);\ (7|0),\ (7|1)$

4. Die Geradengleichung lässt sich umformen zu $y = -0{,}6x + 3$. Anstieg der Geraden: $m = -0{,}6$; Schnittstelle mit der y-Achse: $n = 3$.
   Der Lösungsmenge der Ungleichung $3x + 5y < 15$ entspricht die Halbebene unterhalb der Geraden $y = -0{,}6x + 3$ ohne die Gerade selbst.
   Der Lösungsmenge der Ungleichung $3x + 5y > 15$ entspricht die Halbebene oberhalb der Geraden $y = -0{,}6x + 3$ ohne die Gerade selbst.
   Der Lösungsmenge der Ungleichung $3x + 5y \leq 15$ entspricht die Halbebene unterhalb der Geraden $y = -0{,}6x + 3$ mit den Punkten der Geraden.

5. Die Geradengleichung lässt sich umformen zu $y = -0{,}6x + 2$. Anstieg der Geraden: $m = -0{,}6$; Schnittstelle mit der y-Achse: $n = 2$. Eine Änderung des Parameters c bewirkt eine Parallelverschiebung der Geraden.

6. a) Halbebene unterhalb der Geraden $y = -\frac{2}{3}x + 2$ ohne die Gerade selbst
   b) Halbebene oberhalb der Geraden $y = 1{,}5x - 3$ ohne die Gerade selbst
   c) Halbebene unterhalb der Geraden $y = 3x + 3$ ohne die Gerade selbst
   d) Halbebene oberhalb der x-Achse ohne die Achse selbst
   e) Halbebene rechts von der y-Achse ohne die Achse selbst
   f) Halbebene unterhalb der Geraden $y = -2$ ohne die Gerade selbst
   g) Halbebene rechts von der Geraden $x = 6$ ohne die Gerade selbst

h) Halbebene unterhalb der Geraden $y = x$ ohne die Gerade selbst

7. Sei x die Anzahl der in Betrieb befindlichen 2100-W-Geräte und y die Anzahl der in Betrieb befindlichen 600-W-Geräte. Dann gilt: $x \cdot 2100 + y \cdot 600 \leq 12\,000 \Rightarrow$
$7x + 2y \leq 40 \Rightarrow y \leq -3,5x + 20$. Folgende Möglichkeiten gibt es:

x	0	1	2	3	4	5
y	0 ... 20	0 ... 16	0 ... 13	0 ... 9	0 ... 6	0 ... 2

8. $3x + 2y < 24; \ x \geq 0; \ y \geq 0$

9. a) Gerade $y = 0{,}75x - 2$

   b) $y \leq 0{,}75x - 2$; Halbebene unterhalb der Geraden $y = 0{,}75x - 2$ einschließlich der Grenzgeraden

   c) unendliche Fläche unter den Geraden $y = 0{,}75x - 2$ und $y = -x + 4$, die Randpunkte gehören dazu (siehe Abbildung)

   d) endliches dreieckiges Flächenstück, das von der x-Achse sowie den beiden Geraden $y = 0{,}75x - 2$ und $y = -x + 4$ begrenzt wird; die auf der x-Achse liegenden Randpunkte gehören nicht dazu, alle anderen Randpunkte gehören dazu

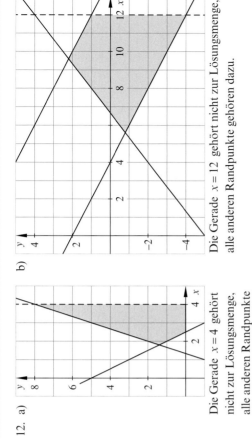

10. a) $y < 2x; \ y < -x + 8$ b) $y < \dfrac{3}{4}x + 3; \ y > -x - 2; \ x < 2$

    c) $y < -\dfrac{4}{3}x + 8; \ y > \dfrac{3}{4}x - 3; \ y < 2x + 4; \ x > 0; \ y > 0$

11. Sei x die Zehnerziffer, y die Einerziffer.
$y \geq 0; \ y \leq 7; \ x \geq \dfrac{1}{2}y; \ x \geq 1; \ x \leq 9$

Es gibt 63 solche Zahlen (siehe Bild):
10, 11, 12; 20, ..., 24; 30, ..., 36;
40, ..., 47; 50, ..., 57; 60, ..., 67;
70, ..., 77; 80, ..., 87; 90, ..., 97

12. a) 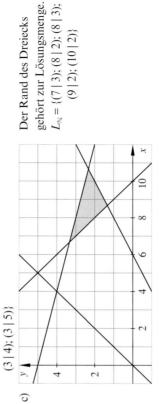   b)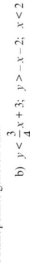

Die Gerade $x = 4$ gehört nicht zur Lösungsmenge, alle anderen Randpunkte gehören dazu.
$L_{\mathbb{N}} = \{(2\,|\,1); (2\,|\,2); (3\,|\,0);$
$(3\,|\,1); (3\,|\,2); (3\,|\,3);$
$(3\,|\,4); (3\,|\,5)\}$

Die Gerade $x = 12$ gehört nicht zur Lösungsmenge, alle anderen Randpunkte gehören dazu.
$L_{\mathbb{N}} = \{(7\,|\,0); (8\,|\,0); (8\,|\,1); (9\,|\,0); (9\,|\,1);$
$(10\,|\,0); (10\,|\,1); (10\,|\,2); (11\,|\,0); (11\,|\,1)\}$

c)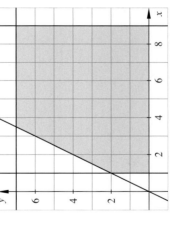

Der Rand des Dreiecks gehört zur Lösungsmenge.
$L_{\mathbb{N}} = \{(7\,|\,3); (8\,|\,2); (8\,|\,3);$
$(9\,|\,2); (10\,|\,2)\}$

Schulbuchseite 220

13. a)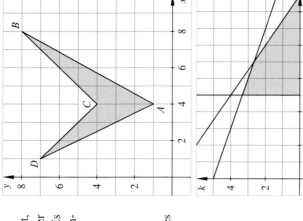

b)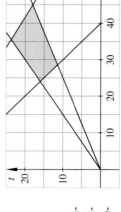

c)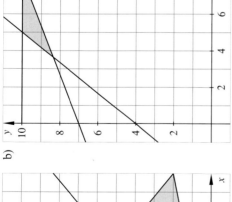

Die Ränder der Figuren gehören bei allen drei Teilaufgaben nicht mit zur Lösungsmenge.

14. (1) $2y \leq x + 10$; $12y \leq -7x + 70$; $y \geq 2x - 8$; $x \geq 0$; $y \geq 0$ (Fünfeck) oder
    $2y \leq x + 10$; $12y \leq -7x + 70$; $y \geq 2x - 8$ (unendliches Flächenstück)
    (2) $2y \leq x + 10$; $12y \geq -7x + 70$; $y \geq 2x - 8$; $y \leq 7$
    (3) $2y \leq x + 10$; $y \geq 2x - 8$; $y \geq 7$
    (4) $2y \geq x + 10$; $12y \geq -7x + 70$; $y \leq 7$; $x \geq 0$ (Viereck) oder
    $2y \geq x + 10$; $12y \geq -7x + 70$; $y \leq 7$ (Dreieck)
    (5) $12y \leq -7x + 70$; $y \leq 2x - 8$; $y \geq 0$
    (6) $12y \geq -7x + 70$; $y \leq 2x - 8$; $y \leq 7$ oder $12y \geq -7x + 70$; $y \leq 2x - 8$; $y \leq 7$; $y \geq 0$

15. a) (1) $y > 0{,}5x - 1{,}5$; $y < 0{,}5x + 3{,}5$; $y > -2x + 11$; $y < -2x + 21$
    (2) $y > -\frac{1}{3}x + \frac{14}{3}$; $y < -\frac{1}{3}x + 8$; $y > 3x - 22$; $y < 3x - 2$

Schulbuchseiten 220 bis 221

NACHGEDACHT (Randspalte S. 220):
Da das Viereck $ABCD$ nicht konvex ist, kann es nicht durch ein System linearer Ungleichungen beschrieben werden. Es kann aber eine Betragsfunktion verwendet werden:
$y < |x - 4| + 4$;
$y > -2x + 9$;
$y > \frac{7}{4}x - 6$

(Hier „<" und „>", weil das Innere des Vierecks zu beschreiben ist.)

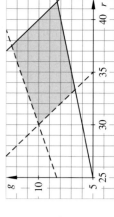

16. t: Anzahl der Apfeltaschen
    k: Anzahl der Apfelkuchen
    $20t + 30k + 20 \leq 240$; $3t + k \leq 15$; $t \geq 5$; $k \geq 0$ (siehe Bild)
    Es gibt folgende Lösungen $(t \mid k)$:
    $(5\mid 0)$, $(5\mid 1)$, $(5\mid 2)$, $(5\mid 3)$, $(6\mid 0)$, $(6\mid 1)$, $(6\mid 2)$, $(6\mid 3)$, $(7\mid 0)$, $(7\mid 1)$, $(7\mid 2)$, $(8\mid 0)$, $(8\mid 1)$, $(8\mid 2)$, $(9\mid 0)$, $(9\mid 1)$, $(10\mid 0)$, $(11\mid 0)$.

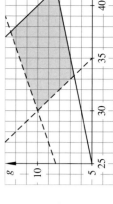

17. a) b: Anzahl der billigen Inline-Skater
    t: Anzahl der teuren Inline-Skater
    $60b + 100t \leq 4500$; $b + t \geq 40$; $b \geq 1{,}5t$; $b \leq 2{,}5t$
    b) Die Geschäftsführerin kann höchstens 23 teure Inline-Skater bestellen. Sie muss mindestens 12 Inline-Skater dieser Sorte bestellen.

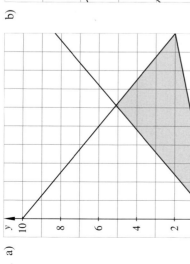

18. r: Anzahl der roten Kugeln
    g: Anzahl der grünen Kugeln
    $r + g \leq 50$; $r + g > 40$; $r > 3g$; $r \leq 5g$
    Es gibt 38 mögliche Paare von Anzahlen $(r \mid g)$. Clara rät also mit der Wahrscheinlichkeit $p = \frac{1}{38} \approx 2{,}6\,\%$ die richtigen Anzahlen.

BEISPIEL

Eine Elektronik-Ladenkette baut zwei Typen von Computern. Das besser ausgestattete Gerät benötigt Material im Wert von 800 €, das einfachere benötigt Material für 450 €. Für den Zusammenbau des besseren Gerätes sind 4,5 Arbeitsstunden erforderlich, beim einfacheren werden 4 Stunden gebraucht. Mit dem Computerbau sind vier Techniker beschäftigt, die jeder wöchentlich 37,5 Stunden arbeiten. Von den Computern des besser ausgestatteten Typs sollen wöchentlich nicht mehr als 25 hergestellt werden, weil die Nachfrage dafür nicht ausreicht. Für das benötigte Material stehen wöchentlich höchstens 22500 € zur Verfügung. An den besseren Computern verdient die Firma 150 € pro Stück, an den einfacheren 100 €. Wieviele Computer sollte die Firma in der Woche herstellen, damit der Gewinn maximal wird?

Die Anzahlen der besseren bzw. einfacheren Computer seien x bzw. y.
Aufstellung des Ungleichungssystems:

(1) $x \geq 0$ (Nichtnegativitätsbedingungen)
(2) $y \geq 0$
(3) $4{,}5x + 4y \leq 150$ (Zeitbeschränkung)
(4) $x \leq 25$ (Nachfragebeschränkung)
(5) $800x + 450y \leq 22500$ (Finanzmittelbeschränkung)

Zielfunktion:
(6) $150x + 100y = z \rightarrow$ maximal

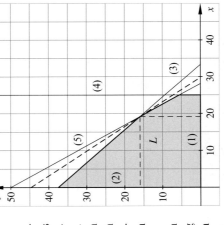

Jeder Punkt des Planungsvielecks mit ganzzahligen Koordinaten stellt ein mögliches Paar $(x|y)$ von Gerätezahlen dar und zu jedem Punkt gehört ein bestimmter Gewinn. Beispielsweise liegt der Punkt $(20|12)$ im Planungsvieleck. Der dazugehörige Gewinn ist $20 \cdot 150 \text{ €} + 10 \cdot 100 = 4000 \text{ €}$. Derselbe Gewinn gehört auch zu den Punkten $(18|13)$ und $(10|25)$.

Alle Punkte, die einen bestimmten Gewinn z_0 liefern, erfüllen die lineare Gleichung $150x + 100y = z_0$. Sie liegen auf der Geraden $y = -1{,}5x + 0{,}01z_0$.

Die Geraden zu verschiedenen Gewinnbeträgen besitzen dieselbe Steigung und unterscheiden sich durch ihre y-Achsenabschnitte. Je größer diese y-Achsenabschnitte sind, um so größer ist auch der Gewinn.

Erläuterungen und Anregungen

Viele praktische Probleme lassen sich in einem mathematischen Modell mit mehr als zwei linearen Gleichungen erfassen. Nicht immer legen diese Gleichungen die Lösung eindeutig fest, sondern beschreiben nur den Rahmen der zulässigen Bedingungen. In diesem Fall wird das Problem durch lineare Ungleichungen beschrieben. Aus der Lösungsmenge eines solchen Ungleichungssystems wird nach problemabhängigen Kriterien eine besonders günstige Lösung ausgewählt.

Der Lernabschnitt führt ein in den Umgang mit linearen Ungleichungssystemen. Neben den rein mathematischen Aufgaben finden sich auch einfache Anwendungsbeispiele.

Bei ausreichender Zeit lässt sich das Thema erweitern zu einem Ausblick in die lineare Optimierung: Planungsvielecke lassen sich dazu nutzen, Arbeitsprozesse möglichst günstig zu gestalten, z. B. um den Gewinn zu maximieren oder die Produktionskosten möglichst gering zu halten. Zu dem linearen Ungleichungssystem, das die Prozessbedingungen beschreibt, tritt eine weitere Bedingung hinzu, die einen möglichst großen oder kleinen Wert liefern soll (Zielfunktion). Die Bestimmung dieses Wertes nennt man lineare Optimierung.

---

19. a) k: Anzahl der Brötchen mit Käse
    s: Anzahl der Brote mit Schinken
    $22{,}1k + 16{,}0s \geq 80$ (Kohlehydrate)
    $30{,}9k + 6{,}8s \geq 45$ (Fette)
    $30{,}6k + 8{,}7s \geq 20$ (Eiweiße)
    Es gibt unendlich viele Lösungen $(k|s)$, in die engere Wahl kommen davon folgende:
    $(4|0)$, $(3|1)$, $(2|3)$, $(1|4)$, $(0|7)$
    Hiervon erscheint die Lösung $(1|4)$ als das Optimum. Bei dieser Lösung wird keiner der drei Sollwerte wesentlich mehr überschritten als unvermeidlich: Kohlehydrate 86,1 g; Fette 58,1 g; Eiweiße 65,4 g.

    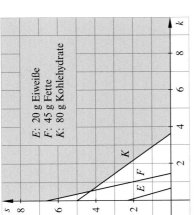
    E: 20 g Eiweiße
    F: 45 g Fette
    K: 80 g Kohlehydrate

    b) Der Tageshöchstbedarf von 110 g Fett wird z. B. bei den Lösungen $(3|1)$, $(2|3)$, $(1|4)$ und $(0|7)$ nicht überschritten.

    c) Die Optimallösung $(1|4)$ kann z. B. weiter verbessert werden, indem man zwei Schinkenbrote weglässt und dafür zwei Äpfel hinzufügt. Es ergeben sich dann folgende Nährstoffmengen: Kohlehydrate 81,1 g; Fette 44,9 g; Eiweiße 48,8 g.

Wenn man also für eine Gerade mit der Steigung −1,5 durch Verschieben den y-Achsenabschnitt soweit vergrößert, dass das Planungsvieleck gerade noch getroffen wird, dann findet man einen Punkt, an welchem die Zielfunktion den größten Wert annimmt. Die optimale Lösung des Problems wird durch den Schnittpunkt (19,15 | 15,96) der Geraden zu (3) und (5) dargestellt. Dabei entsteht der Gewinn 4468 €. Da die Stückzahlen natürliche Zahlen sein müssen, muss die Gerade durch den optimalen Punkt noch etwas nach unten verschoben werden, bis sie zum erstenmal auf einen Gitterpunkt trifft. Die optimale ganzzahlige Lösung ist (19 | 16). Der maximal erreichbare Gewinn beträgt 4450 €.

Lineare Gleichungssysteme mit mehr als zwei Variablen

Lösungen der Aufgaben auf den Seiten 222 bis 224

1. Die Kreise enthalten die Zahlen 5 (links unten), 9 (oben) und 17 (rechts unten).
2. Es sind 8 Bleistifte, 4 Filzstifte und 4 Kugelschreiber.
3. $L = \{(-\frac{5}{6} | -2 | 3)\}$
4. a) $L = \{(-4 | -2 | 5)\}$ b) $L = \{(6 | 4 | 1)\}$ c) $L = \{(-1 | 4 | 3)\}$
6. a) $L = \{(12,5 | 7,5 | -6)\}$ b) $L = \{(3,5 | 0 | -1)\}$ c) $L = \{(\frac{67}{19} | \frac{163}{19} | \frac{90}{19})\}$
   d) $L = \{(8 | -0,5 | 0)\}$ e) $L = \{(6,5 | -3 | -0,5)\}$ f) $L = \{(\frac{43}{3} | \frac{26}{3} | \frac{1}{3})\}$
7. Jörg hat 4 Hauptgewinne, 34 Trostpreise und 86 Nieten.
9. a) Eine Garbe entspricht bei guter Ernte 0,36 Tou, bei mittlerer Ernte 0,28 Tou, bei schlechter Ernte 0,16 Tou.
   b) Ein Schaf kostet 177, ein Hund 121, ein Huhn 23 und ein Hase 29 Geldstücke.

AUFGABEN ZUR WIEDERHOLUNG

1. (1) 90°   (2) 60°   (3) 30°   (4) 60°   (5) 150°   (6) 30°
   (7) 150° (8) 30°   (9) 60°   (10) 90° (11) 30°   (12) 60°
   (13) 150° (14) 30° (15) 150° (16) 30°

4. Fünfeck: $540° = (5-2) \cdot 180°$ Sechseck: $720° = (6-2) \cdot 180°$
   Siebeneck: $900° = (7-2) \cdot 180°$ Zehneck: $1440° = (10-2) \cdot 180°$
   Verallgemeinerung: Die Innenwinkelsumme eines n-Ecks beträgt $(n-2) \cdot 180°$.

Erläuterungen und Anregungen

Nach der allgemeinen Lösung für lineare Gleichungssysteme mit zwei Variablen und im Anschluss an die Betrachtung von linearen Ungleichungssystemen weitet dieser Lernabschnitt die Untersuchung aus auf lineare Gleichungssysteme mit mehr als zwei Gleichungen in mehr als zwei Variablen. Die Anzahlen der Gleichungen und der auftretenden Variablen stimmen dabei überein. Wie zuvor bleibt der Lösungsgedanke erhalten, durch geeignete Umformungen (insbesondere nach dem Additionsverfahren) eine direkt lösbare Gleichung zu bilden. Damit durch Einsetzen der Wert einer weiteren Variablen gewonnen werden kann, bedarf es einer Gleichung, in welcher nur zwei Variable auftreten. Aus diesen beiden Variablenwerten ermittelt man durch Einsetzen in die dritte Gleichung (die alle Variablen enthält) die Lösung auch für die dritte Variable. Entsprechend lässt sich das Verfahren auch für mehr als drei Variable und Gleichungen fortsetzen.

Die Schreibweise in Dreiecksform zeigt die Lösungsstrategie in einprägsamer Form. Bei den Umformungen werden auch wegen der Übersichtlichkeit alle Gleichungen angegeben. Zugleich wird daraus deutlich, dass es sich um äquivalente Fassungen desselben Gleichungssystems handelt. Die Argumentation kann daher problemlos auch über Äquivalenzumformungen aufgebaut werden.

Im Unterschied zu der Lösungsformel der Cramerschen Regel handelt es sich hier erkennbar um einen zielgerichteten formalen Prozess, einen Algorithmus. Die Schülerinnen und Schüler können das Vorgehen in präzise Worte fassen und nachvollziehen, dass sich ein solcher Prozess in ein Computerprogramm übertragen lässt. Erweiternde Betrachtungen können zu einer Verallgemeinerung der Cramerschen Regel auf mehr als zwei Gleichungen mit mehr als zwei Variablen führen, die sich ebenfalls zur Programmierung in einer Computersprache eignet. Die Realisierung dieser Programme in einer Computersprache überschreitet jedoch die Ziele des Mathematikunterrichtes.

Die Lerneinheit verfolgt die Absicht, den Schülerinnen und Schülern den Grundgedanken des Gaußschen Lösungsalgorithmus vertraut zu machen. Dabei wird der Umgang mit dem Additionsverfahren vertiefend wiederholt. Im Anschluss an die Einsicht in den Lösungsgang bietet sich für Anwendungen der Einsatz des algebrafähigen GTR an, der die konkrete, fehleranfällige Rechenarbeit übernehmen kann. Im GTR wird ein Gleichungssystem in der Regel als Matrix seiner Parameter dargestellt, die Lösung als Zeilen- oder Spaltenvektor. Rechner ohne aufwendiges Computeralgebrasystem geben für nicht eindeutig lösbare Gleichungssysteme Fehlermeldungen aus, während Rechner mit CAS auch die Dreiecksform der Matrix herstellen können. Für beide Fälle behält der Mathematikunterricht die wesentliche Aufgabe, die Schülerinnen und Schüler zur Beurteilung des Ergebnisses zu befähigen.

Anwendungsaufgaben

Lösungen der Aufgaben auf den Seiten 225 bis 227

1. b) Den Angaben zufolge müsste Martins Vater den Bus nach etwa 1 h 47 min eigener Fahrzeit treffen. Dass er dafür etwas länger braucht, könnte daran liegen, dass er in der Praxis nicht immer konstant die Geschwindigkeit 110 km/h einhalten kann.

2. Die Züge begegnen sich nach etwa 14 min.

3. a) Die Geschwindigkeit des Schiffes beträgt etwa 9,57 km/h, die Strömungsgeschwindigkeit des Flusses etwa 2,05 km/h.
   b) Das Schiff fährt flussabwärts, da es sich bei ausgeschaltetem Motor ($v_S = 0$) immer noch vorwärts bewegt ($v_{res} > 0$).

4. Das heiße Wasser hat 59,7 °C, das kalte Wasser 20,1 °C.

5. a) Tarif B ist ab einem Gasverbrauch von 14 407 kWh im Jahr günstiger.
   b) Die Grundgebühr beträgt etwa 9,6 Cent je Tag (35 € im Jahr). Die Annahme zum Verbrauch kann sinnvoll sein, wenn elektrische Heizgeräte vorhanden sind.

6. Der Grundpreis beträgt 3,50 €, die Hinfahrt hat rund 8 Minuten gedauert.

7. Es müssen mindestens 187 Zeitungen verkauft werden.

8. Vater und Sohn sind zusammen 40 Jahre alt. 5 Jahre später wird der Vater das vierfache Alter des Sohnes haben. Welches Alter hat der Vater jetzt?
   Der Vater ist jetzt 35 Jahre alt, der Sohn 5 Jahre.

9. Es waren 13 Räuber und 83 Tuchballen.

10. Die Lösung ist $(8|1|14|19)$. Der Knabe heißt Hans.

11. a) Den Umfragen zufolge können jeden Tag 60 bis 70 Mehrkornbrötchen und 180 bis 210 Käsebrötchen verkauft werden.
    b) Im ungünstigsten Fall werden beim Einkauf von 60 Mehrkorn- und 180 Käsebrötchen 12 Käsebrötchen nicht verkauft. Die Kosten für den Einkauf betragen dann 82,80 €, der Verkaufserlös 88,20 €; es bleibt also ein Gewinn von 5,40 €.

12. $\alpha = 60°$; $\beta = 65°$; $\gamma = 80°$; $\delta = 155°$

13. a) $f(x) = 0,4x + 1,6$
    b) Man erhält die Lösungsmenge $L = \{(a|b|c) | b \in \mathbb{Q}; a = -0,4b; c = 1,6b\}$.
    Alle diese Lösungen außer $(0|0|0)$ sind richtig. Die entsprechenden Geradengleichungen $-0,4bx + by = 1,6b$ mit $b \neq 0$ sind äquivalent.

14. Sei A die Anzahl der Arbeitstage, F die Anzahl der freien Tage. Dann erhält man:
    $10A - 12F = 0$; $A + F = 40 \Rightarrow A = 21\frac{9}{11}$; $F = 18\frac{2}{11}$
    Der Arbeiter hat 21 Tage und 9 Stunden gearbeitet, 18 Tage und 2 Stunden gefeiert.

Erläuterungen und Anregungen

Der Abschnitt macht deutlich, dass die Lösungsverfahren für lineare Gleichungssysteme nicht Selbstzweck sind, sondern in realen Situationen Anwendung finden. Insbesondere historische Beispiele zeigen die Ursachen auf, die erst zur Entwicklung der behandelten Theorie geführt haben. Beispiele in Form von Rätseln üben wie in früherer Zeit nach wie vor einen besonderen Reiz aus.

Teste Dich!

Lösungen der Aufgaben auf den Seiten 228 bis 229

1. a) $S(3|4)$ b) $S(-1,5|-0,5)$ c) $S(12|19)$

2. a) $x = -2$; $y = -3$ b) $x = 2$; $y = -1$ c) $x = 1$; $y = 2$

3. a) $x = 1$; $y = 3$ b) $x = 3$; $y = 8$
   c) $x = -2$; $y = 4$ d) $L = \{(x | -0,5x + 4,5) | x \in \mathbb{Q}\}$
   e) $x = 9$; $y = -6$ f) $x = -4$; $y = 2$

4. Robert Schumann lebte vom 8. 6. 1810 bis zum 29. 7. 1856, er wurde also 46 Jahre alt. Sei G das Alter von Grit, M das Alter von Maren und T das Alter von Tilman. Dann ergibt sich folgendes Gleichungssystem:
   (1) $G + M = 75$; (2) $G + T + 2 = 2{,}5M$; (3) $M + T - 30 = 46$.
   Man erhält als Lösung: $G = 41$; $M = 34$; $T = 42$.
   Grit ist 41 Jahre alt, Maren 34 Jahre und Tilman 42 Jahre.

5. a) Der Stausee verliert stündlich 1200 m³ Wasser.
   b) $y = 2\,000\,000 - 28\,800x$
   (x: Zahlenwert der Zeit in Tagen; y: Zahlenwert der Wassermenge in m³)
   c) 333 h 20 min oder knapp 14 Tage

6. a) Es gibt solche Systeme. Beispiel: (1) $y \leq mx + b$; (2) $y \geq mx + b$.
   b) Auch solche Systeme gibt es. Beispiel: (1) $y \geq x$; (2) $y \leq 2x$; (3) $y \leq 0$.

7. a) Aus dem ersten Satz und der Angabe von Summe bzw. Differenz allein lassen sich die Zahlen nicht bestimmen, wohl aber aus der Angabe von Summe und Differenz. Die gesuchten Zahlen sind 53 und 35.
   b) $x + y = a$, $x - y = b \Rightarrow x = \frac{a+b}{2}$; $y = \frac{a-b}{2}$

8. Jan und Moni können 260 g Bananen und 376 kg Vollmilch mischen.
   Für 4 kg Bananen sind 5,79 kg Vollmilch erforderlich.
   Für die Birnenmilch werden 884 g Birnen und 1247 g Milch benötigt. Damit enthält ein Glas 23,5 g Kohlehydrate. Die Mischung ergibt etwa 8,5 Gläser.

Übungen und Anwendungen

Heuristische Strategien

Lösungen der Aufgaben auf den Seiten 232 bis 234

1. a) Die Tochter hat verloren und muss den Geldverleiher heiraten.

   b/c) Ihr Vater kommt ins Gefängnis.

2. a) Aus dem verbliebenen schwarzen Stein in der Hand des Geldverleihers kann auf die Farbe des von der Tochter gezogenen Steins geschlossen werden. Da der Geldverleiher nicht zugeben kann, dass er betrügen wollte, muss auf einen weißen Stein geschlossen werden. Die Tochter und ihr Vater haben gewonnen.

   b) Das Vorgehen entsteht aus einer plötzlichen Einsicht, einer originellen Idee, die nicht nur rein logisch erschlossen werden kann. Die Tochter findet einen unerwarteten und erfolgreichen Zugang zur Problemlösung, weil sie die Situation aus einer ganz neuen Perspektive zu sehen versteht.

3. Ein n-Eck hat $\frac{n(n-3)}{2}$ Diagonalen.

   Begründung: Von jedem der n Eckpunkte des n-Ecks gehen $n-3$ Diagonalen aus. Jede Diagonale wird hierbei doppelt gezählt, da sie einen Anfangs- und einen Endpunkt besitzt. Die Anzahl der Diagonalen beträgt also $\frac{n(n-3)}{2}$.

4.

n	0	1	2	3	4	5	6	7	8
2^n	1	2	4	8	16	32	64	128	256
n^2	0	1	4	9	16	25	36	49	64

Lösung: Die Ungleichung $2^n > n^2$ gilt für alle natürlichen Zahlen außer 2, 3 und 4.

Begründung: Für $0 \leq n \leq 8$ ist die Richtigkeit dieser Aussage aus der obenstehenden Tabelle ersichtlich. Zu beweisen bleibt noch, dass die Ungleichung $2^n > n^2$ für alle natürlichen Zahlen n mit $n \geq 5$ erfüllt ist. Hierzu zeigen wir, dass die Ungleichung, wenn sie für eine bestimmte Zahl $n \geq 5$ erfüllt ist, auch für deren Nachfolger gilt. Auf diese Weise ergibt sich aus der Gültigkeit der Ungleichung für $n = 5$ nacheinander die Gültigkeit für $n = 6, 7, 8, 9, \ldots$, also für alle natürlichen Zahlen $n \geq 5$ (Prinzip der vollständigen Induktion).

Sei also vorausgesetzt, dass für eine bestimmte Zahl $n \geq 5$ gilt: $2^n > n^2$.

Zu zeigen ist, dass dann auch gilt: $2^{n+1} > (n+1)^2$.

Beweis: $2^n > n^2 \Rightarrow 2 \cdot 2^n > 2n^2 \Rightarrow 2^{n+1} > n^2 + n \cdot n \Rightarrow 2^{n+1} > n^2 + n \cdot n \Rightarrow 2^{n+1} > n^2 + 3 \cdot n \Rightarrow$
$2^{n+1} > n^2 + 2n + n \Rightarrow 2^{n+1} > n^2 + 2n + 1 \Rightarrow 2^{n+1} > (n+1)^2$

5. Die Aussage ist falsch, da sie z. B. für $a = 2$ und $b = -1$ nicht gilt. Sie wird aber zu einer wahren Aussage, wenn man sie folgendermaßen korrigiert:

   „Für alle *positiven* rationalen Zahlen a und b gilt: $\frac{1}{a} + \frac{1}{b} \geq \frac{4}{a+b}$."

   Beweis: $\frac{1}{a} + \frac{1}{b} \geq \frac{4}{a+b}$ | Gleichnamigmachen

   $\Leftrightarrow \frac{b}{ab} + \frac{a}{ab} \geq \frac{4}{a+b}$ | Brüche addieren

   $\Leftrightarrow \frac{a+b}{ab} \geq \frac{4}{a+b}$ | Multiplikation mit der positiven Zahl $ab(a+b)$

   $\Leftrightarrow (a+b)^2 \geq 4ab$ | binomische Formel anwenden

   $\Leftrightarrow a^2 + 2ab + b^2 \geq 4ab$ | Subtraktion von $4ab$ auf beiden Seiten

   $\Leftrightarrow a^2 - 2ab + b^2 \geq 0$ | binomische Formel anwenden

   $\Leftrightarrow (a-b)^2 \geq 0$ (Ein Quadrat ist nie negativ.)

   Die Behauptung ist wahr, da sie zu einer als wahr bekannten Aussage äquivalent ist.

6.

Ort	Anzahl der Goldstücke
nach dem 7. Tor	1
vor dem 7. Tor	$(1+1) \cdot 2 = 4$
vor dem 6. Tor	$(4+1) \cdot 2 = 10$
vor dem 5. Tor	$(10+1) \cdot 2 = 22$
vor dem 4. Tor	$(22+1) \cdot 2 = 46$
vor dem 3. Tor	$(46+1) \cdot 2 = 94$
vor dem 2. Tor	$(94+1) \cdot 2 = 190$
vor dem 1. Tor	$(190+1) \cdot 2 = 382$

Der Prinz hatte anfangs 382 Goldstücke.

7. Das Produkt zweier aufeinander folgender ungerader natürlicher Zahlen lässt bei Division durch 4 stets den Rest 3.

   Beweis: Sei $n \in \mathbb{N}$. Dann gilt: $(2n+1) \cdot (2n+3) = 4n^2 + 8n + 3 = 4 \cdot (n^2 + 2n) + 3$.

8. (1) Diese Aussage ist falsch, denn z. B. die Zahl 35 ist ungerade und durch 7 teilbar, aber nicht durch 21 teilbar.

   (2) Diese Aussage ist wahr, denn jede von 0 verschiedene natürliche Zahl, die gerade und durch 7 teilbar ist, hat in ihrer Primfaktorzerlegung die Faktoren 2 und 7. Damit ist sie auch durch $2 \cdot 7 = 14$ teilbar. Für negative ganze Zahlen gilt die Aussage damit ebenfalls, auch für die Zahl 0 ist sie erfüllt.

Schulbuchseite 234

(3) Die Aussage ist wahr. Beweis: Sei n eine natürliche Zahl.
Fall 1: n ist gerade $\Rightarrow n = 2k$ ($k \in \mathbb{N}$) $\Rightarrow n^2 = 4k^2 \Rightarrow n^2$ ist durch 4 teilbar.
Fall 2: n ist ungerade $\Rightarrow n = 2k+1$ ($k \in \mathbb{N}$) $\Rightarrow n^2 = 4k^2 + 4k + 1 \Rightarrow n^2$ ist ungerade.
Es gibt also keine Quadratzahlen, die gerade, aber nicht durch 4 teilbar sind.

9. a) 1; 1; 2; 3; 5; 8; 13; 21; 34; 55

b) Sei $S_n = x_1 + x_2 + \ldots + x_n$ für alle $n \in \mathbb{N}$ mit $n \geq 1$.

Folgenglieder	Summen
x_1	$S_1 = x_1$
x_2	$S_2 = S_1 + x_2 = x_1 + x_2$
$x_3 = x_1 + x_2$	$S_3 = S_2 + x_3 = 2x_1 + 2x_2$
$x_4 = x_2 + x_3 = x_1 + 2x_2$	$S_4 = S_3 + x_4 = 3x_1 + 4x_2$
$x_5 = x_3 + x_4 = 2x_1 + 3x_2$	$S_5 = S_4 + x_5 = 5x_1 + 7x_2$
$x_6 = x_4 + x_5 = 3x_1 + 5x_2$	$S_6 = S_5 + x_6 = 8x_1 + 12x_2$
$x_7 = x_5 + x_6 = 5x_1 + 8x_2$	$S_7 = S_6 + x_7 = 13x_1 + 20x_2$
$x_8 = x_6 + x_7 = 8x_1 + 13x_2$	$S_8 = S_7 + x_8 = 21x_1 + 33x_2$
$x_9 = x_7 + x_8 = 13x_1 + 21x_2$	$S_9 = S_8 + x_9 = 34x_1 + 54x_2$

Allgemein:
$x_n = a_{n-2} x_1 + a_{n-1} x_2$ $\quad S_n = a_n x_1 + (a_{n+1} - 1) x_2$

10. In der Kaffeetasse ist nach dem Umfüllen genau so viel Milch wie Kaffee in der Milchtasse.

Begründung: Beträgt das Teelöffel-Volumen $\frac{1}{n}$ des anfänglichen Kaffee- bzw. Milch-Volumens, so ergibt sich nach den zwei Prozeduren für den Milchanteil in der Kaffeetasse und den Kaffeeanteil in der Milchtasse jeweils $\frac{1}{n+1}$.

Schulbuchseite 235

Zahlenspielereien

Lösungen der Aufgaben auf Seite 235

1. Sei x die gedachte Zahl und y das genannte Ergebnis.
Dann ist $y = (x-1) \cdot 2 + x = 3x - 2$, also $x = (y+2) : 3$. Man muss also zum genannten Ergebnis 2 addieren und die erhaltene Zahl durch 3 dividieren.

2. a) $48 - \frac{x}{2} = 10 \Rightarrow x = 76$ $\qquad$ b) $\frac{x}{2} + \frac{x}{5} = 7 \Rightarrow x = 10$

   c) $\frac{x}{3} + \frac{x}{6} + \frac{x}{9} = 11 \Rightarrow x = 18$ $\qquad$ d) $(2x)^2 + x^2 = 3125 \Rightarrow x = 25;\ 2x = 50$

   e) $x \cdot (x+1) + 10 = 40 \Rightarrow x_1 = 5;\ x_2 = -6$ (2 Lösungen)

3. Waagerecht:
   $A = 2y - x \qquad = 11$
   $C = 5y - 2x \qquad = 30$
   $E = 2x^2 + 2y \qquad = 66$
   $F = 2xy + 17x - 7y \qquad = 109$
   $H = 2y^2 + y \qquad = 136$
   $J = 4x^3 + 16x^2 - 14xy \qquad = 340$
   $L = 2x^2 \qquad = 50$

   Senkrecht: Die Terme lassen sich nicht weiter vereinfachen.

   $B = 16 \qquad D = 9$
   $F = 121 \qquad G = 137$
   $I = 620 \qquad K = 8$

A 1	B 1		C 3	D 0
E 6	6		F 1	0 9
				2
G 1			H 1	I 3 6
J 3	4	K 0		2
7	8		L 5	0

4. Summe:
   $M+O+N+S+T+E+R+P+O+S+T+E+R = M+2O+N+2S+2T+2E+2R+P = 197$
   $G+U+M+M+I+S+C+H+N+U+L+L+E+R$
   $= G+2U+2M+I+S+C+H+N+2L+E+R = 175$
   $R+O+C+K+E+R+H+O+C+K+E+R = 3R+2O+2C+2K+2E+H = 130$
   $K+U+D+D+E+L+M+U+D+D+E+L = K+2U+4D+2E+2L+M = 116$
   $G+A+M+M+E+L+B+A+M+M+E+L = G+2A+4M+2E+2L+B = 97$

   Produkt:
   MONSTERPOSTER $= E^2 O^2 R^2 S^2 T^2 M N P \qquad = 766\,348\,128\,000\,000$
   GUMMISCHNULLER $= L^2 M^2 U^2 C E G H I N R S \qquad = 388\,475\,579\,681\,280$
   ROCKERHOCKER $= R^3 C^2 E^2 K^2 O^2 H \qquad = 285\,797\,160\,000$
   KUDDELMUDDEL $= D^4 E^2 L^2 U^2 K M \qquad = 58\,118\,860\,800$
   GAMMELBAMMEL $= M^4 A^2 E^2 L^2 B G \qquad = 1\,439\,474\,400$

Übungen und Anwendungen Schulbuchseiten 235 bis 236

ZUM KNOBELN (Randspalte S. 235): Beispiel einer möglichen Lösungsstrategie:

a) M+O+N+S+T+E+R+P+O+S+T+E+R soll kleinste Summe werden. Man wählt z.B. M = O = N = S = T = E = R = P = 0, G > 0, U > 0, alle anderen nicht in MONSTERPOSTER vorkommenden Buchstaben werden ebenfalls mit Zahlenwerten größer als 0 belegt. Für die Worte GUMMISCHNULLER, ROCKERHOCKER und KUDDELMUDDEL lässt sich diese Aufgabe in ähnlicher Weise lösen; für GAMMELBAMMEL wurde eine Lösung bereits gefunden.

b) G+U+M+M+I+S+C+H+N+U+L+L+E+R soll größte Summe werden. Man wählt z. B. G = U = M = I = S = C = H = N = L = E = R = 10 und erhält die Summe 140; die restlichen Buchstaben werden gleich 0 gesetzt. Auf diese Weise erhält man bei den anderen Wörtern die kleineren Summen 60; 60; 70; 90.

c) MONSTERPOSTER soll kleinstes Produkt werden. Man setzt P = 0 und belegt alle anderen Buchstaben mit Zahlenwerten größer als 0. Da P in den anderen Wörtern nicht vorkommt, wird MONSTERPOSTER = 0 kleinstes Produkt. Lösungen für die anderen Wörter: GUMMISCHNULLER: I = 0; KUDDELMUDDEL: D = 0; GAMMELBAMMEL: B = 0 (bzw. Lösung vom Anfang übernehmen). Bei ROCKERHOCKER versagt dieses Verfahren.

d) ROCKERHOCKER soll kleinstes Produkt werden. Man setzt alle Buchstaben von ROCKERHOCKER gleich 1 und alle nicht in ROCKERHOCKER vorkommenden Buchstaben gleich 100. Auf diese Weise wird ROCKERHOCKER = 1 kleinstes Produkt; alle anderen Produkte sind größer als 99.

e) GAMMELBAMMEL soll größtes Produkt werden. Man belegt alle Buchstaben von GAMMELBAMMEL mit Zahlenwerten größer als 0 und alle nicht in GAMMELBAMMEL vorkommenden Buchstaben mit 0. Auf diese Weise wird GAMMELBAMMEL > 0 größtes Produkt, da alle anderen Produkte Null sind. Analog lässt sich diese Aufgabe für die anderen vier Wörter lösen.

Umwelt und Verkehr

Lösungen der Aufgaben auf den Seiten 236 bis 237

1. Treibstoffverbrauch je Person auf 100 km (Beispiele):
   a) Reisebus mit 40 Personen: 0,75 l   b) Flugzeug mit 150 Personen: 20,5 l
   c) PKW mit 4 Personen und einem Treibstoffverbrauch von 8 l auf 100 km: 2 l

AUFGABE (Randspalte S. 236): Wenn ein Kleinwagen auf 100 km 6,7 l Benzin verbraucht, kann man mit 37 l voraussichtlich noch 552 km fahren.

Übungen und Anwendungen Schulbuchseiten 236 bis 239

2. b)

Strecke	Pkw A	Pkw B	Pkw C	Pkw D
50 km	4,26 l	4,51 l	4,02 l	5,5 l
100 km	8,53 l	9,02 l	8,03 l	11,0 l
270 km	23,02 l	24,34 l	21,69 l	29,7 l
350 km	29,85 l	31,56 l	28,11 l	38,5 l

c) Testauto C ist am sparsamsten.

3. Beispiel: Bei einem Verbrauch von 8 l Benzin auf 100 km und einer Fahrstrecke von 20 000 km im Jahr beträgt der jährliche Benzinverbrauch 1600 l. Dann entstehen in einem Jahr 3840 kg CO_2. An einem Tag entstehen durchschnittlich 10,5 kg CO_2.

4. CO_2: 50 %; FCKW: 22,5 %; Methan: 15 %; Ozon: 7,5 %; Distickstoffoxid: 5 %

5. In 16 Stunden werden von den Pflanzen des Kartoffelackers 765,6 kg CO_2 gebunden.

6. a) An einem Tag werden 759,2 kg Kohlenstoffdioxid freigesetzt.
   b) 6,4 kg Kohlenstoffdioxid werden tatsächlich aufgearbeitet.

7. 382,8 kg CO_2 werden gebunden, 379,6 kg CO_2 werden freigesetzt. Damit beträgt die tatsächlich aufgearbeitete Menge CO_2 durch den 1 ha großen Kartoffelacker 3,2 kg.

8. Die CO_2-Freisetzung des Autos aus Aufgabe 3 könnte von den Pflanzen eines 1 ha großen Kartoffelackers nicht aufgearbeitet werden.

Alkohol – Die Alltagsdroge

Lösungen der Aufgaben auf den Seiten 238 bis 239

1./2. Getränk	Vol. %	Alkoholgehalt in ml	Alkoholmenge in g	Anzahl Gläser für 60 g	Blutalkoholkonzentration (60 kg, männl.)	Blutalkoholkonzentration (40 kg, weibl.)
Biere (250 ml)						
Pils	5	12,5	10	6	0,24 ‰	0,42 ‰
Bockbier	8,5	21,25	17	3,5	0,40 ‰	0,71 ‰
Malzbier	1	2,5	2	30	0,05 ‰	0,08 ‰
Weine (120 ml)						
Tischwein	8	9,6	7,68	7,8	0,18 ‰	0,32 ‰
Sekt	11	13,2	10,56	5,7	0,25 ‰	0,44 ‰
Wermut	22	26,4	21,12	2,8	0,50 ‰	0,88 ‰
Spirituosen (20 ml)						
Eierlikör	20	4,0	3,2	18,8	0,08 ‰	0,13 ‰
Doppelkorn	42	8,4	6,72	8,9	0,16 ‰	0,28 ‰
Magenbitter	49	9,8	7,84	7,7	0,19 ‰	0,33 ‰

Übungen und Anwendungen

3. a) Getränk 1 ist Wermut, Getränk 2 ist Eierlikör.
   c) Die Grenze von 0,5 ‰ ist etwa erreicht bei 1 Glas Wermut, 1,25 Glas Bockbier, 2 Glas Pils oder Sekt, 2,5 Glas Magenbitter oder 6,25 Glas Eierlikör.

4. a) Die Abnahme der Alkoholkonzentration je Stunde beträgt $\frac{6\,\text{g}}{0{,}7 \cdot 60\,\text{kg}} \approx 0{,}15\,‰$.

   b) 3 Glas Sekt bedeuten einen Alkoholspiegel von 0,75 ‰. Nach 2 Stunden hätte er einen Spiegel von 0,45 ‰, erst nach 5 Stunden ist der Alkohol ganz abgebaut.

   c) In 7 Stunden wird der Alkoholspiegel um 1,05 ‰ abgebaut, demnach hat er noch 0,75 ‰, also viel zu viel. Erst nach 8 h 40 min ist der Spiegel auf 0,5 ‰ abgesunken. Ganz abgebaut ist der Alkohol nach 12 Stunden, also erst mittags um 12 Uhr.

Erläuterungen und Anregungen

Die Behandlung des sensiblen Themas „Drogenkonsum" im Mathematikunterricht scheint vor allem im Bereich Alkohol möglich. Dabei werden die physikalischen Größen Volumen, Dichte und Masse sowie die Abkürzungen % und ‰ und deren Bedeutung benutzt.
Die Blutalkoholkonzentration in Promille ist streng genommen nicht nur von den berücksichtigten Faktoren abhängig, sondern häufig auch von der psychischen Situation (Stress, hohe geistige Anstrengung) und der allgemeinen Konstitution (Veranlagung, Nahrungsaufnahme). Insofern sind die berechneten Werte zu relativieren. In Verbindung mit Tabletten kann Alkohol weitere negative Auswirkungen haben.
Neuere Geräte bestimmen den Blutalkoholspiegel über die Atemluft. Es ist dann ggf. nicht nötig, eine Blutprobe zu nehmen. Diese Instrumente sind aber sehr empfindlich und deshalb auch nicht ohne Probleme. Fehlerquellen können das Ergebnis verfälschen.

Literatur:
1. Materialien zu Drogenproblemen für den Biologie-Unterricht der gymnasialen Oberstufe. Ernst Klett Schulbuchverlag, Stuttgart 1990
2. Feuerlein, W.: Alkoholismus – Missbrauch und Abhängigkeit. Stuttgart, Thieme 1979

Rund ums Bauen

Lösungen der Aufgaben auf den Seiten 240 bis 241

1. Seien $1{,}5a$ und a die Seitenlängen des ursprünglichen Rechtecks. Dann gilt:
   $1{,}5a^2 + 8\,\text{m} = (1{,}5a + 5\,\text{m})(a - 2\,\text{m}) \Rightarrow a = 9\,\text{m}$.
   Ursprünglicher Flächeninhalt: $121{,}5\,\text{m}^2$; neuer Flächeninhalt: $129\,\text{m}^2$.

2. a) $(245\,\text{m} + x)(163\,\text{m} - x) = 0{,}933 \cdot 245 \cdot 163\,\text{m}$
   $x^2 + 82\,\text{m} \cdot x - 2675{,}645\,\text{m}^2 = 0 \Rightarrow x_1 \approx 25\,\text{m}$ ($x_2 \approx -107\,\text{m}$ entfällt.)
   Nach den Änderungen ist das Grundstück 270 m lang und 138 m breit.

   b) Der Flächenverlust beträgt rund 2675 m², die Entschädigung 200 625 €.

3. a) Grundstück X: Länge a, Breite b; Grundstück Y: Länge c, Breite d
   $ab = cd$; $a = c + 20\,\text{m}$; $d = b + 10\,\text{m} \Rightarrow c = 2b$; $a = 2b + 20\,\text{m}$; $d = b + 10\,\text{m}$
   Die Bedingungen sind erfüllbar: z. B. $a = 40\,\text{m}$; $b = 10\,\text{m}$; $c = 20\,\text{m}$; $d = 20\,\text{m}$.

   b) Der Flächeninhalt der beiden Grundstücke ist nicht eindeutig bestimmt.

   c) $2(a+b) = 2(c+d) \Rightarrow a + b + c + d \Rightarrow c + 20\,\text{m} + b = c + b + 10\,\text{m} \Rightarrow 20\,\text{m} = 10\,\text{m}$ (Widerspruch). Die Bedingung ist also nicht erfüllbar.

4. Die Autobahn wird als Spiegelachse betrachtet und A' abgetragen. A' wird mit B verbunden. Der Schnittpunkt mit der Autobahn ist der gesuchte Punkt C.

5. a) 79,48 €   b) 34,32 €   c) 13,20 €, wenn beide Scheiben aus einem Rechteck mit den Seitenlängen 30 cm und 40 cm geschnitten werden.

6. a) siehe Abbildung
   b) $C(5 | 8)$
   c) 2400 m²

7. a) Zu streichende Fläche: $\approx 102{,}25\,\text{m}^2$; benötigte gemischte Farbe: $\approx 25{,}6\,\text{l}$. Bei einer Mischung von 1 : 5 setzen sich diese zusammen aus 4,26 l gelber Farbe und 21,3 l weißer Farbe. Es werden 5 Büchsen gelbe Farbe und 3 Eimer weiße Farbe benötigt.

   b) Gelbe Farbe: 20,50 €
      Weiße Farbe: 69,00 €
      Gesamtkosten: 89,50 €

8. a) 30 Stunden   b) 27 Stunden

9. b) Turminnenraum: 904,8 m³; Mauerwerk: 703,7 m³
   c) 603,2 m²   d) um 201 m² bzw. um 33,3 %

Aus der Welt des Sports

Lösungen der Aufgaben auf Seite 242

1. Natürlich überholt Achill die Schildkröte, beide laufen mit unterschiedlicher Geschwindigkeit. Der Trugschluss kommt dadurch zustande, dass der Überholzeitpunkt und alle nachfolgenden Zeitpunkte aus der Betrachtung ausgeklammert werden; es wird nur analysiert, was vor dem Zeitpunkt des Überholens geschieht.

2. Die Teststrecke war 24 km lang. Für 100 km würde Jörg bei gleicher Geschwindigkeit eine Zeit von 3 h 7 min 30 s benötigen.

3. 24er Fahrrad: 1,536 km; 28er Fahrrad: 1,784 km (also 248 m mehr)

4. bis 10 Jahre: 29 Mitglieder → 13,7 %; 11 bis 20 Jahre: 64 Mitglieder → 30,3 %;
   21 bis 30 Jahre: 59 Mitglieder → 28,0 %; 31 bis 40 Jahre: 31 Mitglieder → 14,7 %;
   über 40 Jahre: 28 Mitglieder → 13,3 %

Ganz schön knifflig

Lösungen der Aufgaben auf Seite 243

1. Damit die Aufgabe lösbar ist, müssen 6 Rosen in gleichem Abstand voneinander am Rand angeordnet und eine Rose in der Mitte der Torte platziert werden. Die Schnitte sind so zu legen, dass jeweils auf einer Seite drei Rosen liegen und die Rose im Zentrum sich auf der anderen Seite befindet.

2. a) Hannes und Ulrike treffen sich nach 20 Minuten.
   b) Ihr Treffpunkt ist 8 km von der Schule entfernt.

3. Die Grundstücksfläche beträgt 1200 m². Familie Weiß erhält hiervon 400 m², Familie Meier 450 m².

4. Die nicht gegebene zweite Rechteckseite ist 5,39 cm lang. Bei der Rotation entsteht ein Zylinder mit folgenden Maßen:
   $r = 14$ cm; $h \approx 5{,}39$ cm;
   $A_O \approx 1705$ cm²; $V \approx 3316$ cm³.

5. a) siehe nebenstehende Abbildung
   b) $d \approx 1{,}91$ cm; $V \approx 11{,}5$ cm³
   c) siehe nebenstehende Abbildung
   d) Der Weg der Fliege ist 5 cm lang.

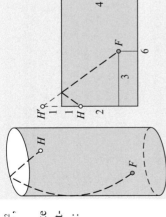

Na so ein Zufall ...

Lösungen der Aufgaben auf den Seiten 246 bis 248

1. a) siehe Abbildung
   b) 10 Möglichkeiten
   c) $P(\text{Gewinn}) = \frac{5}{6} \approx 0{,}833$

2. a) Vorgang mit zufälligem Ergebnis, $\Omega = \{1; 2; 3; 4; 5; 6\}$
   b) Vorgang mit zufälligem Ergebnis, $\Omega = \{\text{Wappen}; \text{Zahl}\}$
   c) kein Zufallsversuch
   d) kein Zufallsversuch

3. b) $A = \{(2; W); (4; W); (6; W)\}$
   c) $\overline{A} = \{(1; W); (3; W); (5; W); (1; Z); (2; Z); (3; Z); (4; Z); (5; Z); (6; Z)\}$
   d) $P(\overline{A}) = \frac{3}{4}$

4. a) siehe Abbildung
   b) $A = \{ZWW; ZWZ; ZZW; ZZZ\}$
   $B = \{WWW; WWZ; WZW;$
   $WZZ; ZWW; ZWZ; ZZW\}$
   $C = \{WZZ; ZWZ; ZZW; ZZZ\}$
   $D = \{WZW; WZZ; ZZW; ZZZ\}$

5. a) (Yin, Yin, Yin),
   (Yin, Yin, Yang),
   (Yin, Yang, Yin),
   (Yin, Yang, Yang),
   (Yang, Yin, Yin),
   (Yang, Yin, Yang),
   (Yang, Yang, Yin),
   (Yang, Yang, Yang)
   b) $P(\text{Yin, Yang, Yin}) = \frac{1}{8} = 0{,}125$
   c) Münzwurf mit drei Münzen
   d) Es ist auch dreimaliger Münzwurf mit einer Münze möglich.
   g) „empirisches Gesetz der großen Zahlen": Bei hinreichend langen Versuchsreihen ist es praktisch sicher, dass die relative Häufigkeit des Ereignisses A ungefähr gleich der Wahrscheinlichkeit von A ist.

Übungen und Anwendungen   Schulbuchseiten 247 bis 248

6. a) Es gibt drei Stellen, die mit zwei möglichen Zeichen zu gestalten sind. Codiert man die unterbrochene Linie mit der 0 und die durchgezogene Linie mit der Dualziffer 1, so entsprechen die Trigramme den acht Dualzahlen von 000 bis 111.
   b) Jedes Trigramm kann mit jedem Trigramm kombiniert werden. Es gibt daher $8 \cdot 8 = 64$ Hexagramme.
   c) $\frac{1}{32} = 0{,}03125$
   d) Geordnete Auswahl mit Zurücklegen von zwei Skatkarten aus z. B. allen Herzkarten. Die 64 möglichen Paare entsprechen den 64 Karten mit den verschiedenen Hexagrammen. Oder zwei unterscheidbare Skatspiele zusammen verwenden.

7. a) $\Omega = \{rr; rg; rb; gr; gg; gb; br; bg; bb\}$
   b) Gewinn: $A = \{rr; gg; bb\}$
   c) $P(A) = \frac{1}{3}$
      Die Entscheidungsregel ist fair, es gibt jeweils 18 Möglichkeiten.

9. a) $A = \{ (☺; ☺); (☺; ☒); (☺; ☺); (☺; ✌); (☺; ☒); (✌; ☒); $
        $(☒; ☒); (☒; ☺); (✌; ✌); (☒; ☒); (☒; ☺); (✌; ✌); (☒; ☒); (✌; ☞) \}$
   b) $A = \{ (☺; ☺); (☒; ✌); (✌; ☺); (☒; ☒); (✌; ☞) \}$
   c) Zum Gegenereignis von A gehören 12 Ergebnisse.
   d) $P(\text{Gewinn}) = 0{,}25$; $P(\text{Verlust}) = 0{,}75$

10. a) Es gibt 1000 Möglichkeiten, also braucht man 3000 Sekunden = 50 Minuten.
    b) Die Wahrscheinlichkeit beträgt $\frac{1}{1000} = 0{,}001$.
    c) Bei einem vierstelligen Zahlenschloss gibt es $10^4 = 10000$ Möglichkeiten. Um alle Einstellungen durchzuprobieren, benötigt man 30 000 s = 8 h 20 min. Die Wahrscheinlichkeit, dass Schloss sofort zu knacken, wäre $\frac{1}{10000} = 0{,}0001$.

11. a) rot 50 %, grün 50 %: Es müssen gleich viel rote und grüne Kugeln eingefüllt werden; es genügen schon eine rote und eine grüne Kugel.
    b) rot 20 %, grün 80 %: Es müssen viermal so viel grüne wie rote Kugeln eingefüllt werden; man benötigt mindestens eine rote und 4 grüne Kugeln.
    c) rot 12,5 %, grün 87,5 %: Es müssen siebenmal so viel grüne wie rote Kugeln eingefüllt werden; man benötigt mindestens eine rote und 7 grüne Kugeln.

Rahmenlehrplan Mathematik, Gymnasium Berlin Klasse 7/8
versus
Schulbuch Mathematik plus, Gymnasium Klasse 7, Berlin (2. Auflage)
Schulbuch Mathematik plus, Gymnasium Klasse 8, Berlin

Erläuterungen zum Vergleich der Inhalte des Rahmenlehrplans mit dem Schulbuch

Der inhaltliche Kern des neuen Rahmenlehrplans für die Sekundarstufe I ist in den Abschnitten 3 und 4 des Rahmenlehrplans enthalten.

Abschnitt 3 definiert die im Mathematikunterricht zu erreichenden Ziele in Form eines jeweils für das Ende einer Doppeljahrgangsstufe formulierten Katalogs von inhaltlichen und von prozessbezogenen Standards. Der Abschnitt 4 enthält eine viel umfangreichere und detailliertere Auflistung von Aktivitäten der Schülerinnen und Schüler, die zur Erreichung dieser Standards führen. Implizit ist durch die Nennung dieser Aktivitäten zugleich eine (grobe) Liste der zu vermittelnden mathematischen Inhalte gegeben, wobei diese nach Leitideen und Themenfeldern in Module gegliedert sind, die ausdrücklich keine Reihenfolge und Gliederung des Unterrichts vorschreiben wollen.

Die praktische Umsetzung des Rahmenlehrplans erfordert daher zunächst, eine sinnvolle und praktikable Stoffauswahl und Stoffanordnung zu treffen. Die Reihe Mathematik plus macht hierzu ein konkretes Angebot. Die beiden Bücher für die Klassenstufen 7 und 8 decken dabei gemeinsam die Inhalte des Rahmenlehrplans für die Doppeljahrgangsstufe 7/8 ab, die beiden Bände für die Klassenstufen 9 und 10 werden gemeinsam die Inhalte des Rahmenlehrplans für die Doppeljahrgangsstufe 9/10 abdecken.

Die folgende Gegenüberstellung zeigt Ihnen, welche Inhalte des Rahmenlehrplans an welcher Stelle in den Schulbüchern für die Klassen 7 und 8 behandelt werden.

Für die Gegenüberstellung verwenden wir nur die Auflistung der Schüleraktivitäten aus Abschnitt 4 des Rahmenlehrplans, weil ein erfolgreiches „Abarbeiten" dieser Liste das Erreichen der Standards aus Abschnitt 3 impliziert. Um die Gegenüberstellung von Lehrplaninhalten und Schulbuchinhalten richtig zu verstehen, ist zu beachten, dass durch die enge Verzahnung verschiedener mathematischer Inhalte und die ebenfalls enge Verzahnung von inhaltlichen und prozessbezogenen Kompetenzen, die der Rahmenlehrplan vorsieht und die die Reihe *Mathematik plus* aufgreift, in der Regel nicht nur ein oder zwei bestimmte Abschnitte des Buches genannt werden können. Wo dies doch geschieht oder wo gar ganz bestimmte Aufgaben oder Beispiele des Buches angeführt werden, ist dies bis auf wenige Ausnahmen nur so zu verstehen, dass an der genannten Stelle des Buches ein besonders deutlicher Bezug zur jeweiligen Schülertätigkeit gegeben ist, nicht etwa so, dass dies die einzige dazu passende Stelle des Buches sei. Zu beachten ist ferner, dass die Liste aus Abschnitt 4 des Rahmenlehrplans einige Hinweise und Anregungen enthält, die nur im laufenden Unterricht und in ganz individueller Weise aufgegriffen werden können und die daher nicht ins Schulbuch aufgenommen wurden; letzteres auch, um eine Überfrachtung der Bücher zu vermeiden. Es wird ohnehin eine individuelle Auswahl sowohl aus den Vorschlägen des Rahmenlehrplans als auch aus den Angeboten des Buches zu treffen sein. Zuletzt sei noch darauf hingewiesen, dass der Abschnitt 4 des Rahmenlehrplans eine erkleckliche Anzahl solcher Schüleraktivitäten aufführt, die an bereits früher behandelte mathematische Inhalte geknüpft sind, hier – in den Jahrgangsstufen 7 und 8 – also im Sinne einer freien und bedarfsweisen Anwendung bekannten Stoffes in neuen Zusammenhängen (wie beispielsweise die Berechnung einer Dreiecksfläche bei Gelegenheit der Berechnung von Körperoberflächen) mitlaufen müssen und daher nicht explizit Gegenstand in den Schulbüchern für die Klassen 7 und 8 sein können. Die *kursiv* gesetzten Kommentare der folgenden Tabelle geben dazu gelegentlich nähere Hinweise.

Rahmenlehrplan Mathematik Gymnasium Berlin; Doppeljahrgangsstufe 7/8 – Themen und Inhalte	Mathematik *plus* Berlin, Gymnasium Klasse 7	Seite	Mathematik *plus* Berlin, Gymnasium Klasse 8	Seite
P1: Daten erheben und verstehen Die Schülerinnen und Schüler	**Erfassen und Auswerten von Daten**	99 – 118	*Die Themen des Moduls P1 sind im Kapitel „Zufallsversuche" stets im Hintergrund präsent.*	
– stellen selbst erhobene Daten in Urlisten, Strichlisten und Häufigkeitstabellen zusammen und stellen sie mittels Kreis-, Linien- und Balkendiagrammen dar.	• Zufall und Statistik • Erfassen und Darstellen von Daten • Statistische Kennwerte • Untersuchen von Häufigkeitsverteilungen	13ff. 100ff. 105ff. 114f.	• Daten, Stichproben, Häufigkeiten	114f.
– bestimmen das Maximum, das Minimum und berechnen das arithmetische Mittel eines Datensatzes.	• Statistische Kennwerte	105ff.	• Daten, Stichproben, Häufigkeiten	114f.
– bestimmen absolute und relative Häufigkeiten.	• Zufall und Statistik • Erfassen und Darstellen von Daten	13ff. 100ff.	• Zufallsversuche und Ereignisse • Häufigkeiten und Wahrscheinlichkeiten	116ff. 122ff.
– interpretieren Ergebnisse von Datenerhebungen, vergleichen diese mit ihren Erwartungen und beurteilen sie.	durchgängig im gesamten Kapitel „Erfassen und Auswerten von Daten"; hierzu auch besonders die Doppelseite • „Die zwei Probleme der Welternährung"	99 – 118 112/113		
– klassifizieren Daten in Messdaten, mit denen Rechnungen durchgeführt werden können, in Daten mit qualitativen Merkmalen und in Daten mit speziellen Rangmerkmalen.	durchgängig im gesamten Kapitel „Erfassen und Auswerten von Daten"	99 – 118		
– bestimmen den Median einer Häufigkeitsverteilung.	• Statistische Kennwerte besonders ab Seite 109 • Untersuchen von Häufigkeitsverteilungen	105ff. 114f.		
– ermitteln und beurteilen in Sachsituationen statistische Ergebnisse und begründen ihre Entscheidungen und Konsequenzen.	durchgängig im gesamten Kapitel „Erfassen und Auswerten von Daten"	99 – 118		
– planen statistische Erhebungen und erfassen die Daten.	• Erfassen und Darstellen von Daten hierzu auch besonders die „Teste dich!"- Aufgaben 4, 5	100ff. 116		
– stellen Daten dar (Balken- und Kreisdiagramme) und bewerten Darstellungen kritisch.	• Erfassen und Darstellen von Daten • Statistische Kennwerte zur kritischen Bewertung besonders S. 101, S. 102 Nr. 5, S. 104, S. 108 ab Nr. 10; „Teste dich!" Nr. 6	100ff. 105ff. 117		

Rahmenlehrplan	Mathematik *plus* 7	Seite	Mathematik *plus* 8	Seite
P2: Verhältnisse mit Proportionalität erfassen Die Schülerinnen und Schüler	**Zuordnungen und Proportionalität** *Schon in Klasse 6 sieht der Lehrplan eine Auseinandersetzung mit proportionalen und indirekt proportionalen Zuordnungen vor; in Klasse 7 werden diese Kenntnisse wiederholt, vertieft und in Sachaufgaben (besonders zur Prozent- und Zinsrechnung) angewendet.*	5 – 52	*Viele Themen des Moduls P2 spielen in den Abschnitten über lineare Funktionen naturgemäß eine wichtige Rolle. Der funktionale Aspekt proportionaler und indirekt proportionaler Zuordnungen steht dabei Vordergrund.*	
– beschreiben proportionale Zuordnungen sprachlich, mit Hilfe von Diagrammen und Tabellen.	• Zuordnungen • Proportionale Zuordnungen • Grafische Darstellung von proportionalen Zuordnungen	6ff. 17ff. 20f.	• Proportionale und antiproportionale Zuordnungen an vielen Stellen in den Abschnitten über lineare Funktionen	89ff. 75 – 112; 195 – 201
– beschreiben die Eigenschaften proportionaler Zuordnungen an Beispielen.	• Proportionale Zuordnungen • Grafische Darstellung von proportionalen Zuordnungen durchgängig im ganzen Kapitel	17ff. 20f. 5 – 52	• Proportionale und antiproportionale Zuordnungen auch in den Abschnitten • Lineare Funktionen • Eigenschaften linearer Funktionen • Anwendungen linearer Funktionen	89ff. 93ff. 97ff. 198ff.
– beschreiben Anteile als proportionale Zuordnung mit Hilfe des Prozentbegriffes.	• Grundaufgaben der Prozentrechnung besonders S. 43f.	38ff.		
– beschreiben den Maßstab und Vergrößerungen/ Verkleinerungen als proportionale Verhältnisse.	• Größenordnungen in der Natur • Verhältnisgleichung und Produktgleichung	22/23 36f.		
– lösen realitätsnahe Probleme im Zusammenhang mit proportionalen Zusammenhängen.	• Überall Prozente – Anwendungen der Prozentrechnung • Zinsrechnung	218ff. 228ff.	• Proportionale und antiproportionale Zuordnungen • Anwendungen linearer Funktionen	89ff. 198ff.
– nutzen die Proportionalität zwischen Prozentwert und Prozentsatz.	• Grundaufgaben der Prozentrechnung prinzipiell bei allen Aufgaben im Kapitel „Anwendungen der Prozentrechnung"	38ff. 43f. 211 – 236		
– stellen proportionale Zuordnungen im Koordinatensystem dar und wählen dazu geeignete Maßstäbe und Einheiten aus.	• Grafische Darstellung von proportionalen Zuordnungen in vielen Aufgaben der Kapitel „Zuordnungen und Proportionalität" und „Anwendungen der Prozentrechnung"	20f. 5 – 52 211 – 236	• Proportionale und antiproportionale Zuordnungen • Lineare Funktionen • Eigenschaften linearer Funktionen • Anwendungen linearer Funktionen	89ff. 93ff. 97ff. 198ff.
– schätzen und überschlagen Größen bei proportionalen Zuordnungen.	durchgängig im ganzen Kapitel	5 – 52	• Proportionale und antiproportionale Zuordnungen • Anwendungen linearer Funktionen	89ff. 198ff.

– berechnen Größen bei proportionalen Zuordnungen im Kopf, schriftlich und mit dem Taschenrechner.	durchgängig im ganzen Kapitel	5 – 52	• Proportionale und antiproportionale Zuordnungen • Anwendungen linearer Funktionen	89ff. 198ff.
– visualisieren Anteile und Prozentangaben in unterschiedlichen Darstellungsformen auch durch Skizzen.	• Grundaufgaben der Prozentrechnung zahlreiche Aufgaben dazu im gesamten Kapitel „Anwendungen der Prozentrechnung"	38ff. 211 – 236		
– nutzen zur Prozent- und Zinsrechnung proportionale Zuordnungen.	• Grundaufgaben der Prozentrechnung • Prozentuale Zu- und Abnahme • Zinsrechnung	38ff. 212ff. 228ff.		
– berechnen Prozentsätze, Prozentwerte und den Grundwert auch mit dem Dreisatz.	• Grundaufgaben der Prozentrechnung überall im Kapitel „Anwendungen der Prozentrechnung" Das Lösungsverfahren „Dreisatz" wird ausführlich behandelt im Abschnitt • Dreisatz bei proportionalen Zuordnungen	38ff. 211 – 236 24ff.		
– stellen die Quotientengleichheit bei proportionalen Zuordnungen durch Verhältnisgleichungen dar.	• Verhältnisgleichung und Produktgleichung	36f.		
– vergleichen die Lösungsverfahren Dreisatz, Verhältnisgleichung und Tabelle.	• Dreisatz bei proportionalen Zuordnungen • Verhältnisgleichung und Produktgleichung	24ff. 36f.		
– wählen zur Berechnung von Größen bei proportionalen Zuordnungen Verfahren bzw. Darstellungen begründet aus (Tabelle, Dreisatz, Diagramm, etc.).	im gesamten Kapitel „Zuordnungen und Proportionalität"; auch im Kapitel „Anwendungen der Prozentrechnung"	5 – 52 211 – 236		
– lösen Probleme mit erhöhtem und vermindertem Grundwert.	• Prozentuale Zu- und Abnahme	212ff.		
– lösen Sachaufgaben durch mehrfache Anwendung der proportionalen Zuordnungen.	• Sachaufgaben • Prozentuale Zu- und Abnahme	45ff. 212ff.	• Anwendungen linearer Funktionen	198ff.

Rahmenlehrplan	Mathematik *plus* 7	Seite	Mathematik *plus* 8	Seite
P3: Negative Zahlen verstehen und verwenden Die Schülerinnen und Schüler	**Rationale Zahlen**	53 – 98	*Das Rechnen mit rationalen Zahlen wird auch in allen Themen der Klasse 8 ständig angewendet und geübt.*	
– reflektieren und präsentieren Erfahrungen mit negativen Zahlen aus ihrer Lebenswelt.	• Positive und negative Zahlen	54ff.		
– nennen außermathematische Gründe und Beispiele für die Zahlbereichserweiterung.	• Positive und negative Zahlen	54ff.		
– beschreiben negative Bruchzahlen.	• Positive und negative Zahlen	54ff.		
– begründen ihre Rechenstrategie im Umgang mit negativen Zahlen.	• Addition und Subtraktion rationaler Zahlen • Multiplikation und Division rationaler Zahlen • Nacheinanderausführung verschiedener Rechenoperationen	64ff. 72ff. 78ff.		
– stellen negative und positive Zahlen auf der Zahlengeraden dar.	• Die Ordnung rationaler Zahlen	62f.		
– bestimmen den Abstand zweier beliebiger Zahlen und können dies an mindestens einem Modell veranschaulichen.	• Betrag rationaler Zahlen • Die Ordnung rationaler Zahlen • Addition und Subtraktion rationaler Zahlen	60f. 62f. 64ff.		
– beschreiben Sachkontexte mit negativen Zahlen.	überall in den Kapiteln „Rationale Zahlen", „Gleichungen und Ungleichungen"; gelegentlich auch im Kapitel „Anwendungen der Prozentrechnung"	53–98 171 – 210 211 – 236		
– unterscheiden Vorzeichen und Rechenzeichen.	• Positive und negative Zahlen (besonders S. 55, 56)	54ff.		
– setzen für Variablen auch negative Zahlen ein und bestimmen den Wert von Termen.	in vielen Aufgaben der Kapitel „Rationale Zahlen", „Gleichungen und Ungleichungen"	53–98 171 – 210	im ganzen Kapitel „Terme und Gleichungen"	5 – 74
– rechnen mit rationalen Zahlen im Kopf, halbschriftlich und mit dem Taschenrechner.	Kapitel „Rationale Zahlen", „Gleichungen und Ungleichungen" und „Anwendungen der Prozentrechnung"	53–98 171 – 236		
– nutzen die Begriffe Gegenzahl und Betrag und die Symbole für natürliche Zahlen, ganze Zahlen und rationale Zahlen.	Wissenskästen auf S. 55, 56, 57; Hinweis am Rand auf S. 56; in vielen Aufgaben der Kapitel „Rationale Zahlen", „Gleichungen und Ungleichungen" und „Prozentrechnung" • Betrag rationaler Zahlen	55ff. 53ff. 171ff. 211ff. 60f.		
– begründen die Vorzeichenregeln für die Multiplikation negativer Zahlen.	• Multiplikation und Division rationaler Zahlen	72ff.		
– verwenden die Rechengesetze auch im Umgang mit negativen Zahlen vorteilhaft.	• Nacheinanderausführung verschiedener Rechenoperationen	78ff.		

Rahmenlehrplan	Mathematik *plus* 7	Seite	Mathematik *plus* 8	Seite
P4: Mit Funktionen Beziehungen und Veränderungen beschreiben	**Zuordnungen und Proportionalität**	5 – 52	**Funktionen**	75 – 112;
Die Schülerinnen und Schüler			**Lineare Funktionen und lineare Gleichungssysteme**	195 – 230
– geben zu vorhandenen Graphen von Funktionen Sachsituationen an.			• Zuordnungen und Funktionen • Darstellen von Funktionen • Funktionen als mathematische Modelle	76ff. 80ff. 196f.
– stellen Sachkontexte funktionaler Zusammenhänge mit Hilfe von Tabellen und Graphen dar. – ermitteln Daten aus Sachsituationen, erfassen sie mit Hilfe von Tabellen und stellen sie im Koordinatensystem dar und beschreiben den funktionalen Zusammenhang. – stellen tabellarisch gegebene Funktionen im Koordinatensystem dar. – lesen aus Graphen Wertepaare ab. – erfassen und beschreiben Funktionen sowohl sprachlich als auch in Skizzen, Tabellen und Graphen.	im gesamten Kapitel „Zuordnungen und Proportionalität", insbesondere • Zuordnungen • Zufall und Statistik • Grafische Darstellung von proportionalen Zuordnungen • Darstellung von indirekt proportionalen Zuordnungen • Sachaufgaben vielfältige Bezüge zu den fachlichen Inhalten und allgemeinen Kompetenzen von P4 auch in den Kapiteln „Erfassen und Auswerten von Daten" und „Anwendungen der Prozentrechnung"	 6ff. 13ff. 17ff. 31ff. 45ff. 99ff. 211ff.	im gesamten Kapitel „Funktionen" und vielfach im Kapitel „Lineare Funktionen und lineare Gleichungssysteme", insbesondere: • Zuordnungen und Funktionen • Darstellen von Funktionen • Funktionen als mathematische Modelle • Anwendungen linearer Funktionen vielfältige Bezüge zu den fachlichen Inhalten und allgemeinen Kompetenzen von P4 auch im Kapitel „Zufallsversuche"	75 – 112 195 – 230 76ff. 80ff. 196f. 198ff. 113 – 144
– ordnen die Größen gegebener Funktionen den Achsen des Koordinatensystems begründet zu. – begründen ihre Entscheidung für eine graphische Darstellung von Funktionen. – beschreiben Funktionen als eindeutige Zuordnungen. – entscheiden, ob die Koordinatenpunkte von Graphen verbunden werden können.				
– erfassen und beschreiben Funktionen durch Terme.				

Rahmenlehrplan	Mathematik *plus* 7	Seite	Mathematik *plus* 8	Seite
P5: Mit Variablen, Termen und Gleichungen Probleme lösen Die Schülerinnen und Schüler	Gleichungen und Ungleichungen	171 – 210	Terme und Gleichungen	5 – 74
– beschreiben Sachsituationen, geometrische Situationen und arithmetische Zusammenhänge durch Terme.	• Terme aufstellen und berechnen • Terme umformen und vereinfachen • Aussagen und Aussageformen durchgängig im gesamten Kapitel „Gleichungen und Ungleichungen"; immer wieder auch im Kapitel „Anwendungen der Prozentrechnung"	172ff. 176ff. 179 171 – 210 211 – 236	durchgängig im ganzen Kapitel „Terme und Gleichungen"; grundlegende Kenntnisse im Umgang mit Variablen und Termen werden besonders in folgenden Abschnitten vermittelt: • Variablen und Terme • Struktur von Termen; Termwertberechnungen • Addition und Subtraktion von Termen • Multiplikation von Termen • Bruchterme • Nutzung von Variablen in mathematischen Beweisen für die Behandlung von Sachsituationen siehe besonders: • Lösen von Sachaufgaben die Beschreibung geometrischer Situationen besonders auch im Kapitel „Körper und Figuren"	5 – 74 6ff. 10ff. 15ff. 20ff. 30ff. 36ff. 56ff. 145 – 194
– verwenden Variablen als Repräsentanten für gesuchte Größen und Anzahlen.	durchgängig im gesamten Kapitel „Gleichungen und Ungleichungen"	171 – 210	durchgängig im ganzen Lehrbuch, besonders augenfällig im Kapitel „Terme und Gleichungen"	5 – 248 5 – 74
– wechseln situationsangemessen zwischen unterschiedlichen Darstellungsformen gebrochener Zahlen (Bruchdarstellung, Dezimaldarstellung, Zehnerpotenzen mit natürlichen Exponenten).	durchgängig in den Kapiteln „Rationale Zahlen", „Gleichungen und Ungleichungen" und „Anwendungen der Prozentrechnung"; die Aufgaben in den Kapiteln „Erfassen und Auswerten von Daten" und „Übungen und Anwendungen" lassen den Schülern oft die freie Wahl in der Frage geeigneter Zahldarstellungen; Zehnerpotenzen speziell im Abschnitt • Potenzen mit ganzzahligen Exponenten	53ff. 171ff. 211ff. 99ff. 237ff. 89ff.	durchgängig in den Kapiteln „Terme und Gleichungen" und „Lineare Funktionen und lineare Gleichungssysteme"; die Aufgaben in den Kapiteln „Zufallsversuche", „Körper und Figuren" und „Übungen und Anwendungen" lassen den Schülerinnen und Schülern oft die freie Wahl in der Frage geeigneter Zahldarstellungen	5 – 74 195 – 230 113ff. 145ff. 231ff.
– überprüfen Ergebnisse durch Einsetzen.	durchgängig im gesamten Kapitel „Gleichungen und Ungleichungen"	171 – 210	durchgängig in den Kapiteln „Terme und Gleichungen" und „Lineare Funktionen und lineare Gleichungssysteme"	5 – 74 195 – 230

– lösen Gleichungen – auch nichtlineare – durch „Ausprobieren und Korrigieren".	besonders thematisiert im Abschnitt • Gleichungen für nichtlineare Gleichungen beachte man besonders auch die Abschnitte • Quadrate und Wurzeln • Näherungsweises Berechnen von Wurzeln • Potenzen mit ganzzahligen Exponenten für Betragsgleichungen siehe auch Seite 119	182ff. 84f. 86ff. 89ff. 119	durchgängig im Kapitel „Terme und Gleichungen" und in vielen Sachaufgaben im ganzen Buch; zahlreiche Übungen für diese Kompetenz auch im Kapitel „Körper und Figuren"; für Betragsgleichungen beachte auch besonders • Die Betragsfunktion	107
– begründen Gleichungsumformungen mit einem Modell (z. B. Waagemodell).	• Äquivalenzumformungen von Gleichungen insbesondere Beispiele auf den Seiten 183 und 190; S. 204 Nr. 8 und andere Stellen	190ff. 183 190 204		
– wenden Rechengesetze auf Terme an, indem sie Terme ordnen und ausmultiplizieren.	• Terme umformen und vereinfachen • Potenzen mit ganzzahligen Exponenten durchgängig im gesamten Kapitel „Gleichungen und Ungleichungen"	176ff. 89ff.	durchgängig im Kapitel „Terme und Gleichungen"; besonders in • Gleichungen mit Klammern • Bruchgleichungen	5 – 74 52ff. 60ff.
– geben zu gegebenen Termen Sachzusammenhänge an.	diese etwas künstliche, aber instruktive Übungsform findet man in Mathematik plus 7 immer wieder in Aufgaben, z. B. S. 185 Nr. 14 oder S. 188 Nr. 23	185 188	das nötige Rüstzeug für diesen Aufgabentyp erwerben die Schülerinnen und Schüler am leichtesten durch die Übersetzung geometrischer Sachverhalte in Terme (z. B. S. 7 Nr. 8, S. 14 Nr. 18, S. 15, S. 20ff., S. 24) und durch die Beschäftigung mit physikalischen (und anderen) Formeln (S. 66f.)	7, 14, 20ff., 24 66f.
– lösen Gleichungen – auch nichtlineare – durch systematisches Probieren (z. B. Anlegen einer Tabelle).	besonders thematisiert im Abschnitt • Gleichungen nichtlineare Gleichungen in einzelnen Aufgaben, besonders auf den Seiten 200 – 207; für nichtlineare Gleichungen beachte man besonders auch die Abschnitte • Quadrate und Wurzeln • Näherungsweises Berechnen von Wurzeln • Potenzen mit ganzzahligen Exponenten für Betragsgleichungen siehe auch Seite 119	182ff. 200ff. 84f. 86ff. 89ff. 119	durchgängig im Kapitel „Terme und Gleichungen" und in vielen Sachaufgaben im ganzen Buch; zahlreiche Übungen für diese Kompetenz auch im Kapitel „Körper und Figuren"; für Betragsgleichungen beachte auch besonders • Die Betragsfunktion	5 – 74 145 – 194 107
– veranschaulichen Rechengesetze (Distributivgesetz, Binomische Formeln) durch Flächen.			• Multiplikation von Termen binomische Formeln ab S. 24	20ff. 24

– wenden Rechengesetze auf Terme an, indem sie Terme faktorisieren und gegebenenfalls kürzen.	• Terme umformen und vereinfachen durchgängig im gesamten Kapitel „Gleichungen und Ungleichungen"	176ff. 171 – 210	• Multiplikation von Termen Ausklammern und Faktorisieren besonders ab Seite 26 • Bruchterme Erweitern und Kürzen besonders ab Seite 31 • Gleichungen mit Klammern selbstverständlich auch: durchgängig im Kapitel „Terme und Gleichungen" und in vielen Sachaufgaben im ganzen Buch	20ff. 26f. 30ff. 31f. 52ff. 5 – 74
– deuten die Binomischen Terme als Spezialfälle der allgemeinen Terme der Form $(a+b)(c+d)$ und begründen die Binomischen Formeln.			• Multiplikation von Termen binomische Formeln ab S. 24; als Erweiterung auch: • Das Pascalsche Dreieck	20ff. 24 28f.
– beschreiben und verwenden ein allgemeines Verfahren zur Lösung linearer Gleichungen.	• Äquivalenzumformungen von Gleichungen	190ff.	die systematische Behandlung linearer Gleichungen durchzieht naturgemäß das gesamte Kapitel „Lineare Funktionen und lineare Gleichungssysteme"	195 – 230
– lösen lineare Gleichungen durch Ausmultiplizieren und Zusammenfassen von Termen.	durchgängig im gesamten Kapitel „Gleichungen und Ungleichungen"	171 – 210	durchgängig in den Kapiteln „Terme und Gleichungen", „Funktionen" und „Lineare Funktionen und lineare Gleichungssysteme"	5 – 74; 75 – 112; 195 – 230
– begründen Formelumstellungen mit ihrem Verfahren zur Lösung linearer Gleichungen.	in zahlreichen Anwendungs- und Sachaufgaben; besonders auch bei Aufgaben zur Prozentrechnung		• Umstellen von Formeln	66f.
– lösen lineare Gleichungen bezüglich einer Grundmenge und geben die Lösungsmenge an.	im Abschnitt • Gleichungen besonders ab Seite 186	182ff. 186ff.	• Bruchgleichungen • Gleichungen mit Parametern • Ungleichungen • Bruchungleichungen hierzu auch: • Eigenschaften linearer Funktionen (Einschränkung des Definitionsbereichs) • Monotonie und Nullstellen (Seite 109, Nr. 6 und 7)	60ff. 64f. 68f. 70f. 97ff. 108, 109
– deuten in Sachsituationen das Gleichsetzen linearer Terme als Bestimmung eines Schnittpunktes von Graphen linearer Funktionen. – deuten in Sachsituationen das Gleichsetzen eines linearen Terms und eines Bruchterms als Bestimmung eines Schnittpunktes einer linearen Funktion und einer Hyperbelfunktion.			• Lineare Gleichungssysteme mit zwei Variablen • Anwendungsaufgaben	206ff. 225ff.

Rahmenlehrplan	Mathematik *plus* 7	Seite	Mathematik *plus* 8	Seite
P6: Konstruieren und mit ebenen Figuren argumentieren	**Geometrie in der Ebene**	119 – 170		
Die Begriffe „Punkt, Gerade, Strecke, Winkel, parallel, orthogonal, achsensymmetrisch", die Klassifikation von Dreiecken nach Seiten und Winkelgrößen, Sätze über Winkel an geschnittenen Geraden, Sätze über Winkelsummen in Dreiecken und Vierecken sowie Grundfragen der eindeutigen Konstruierbarkeit von Dreiecken (Kongruenzsätze) standen als neuer Stoff bereits in der Klassenstufe 6 auf dem Programm. Mathematik plus 7 stellt diesen Stoff auf den Seiten 120 bis 131 in der Art eines Kompaktkurses noch einmal dar. Die Anwendung dynamischer Geometriesoftware auf Inhalte der Klassenstufe 6 ist eine weitere Möglichkeit, diese Inhalte auf quasi spielerische Art zu wiederholen und zu vertiefen und dabei gleichzeitig den Umgang mit DGS zu üben und deren freien Einsatz für die neuen Inhalte der Klassenstufe 7 vorzubereiten. Mathematik plus 7 bietet dazu ein Sonderthema auf den Seiten 132 – 139 des Schulbuches und zu diesem einige vorbereitete Dateien als Onlineangebot im Internet. In den folgenden Geometrieabschnitten der Klasse 7 werden bis dahin erworbene Geometriekenntnisse allenthalben angewendet und zur Begründung neuer mathematischer Sätze genutzt. In vielen der Aufgaben werden die Schülerinnen und Schüler zu Begründungen und zur kritischen Beurteilung von Lösungs- und Konstruktionsmethoden aufgefordert, was die ständige Präsenz und immer neue Anwendung der Geometriekenntnisse aus den Klassen 5 und 6 erfordert.			
Die Schülerinnen und Schüler				
– beschreiben ebene Figuren – auch aus ihrem Umfeld – mit den Begriffen Punkt, Gerade, Strecke, Winkel, parallel, orthogonal („senkrecht zu"), achsensymmetrisch.	durchweg im gesamten Kapitel „Geometrie in der Ebene"	119 – 170	bezogen auf die Oberflächen geometrischer Körper durchweg im gesamten Kapitel „Körper und Figuren"	145 – 194
– klassifizieren Dreiecke nach dem Kriterium der Achsensymmetrie (gleichschenklig, gleichseitig) und nach Winkelgröße (spitz-, stumpf-, rechtwinklig).	• Kongruenzsätze für Dreiecke • Verschiebungen, Spiegelungen und Drehungen – Symmetrie von Figuren (besonders S. 128 Nr. 1)	120ff. 128ff.		
– beschreiben die Kongruenz als Deckungsgleichheit.	• Kongruenzsätze für Dreiecke	120ff.		
– begründen die Eindeutigkeit (Kongruenz) von Dreiecken mit der Angabe von 3 Seiten.	• Kongruenzsätze für Dreiecke siehe auch Kommentar oben	120ff.		
– bestimmen Winkel mit Hilfe der Sätze über Scheitel-, Neben- und Stufenwinkel und der Winkelsumme im Dreieck.	siehe Kommentar oben			
– charakterisieren Vierecke.	• Verschiebungen, Spiegelungen und Drehungen – Symmetrie von Figuren (besonders Seite 130 Nr. 11); auch im Abschnitt • Flächeninhalt von Dreiecken und Vierecken (z. B. S. 127, Nr. 17 und 18); siehe auch Kommentar oben; für Sehnen- und Tangentenvierecke siehe auch: • Umkreis von Dreieck und Viereck • Inkreis von Dreieck und Viereck	128ff. 125ff. 151ff. 156ff.		

– skizzieren Figuren als Vorbereitung für eine Konstruktion oder eine Problemlösung.	überall im Kapitel „Geometrie in der Ebene"; siehe auch Methodenkasten auf Seite 158	119 – 170 158		
– konstruieren Dreiecke, parallele und orthogonale Geraden und Mittelsenkrechten mit Zirkel, Lineal und Geodreieck.	zahlreiche solche Konstruktionen in fast allen Aufgaben des Kapitels „Geometrie in der Ebene"	119 – 170		
– konstruieren besondere Linien im Dreieck (Höhe, Seitenhalbierende, Winkelhalbierende, Mittelsenkrechte).	• Umkreis von Dreieck und Viereck • Inkreis von Dreieck und Viereck Einige dieser Konstruktionen gehören auch schon zum Stoff der Klasse 6 (siehe Kommentar oben) – ein Wiederholungsangebot unter Nutzung von DGS enthalten die Seiten 132 – 139.	151ff. 156ff. 132ff.		
– erkunden geometrische Zusammenhänge z. B. durch den Einsatz dynamischer Geometriesoftware.	• Finden von Vermutungen mit DGS und weitere Hinweise und Onlineangebote zur Dynamischen Geometriesoftware (S. 147, 152, 153, 157, 160ff., 164)	132ff. 147 152f. 157 160ff.		
	Das Buch für die Klasse 7 legt einen besonderen Schwerpunkt auf den Einsatz von dynamischer Geometriesoftware (DGS) als nützliches Hilfsmittel, ohne freilich diesen Einsatz zur zwingenden Notwendigkeit zu erheben. Der freie und wohlüberlegte Umgang mit „Werkzeugen" und Rechenhilfsmitteln gehört mit zu den wichtigsten Kompetenzen, deren Beherrschung (in sinnvollem Ausmaß) heute von allen Schülerinnen und Schülern erwartet wird.			
– begründen die Eindeutigkeit (Kongruenz) von Dreiecken mit der Angabe von 2 Seiten und dem eingeschlossenen Winkel oder mit der Angabe von einer Seite und den beiden anliegenden Winkeln.	• Kongruenzsätze für Dreiecke siehe Kommentar oben; in einigen Aufgaben der folgenden Abschnitte wird diese Begründung explizit gefordert, z. B. S. 152 Nr. 7, S. 153 Nr. 8, S. 156 Nr. 5, S. 163 Nr. 16, 17	120ff. 152f. 156ff.		
– beweisen den Satz des Thales.	• Der Satz des Thales	164ff.		
– verwenden den Satz des Thales zur Begründung von Rechtwinkligkeit.	• Der Satz des Thales	164ff.		
– beweisen den Satz über die Winkelsumme im Dreieck. – begründen die Winkelsumme im Viereck durch Zerlegen in Dreiecke.	siehe Kommentar oben; Anwendung von Winkelsummensätzen auch bei der Analyse und Konstruktion von Sehnenvierecken (S. 153ff.)	153ff.		
– konstruieren besondere Linien auch im stumpfwinkligen Dreieck.	• Umkreis von Dreieck und Viereck • Inkreis von Dreieck und Viereck; beachte auch: • Finden von Vermutungen mit DGS siehe auch Kommentar oben	151ff. 156ff. 132ff. 136ff.		

– konstruieren und systematisieren Vierecke.	zahlreiche Viereckskonstruktionen besonders in den Abschnitten • Umkreis von Dreieck und Viereck • Inkreis von Dreieck und Viereck zur Systematisierung der Vierecke beachte man auch • Verschiebungen, Spiegelungen und Drehungen – Symmetrie von Figuren (besonders Seite 130 Nr. 11) • Flächeninhalt von Dreiecken und Vierecken (z. B. S. 127, Nr. 17 und 18); siehe auch Kommentar oben	151ff. 156ff. 128ff. 125ff.		
⊢⊣ ⊢⊣ ⊢⊣ – geben Beispiele für eindeutige und nichteindeutige Konstruktionen von Dreiecken.	• Kongruenzsätze für Dreiecke hier besonders Seite 121 Nr. 7 und S. 122 Nr. 8; weitere instruktive Beispiele dazu ergeben sich auch aus mehreren weiteren Aufgaben des Kapitels „Geometrie in der Ebene", etwa S. 156 Nr. 5, S. 163 Nr. 16 und Nr. 17	120ff. 121 122 156 163		
– argumentieren bei der Begründung von Eigenschaften von Vierecken mit Symmetrie, den Winkelsätzen oder der Kongruenz.	Begründen und Beweisen – auch mithilfe von Symmetrieüberlegungen, Winkelsätzen und Kongruenzsätzen – durchzieht als Leitidee das gesamte Kapitel „Geometrie in der Ebene"; allgemein zu den verschiedenen Beweismethoden und Schlussweisen: • Definitionen, Sätze und Beweise	119 – 170 143ff.		

Rahmenlehrplan	Mathematik *plus* 7	Seite	Mathematik *plus* 8	Seite
P7: Proportionale und antiproportionale Modelle Die Schülerinnen und Schüler	**Zuordnungen und Proportionalität**	5 – 52	**Funktionen** **Lineare Funktionen und lineare Gleichungssysteme**	75 – 112; 195 – 201
– interpretieren Diagramme, indem sie Wertepaare ablesen und Aussagen über die zugrunde liegenden Zuordnungen machen.	• Zuordnungen • Proportionale Zuordnungen • Grafische Darstellung von proportionalen Zuordnungen • Indirekt proportionale Zuordnungen • Darstellung von indirekt proportionalen Zuordnungen auch in den Kapiteln „Erfassen und Auswerten von Daten" und „Anwendungen der Prozentrechnung"	6ff. 17ff. 20f. 28ff. 31ff. 99ff. 211ff.	im gesamten Kapitel „Funktionen" und vielfach im Kapitel „Lineare Funktionen und lineare Gleichungssysteme", z. B.: • Zuordnungen und Funktionen • Darstellen von Funktionen • Proportionale und antiproportionale Zuordnungen • Funktionen als mathematische Modelle • Anwendungen linearer Funktionen implizit auch an vielen Stellen des Kapitels „Zufallsversuche"	75 – 112; 195 – 201 76ff. 80ff. 89ff. 196f. 198ff. 113 – 144
– beschreiben proportionale und antiproportionale Zuordnungen sowohl sprachlich als auch mit Hilfe von Diagrammen und Tabellen. – unterscheiden proportionale und antiproportionale Zusammenhänge in Sachzusammenhängen und lösen Probleme. – wählen zur Berechnung proportionaler und antiproportionaler Zuordnungen geeignete Verfahren begründet aus (Tabelle, Dreisatz, Diagramm etc.). – führen einfache Rechnungen und Überschlagsrechnungen im Kopf durch. – prüfen Ergebnisse in Sachsituationen durch Schätzungen bzw. Überschlag.	• Proportionale Zuordnungen • Grafische Darstellung von proportionalen Zuordnungen • Dreisatz bei proportionalen Zuordnungen • Indirekt proportionale Zuordnungen • Darstellung von indirekt proportionalen Zuordnungen • Dreisatz bei indirekt proportionalen Zuordnungen • Verhältnisgleichung und Produktgleichung • Sachaufgaben	17ff. 20f. 24ff. 28ff. 31ff. 34f. 36f. 45ff.	• Proportionale und antiproportionale Zuordnungen • Anwendungen linearer Funktionen	89ff. 198ff.
– vergleichen die Aussagekraft tabellarischer und graphischer Darstellungen für proportionale und antiproportionale Zusammenhänge. – beschreiben die Eigenschaften von proportionalen und antiproportionalen Zuordnungen auch unter Verwendung der Quotienten- und Produktgleichheit. – wählen zur Darstellung proportionaler und antiproportionaler Zuordnungen im Koordinatensystem geeignete Einheiten aus.	• Proportionale Zuordnungen • Grafische Darstellung von proportionalen Zuordnungen • Dreisatz bei proportionalen Zuordnungen • Indirekt proportionale Zuordnungen • Darstellung von indirekt proportionalen Zuordnungen • Dreisatz bei indirekt proportionalen Zuordnungen • Verhältnisgleichung und Produktgleichung • Sachaufgaben	17ff. 20f. 24ff. 28ff. 31ff. 34f. 36f. 45ff.	• Proportionale und antiproportionale Zuordnungen • Anwendungen linearer Funktionen	89ff. 198ff.

– stellen Zuordnungsvorschriften mit Hilfe von Termen dar.	• Zuordnungen und im gesamten Kapitel „Zuordnungen und Proportionalität"	6ff.	• Zuordnungen und Funktionen • Darstellen von Funktionen • Funktionen als mathematische Modelle • Anwendungen linearer Funktionen	76ff. 80ff. 196f. 198ff.
– nutzen Verhältnisgleichungen zur Lösung von Problemen.	• Verhältnisgleichung und Produktgleichung • Grundaufgaben der Prozentrechnung • Sachaufgaben vielfach auch in den Kapiteln „Gleichungen und Ungleichungen", „Anwendungen der Prozentrechnung"	36f. 38ff. 45ff.	in vielen Sachaufgaben der Kapitel „Terme und Gleichungen", „Funktionen" und „Lineare Funktionen und lineare Gleichungssysteme"	
– lösen Sachaufgaben durch mehrfache Anwendung proportionaler und antiproportionaler Zuordnungen.	• Sachaufgaben	45ff.	• Anwendungen linearer Funktionen • Anwendungsaufgaben	198ff. 225ff.

Rahmenlehrplan	Mathematik *plus* 7	Seite	Mathematik *plus* 8	Seite
P8: Mit dem Zufall rechnen Die Schülerinnen und Schüler			Zufallsversuche	113–144
– verwenden die Begriffe: Ergebnis, Ereignis und Ergebnismenge zur Beschreibung von Zufallsexperimenten.			• Zufallsversuche und Ereignisse	116ff.
– beschreiben die wiederholte Durchführung einfacher Zufallsexperimente mit absoluter und relativer Häufigkeit.			• Zufallsversuche und Ereignisse • Häufigkeiten und Wahrscheinlichkeiten • Simulation mit Zufallszahlen	116ff. 122ff. 128ff.
– schätzen Wahrscheinlichkeiten durch Bestimmen relativer Häufigkeiten.			• Häufigkeiten und Wahrscheinlichkeiten • Simulation mit Zufallszahlen	122ff. 128ff.
– beschreiben einfache Zufallsexperimente durch die Angabe einer angemessenen Ergebnismenge.			• Zufallsversuche und Ereignisse • Häufigkeiten und Wahrscheinlichkeiten	116ff. 122ff.
– berechnen Laplace-Wahrscheinlichkeiten durch Abzählen der für das Ereignis günstigen Fälle und der insgesamt möglichen Fälle.			• Häufigkeiten und Wahrscheinlichkeiten • Mehrstufige Zufallsversuche und Baumdiagramme	116ff. 136ff.
– begründen die Annahme der Gleichwahrscheinlichkeit von Ergebnissen aufgrund von Symmetrien.			• Häufigkeiten und Wahrscheinlichkeiten • Simulation mit Zufallszahlen • Mehrstufige Zufallsversuche und Baumdiagramme	122ff. 128ff. 136ff.
– nutzen geeignete Modelle (z. B. Abzählbäume) zum Abzählen.			• Mehrstufige Zufallsversuche und Baumdiagramme	136ff.
– beschreiben Zufallsexperimente durch die Angabe einer der Problemstellung angemessenen Ergebnismenge.			• Zufallsversuche und Ereignisse • Häufigkeiten und Wahrscheinlichkeiten • Mehrstufige Zufallsversuche und Baumdiagramme	116ff. 122ff. 136ff.
– begründen das verwendete Abzählverfahren.			• Mehrstufige Zufallsversuche und Baumdiagramme	136ff.
– berechnen Laplace-Wahrscheinlichkeiten durch geschicktes Abzählen auf Grundlage des allgemeinen Zählprinzips.			• Mehrstufige Zufallsversuche und Baumdiagramme	136ff.

Bemerkung: Der Lehrplan sieht zwar die Behandlung einfacher mehrstufiger Zufallsexperimente noch nicht explizit vor, wegen des engen Zusammenhangs der allgemeinen Abzählverfahren mit den Baumdiagrammen zur Behandlung mehrstufiger Zufallsexperimente werden in Mathematik plus *die Abzählprinzipien trotzdem in diesem Kontext eingeführt. Für die Schüler werden die abstrakten Abzählverfahren dadurch besser motiviert.*

Rahmenlehrplan	Mathematik *plus* 7	Seite	Mathematik *plus* 8	Seite
P9: Reale Situationen mit lineare Modellen beschreiben Die Schülerinnen und Schüler	*Viele der hier auszubildenden Kompetenzen werden in der Klassenstufe 7 im Kapitel „Zuordnungen und Proportionalität" schon vorbereitet oder – in speziellerem Kontext – auch schon gezielt eingeübt.*		**Funktionen** **Lineare Funktionen und lineare Gleichungssysteme**	75 – 112 195 – 230
– lesen Parameter (Steigung, Ordinatenabschnitt) aus gegebenen Geraden ab.			• Lineare Funktionen • Eigenschaften linearer Funktionen	93ff. 97ff.
– beschreiben einfache Sachzusammenhänge durch lineare Gleichungssysteme ((2,2)-Systeme) und interpretieren diese graphisch.			• Lineare Gleichungen mit zwei Variablen • Lineare Gleichungssysteme mit zwei Variablen • Systeme linearer Ungleichungen • Anwendungsaufgaben	202ff. 206ff. 217ff. 225ff.
– zeichnen Geraden, die durch eine Wertetabelle oder zwei Punkte gegeben sind.	*siehe oben*		• Lineare Funktionen • Eigenschaften linearer Funktionen	93ff. 97ff.
– wandeln verschiedene Darstellungsformen (sprachlich, tabellarisch, graphisch) linearer Funktionen ineinander um.			• Proportionale und antiproportionale Zuordnungen • Lineare Funktionen • Eigenschaften linearer Funktionen als Grundlage dafür: • Zuordnungen und Funktionen • Darstellen von Funktionen	89ff. 93ff. 97ff. 76ff. 80ff.
– formen eine lineare Gleichung der Form $ax + by = c$ nach einer Variablen um.			• Lineare Gleichungen mit zwei Variablen auch in den Abschnitten • Lineare Funktionen • Eigenschaften linearer Funktionen • Systeme linearer Ungleichungen, beachte speziell auch Seite 227 Nr. 13	202ff. 93ff. 97ff. 217ff. 227
– nutzen lineare Funktionen und zeichnen Geraden zur Bearbeitung von Sachproblemen.	*siehe oben*		• Anwendungen linearer Funktionen • Anwendungsaufgaben Aufgaben dazu auch im Kapitel „Übungen und Anwendungen"	198ff. 225ff. 231ff.
– lösen lineare Gleichungssysteme ((2,2)-Systeme) inhaltlich, durch systematisches Probieren und graphisch. – lösen lineare Gleichungssysteme ((2,2)-Systeme) durch Anwendung eines rechnerischen Verfahrens.			• Lineare Gleichungssysteme mit zwei Variablen • Das Gleichsetzungs- und das Einsetzungsverfahren • Das Additionsverfahren • Systeme linearer Ungleichungen • Anwendungsaufgaben	206ff. 210ff. 214ff. 217ff. 225ff.
– stellen Sachkontexte durch lineare Gleichungssysteme dar und lösen sie.			• Lineare Gleichungssysteme mit zwei Variablen • Anwendungsaufgaben	206ff. 225ff.

– lesen Parameter (Steigung, Ordinatenabschnitt) aus gegebenen Geraden ab, auch wenn ein außermathematischer Kontext dargestellt ist.				• Lineare Funktionen • Eigenschaften linearer Funktionen • Funktionen als mathematische Modelle • Anwendungen linearer Funktionen	93ff. 97ff. 196f. 198ff.
– modellieren Sachkontexte („lineare Zusammenhänge") durch eine lineare Funktion.	*siehe oben*			• Funktionen als mathematische Modelle • Anwendungen linearer Funktionen	196f. 198ff.
– geben zu vorgegebenen Graphen linearer Funktionen Sachkontexte an, die mit diesen Funktionen beschrieben werden können.	*siehe oben*			Diese Übungsform kann prinzipiell allen Übungsaufgaben noch angefügt werden, in denen lineare Funktionen ohne Sachkontext gegeben sind. In Mathematik plus wird gelegentlich explizit dazu aufgefordert (z. B. S. 203 Nr. 7 oder S. 197 Nr. 7)	203 197
– zeichnen Geraden, die durch eine Funktionsgleichung gegeben sind, auch mittels Ordinatenabschnitt und Steigungsdreieck.				• Eigenschaften linearer Funktionen	97ff.
– untersuchen Fragen der Lösbarkeit von linearen Gleichungssystemen ((2,2)-Systemen).				• Lineare Gleichungssysteme mit zwei Variablen man beachte in diesem Abschnitt besonders den Wissenskasten auf Seite 208; zur Vorbereitung auch: • Lineare Gleichungen mit zwei Variablen beachte ferner besonders S. 215, Nr. 7	206ff. 208 202ff. 215
– modellieren Sachkontexte durch lineare Gleichungssysteme ((2,2)-Systeme), interpretieren die Lösungsmenge und beschreiben die Grenzen des Modells.				• Anwendungsaufgaben Die Frage nach den Grenzen solcher Modelle wird besonders deutlich bei der Frage nach den zulässigen Definitions- und Lösungsbereichen; sehr instruktiv dafür ist der Abschnitt • Systeme linearer Ungleichungen	225ff. 217ff.
– beschreiben Sachzusammenhänge durch stückweise lineare Funktionen.				• Eigenschaften linearer Funktionen	97ff. 105
– berechnen die Funktionsgleichung einer linearen Funktion aus zwei gegebenen Punkten.				• Eigenschaften linearer Funktionen	97ff. 102ff.
– lösen lineare Gleichungssysteme ((2,2)-Systeme) mit einem selbst ausgewählten Verfahren.				• Lineare Gleichungssysteme mit zwei Variablen • Das Gleichsetzungs- und das Einsetzungsverfahren • Das Additionsverfahren • Anwendungsaufgaben	206ff. 210ff. 214ff. 225ff.

181

Rahmenlehrplan	Mathematik *plus* 7	Seite	Mathematik *plus* 8	Seite
P10: Ebene Figuren und Körper schätzen, messen und berechnen Die Schülerinnen und Schüler			**Körper und Figuren**	145 – 194
– begründen Flächeninhaltsformeln (Dreieck, Parallelogramm, Trapez).	• Flächeninhalt von Dreiecken und Vierecken auch bereits Gegenstand der Klasse 6; siehe auch den Kommentar zu Modul P6	125ff.	zwei Seiten zur Wiederholung: • Flächeninhalt von Dreiecken, Vierecken und anderen ebenen Figuren	175f.
– ermitteln den Kreisumfang und den Flächeninhalt des Kreises durch Abmessen bzw. Auszählen.			• Ermittlung des Erdumfangs • Umfang von Kreisen • Flächeninhalt von Kreisen	146 147f. 149ff.
– entwerfen Netze von Prismen, Zylindern, Pyramiden und Kegeln.			• Netze von Prismen und Pyramiden • Kreiszylinder und Kreiskegel	164ff. 167ff.
– stellen Modelle von Prismen und Zylindern her.			in zahlreichen Aufgaben, z. B. S. 156 Nr. 9, S. 157 Nr. 12, S. 158 Nr. 14, S. 164 Nr. 4, S. 165 Nr. 7, S. 166 Nr. 9	156f. 158ff. 165f.
– ermitteln einen Näherungswert für π durch Messungen von Kreisumfängen und Kreisdurchmessern.			• Umfang von Kreisen • Flächeninhalt von Kreisen besonders Seite 147 Nr. 1 und 2; auch Seite 149 Nr. 2 • Zur Geschichte der Kreiszahl π	147f. 149ff. 152f.
– begründen die Formeln für das Volumen von geraden Prismen und geraden Kreiszylindern.			• Oberflächeninhalt und Volumen von Prismen insbesondere Wissenskasten auf S. 180 • Oberflächeninhalt und Volumen von Kreiszylindern	177ff. 180 184ff.
– schätzen Flächen- und Rauminhalte durch Vergleichen mit geeigneten Repräsentanten.			Aufforderung zur Schätzung und zum Vergleich der Schätzung mit dem Rechenergebnis in diversen Aufgaben, z. B. S. 182 Nr. 2 und 4	182
	Flächen- und Rauminhalte zunächst abzuschätzen ist – wie das Ausführen von Überschlagsrechnungen – eine wichtige Methode, die im Unterricht immer wieder eingesetzt werden sollte, auch bei Aufgaben, bei denen dieses Vorgehen nicht ausdrücklich gefordert wird.			
– wenden die Formeln zur Berechnung des Umfangs und des Flächeninhalts von Dreiecken, Trapezen, Drachenvierecken und Kreisen an.	• Flächeninhalt von Dreiecken und Vierecken	125ff.	• Flächeninhalt von Dreiecken, Vierecken und anderen ebenen Figuren • Oberflächeninhalt und Volumen von Prismen • Oberflächeninhalt und Volumen von Pyramiden • Flächeninhalt von Kreisen • Oberflächeninhalt und Volumen von Kreiszylindern • Darstellung und Berechnung zusammengesetzter Körper	175f. 177ff. 182f. 149ff. 184ff. 187ff.

– wenden die Formeln zur Berechnung des Volumens von Prisma und Zylinder an.				• Oberflächeninhalt und Volumen von Prismen • Oberflächeninhalt und Volumen von Kreiszylindern • Darstellung und Berechnung zusammengesetzter Körper	177ff. 184ff. 187ff.
– wählen Maßeinheiten der Messung entsprechend aus und runden Messergebnisse.				in zahlreichen Aufgaben des Kapitels „Körper und Figuren", insbesondere in allen Aufgaben des Kapitels, bei denen Maße aus maßstäblichen Darstellungen entnommen werden müssen	145 – 194
– ermitteln Flächeninhalte von ebenen Figuren in ihrem Umfeld auch durch Flächenzerlegung. – ermitteln Oberflächeninhalte von Quadern und geraden Kreiszylindern in ihrem Umfeld.				Die theoretischen Kenntnisse dazu werden in Mathematik plus vermittelt. Die Anregung, diese Kenntnisse im eigenen Umfeld anzuwenden wird dort auch gegeben.	
⊢ ⊢ – beschreiben Messfehler.				Viele der Sachaufgaben des Kapitels „Körper und Figuren" regen zur Durchführung ähnlicher Berechnungen an Gegenständen aus der eigenen Umgebung an; in solchem Zusammenhang ergibt sich dann die Diskussion von Messfehlern zwanglos. Sie ergibt sich insbesondere bei Aufgaben, bei denen Maße aus maßstäblichen Darstellungen entnommen werden müssen.	145 – 194
– ermitteln Oberflächeninhalte von regelmäßigen dreiseitigen Prismen in ihrem Umfeld.				• Oberflächeninhalt und Volumen von Prismen	177ff.
– ermitteln Oberflächen- und Rauminhalte von zusammengesetzten Körpern.				• Darstellung und Berechnung zusammengesetzter Körper	187ff.
⊢ ⊢ ⊢ – ermitteln Flächeninhalte von Vielecken durch Zerlegen und Ergänzen.	• Flächeninhalt von Dreiecken und Vierecken		125ff.	• Flächeninhalt von Dreiecken, Vierecken und anderen ebenen Figuren Flächenberechnung durch Ergänzen und Differenzbildung auch im Abschnitt • Flächeninhalt von Kreisen Diese Vorgehensweise tritt außerdem im Zusammenhang mit der Berechnung von Körperoberflächen auf; viele Aufgaben dazu im Kapitel „Körper und Figuren"	175f. 149ff. 177 – 194

Rahmenlehrplan	Mathematik *plus* 7	Seite	Mathematik *plus* 8	Seite
W1: Diskrete Strukturen in der Umwelt Die Schülerinnen und Schüler ⊢ – modellieren mit Graphen. – interpretieren Graphen als Realsituationen. – verwenden Matrizen zur symbolischen Darstellung von Graphen. – formulieren Algorithmen für Alltagstätigkeiten wie Anziehen, zur Schule gehen. – formulieren Probleme wie das Minimaler-aufspannender-Baum-Problem. – entwickeln zeichnerisch und mit Hilfe neuer Medien Algorithmen zur Lösung der Probleme. – finden einfache Formulierungen für ihre Algorithmen. – wenden die Algorithmen auf Beispiele an. ⊢ ⊢ – entdecken Grapheneigenschaften. – formalisieren eigene Algorithmen. – suchen Charakterisierungen für spezielle Graphen, z. B. Bäume. ⊢ ⊢ ⊢ – beweisen Grapheneigenschaften. – entwickeln detaillierte Schritt-für-Schritt-Anweisungen für die Algorithmen, auch mit Hilfe von Software. – begründen die Korrektheit ihrer Algorithmen.	*Zwei Bemerkungen zum Wahlbereich W1 7/8:* *1. Dieses hoch aktuelle, interessante und schöne Thema bildet zusammen mit dem Wahlbereich W1 9/10 einen kleinen Kompaktkurs zur Graphentheorie, der nach unserer Auffassung nicht angemessen in den „gewöhnlichen" Schulbüchern unterzubringen ist. Der Verlag beabsichtigt die Herausgabe eines Sonderheftes zu dem Thema, das voraussichtlich im Frühjahr 2008 erscheinen wird.* *2. Das Thema hängt eng mit der Programmierung mathematischer Algorithmen zusammen. Dieser Zusammenhang ist es gerade, der die Aktualität des Themas ausmacht. Ohne entsprechende Grundkenntnisse über Algorithmen und ihre Programmierung bliebe die Behandlung von Graphen und diskreten Strukturen daher unbefriedigend. Deshalb haben wir uns entschlossen, das Sonderthema „Programmierung mathematischer Algorithmen" ins Buch aufzunehmen.*		beachte zu dem gesamten Wahlthema W1 7/8: • Programmierung mathematischer Algorithmen	40ff.

Rahmenlehrplan	Mathematik *plus* 7	Seite	Mathematik *plus* 8	Seite
W2: Körper und Figuren darstellen und berechnen Die Schülerinnen und Schüler				
– vergleichen unterschiedliche Möglichkeiten geometrischer Grundkonstruktionen.	vielfältige Gelegenheit dazu in zahlreichen Aufgaben des Kapitels „Geometrie in der Ebene"	119 – 170	bezogen auf die Konstruktion von Körperdarstellungen wiederum vielfältige Gelegenheit im Kapitel „Körper und Figuren", dort besonders: • Darstellung von Prismen und Pyramiden durch Schrägbilder • Netze von Prismen und Pyramiden • Zweitafelbilder • Lesen einfacher technischer Zeichnungen	145 – 194 159ff. 164ff. 171ff. 190f.
– ermitteln Flächeninhalte durch Zerlegungen auch in selbstgewählte, nicht standardisierte Flächenmaße.	vielfältige Gelegenheit dazu in zahlreichen Aufgaben des Kapitels „Geometrie in der Ebene"	119 – 170	vielfältige Gelegenheit dazu in zahlreichen Aufgaben des Kapitels „Körper und Figuren"	145 – 194
– bauen Kantenmodelle und Körper aus unterschiedlichen selbstgewählten Materialien.			z. B. S. 156 Nr. 9; S. 157 Nr. 12, Nr. 13	156 157
– bauen Körper mit Hilfe von Abwicklungen.			• Netze von Prismen und Pyramiden	164ff.
– berechnen das Volumen von Körpern z. B. von Hohlkörpern durch Füllen mit Wasser oder Sand, oder von Vollkörpern durch Messen der Verdrängungsmasse im Wasser und durch ähnliche Verfahren.			Folgende Abschnitte enthalten viele Anregungen zu solchen Experimenten: • Oberflächeninhalt und Volumen von Prismen • Oberflächeninhalt und Volumen von Pyramiden • Oberflächeninhalt und Volumen von Kreiszylindern • Darstellung und Berechnung zusammengesetzter Körper siehe auch besonders S. 183 Nr. 7	 177ff. 182f. 184ff. 187ff. 183
– konstruieren räumliche Darstellungen und vergleichen mindestens zwei unterschiedliche Darstellungsweisen auf ihre Aussagekraft.			• Darstellung von Prismen und Pyramiden durch Schrägbilder • Netze von Prismen und Pyramiden • Zweitafelbilder • Lesen einfacher technischer Zeichnungen	159ff. 164ff. 171ff. 190f.
– optimieren die Materialnutzung beim Bauen von Körpern durch die Nutzung unterschiedlicher Abwicklungen.			• Netze von Prismen und Pyramiden • Darstellung und Berechnung zusammengesetzter Körper (besonders etwa S. 188 Nr. 8)	164ff. 187ff. 188

Rahmenlehrplan	Mathematik *plus* 7	Seite	Mathematik *plus* 8	Seite
W3: Geometrische Abbildungen und Symmetrie Die Schülerinnen und Schüler	*Einen guten Ausgangspunkt, die Inhalte des Wahlmoduls W3 aufzugreifen und in unterschiedlichsten Situationen auszuführen, bieten die Themenseiten* • **Unterhaltsame Geometrie**	242 – 246		
┝ – beschreiben Achsen-, Dreh- und Punktsymmetrie an Figuren und überprüfen sie – auch durch Falten und Drehen. – stellen symmetrische Figuren her – auch durch Ausschneiden, Falten, Drehen, Abzählen von Gitterpunkten. – konstruieren Ähnlichkeitsabbildungen einfacher Figuren durch Achsenspiegelung, Punktspiegelung und Drehung. – führen mit Figuren Parallelverschiebungen durch – auch durch Herstellung von Schablonen. – vervollständigen Parkettierungen und entwerfen Parkettierungen. ┝ ┝ – erarbeiten die Konstruktionsvorschriften für die Spiegelung, Punktspiegelung und Drehung und wenden sie bei Konstruktionen an. – erarbeiten die Konstruktionsvorschriften für die Parallelverschiebung und wenden sie bei Konstruktionen an. ┝ ┝ ┝ – führen die Abbildungen Spiegelung, Punktspiegelung und Parallelverschiebung im Koordinatensystem durch.	Die theoretischen Kenntnisse für die hier aufgeführten Tätigkeiten und Untersuchungen sind großenteils bereits aus Klasse 6 bekannt; in recht komprimierter Form enthalten sind sie außerdem in dem Abschnitt • Verschiebungen, Spiegelungen und Drehungen – Symmetrie von Figuren	128ff.		

Rahmenlehrplan	Mathematik *plus* 7	Seite	Mathematik *plus* 8	Seite
W4: Geometrisches Begründen und Beweisen	**Geometrie in der Ebene**	119 – 170		
	Einige allgemeine Betrachtungen über die Struktur von mathematischen Sätzen, über Beweisprinzipien und über sinnvolle und zweckmäßige Definitionen enthält der Abschnitt „Definitionen, Sätze und Beweise". Es wird dort versucht, durch Bezug auf alltägliche Situationen und Formulierungen auf unterhaltsame, amüsante Art ein Grundverständnis für die mathematische Sprache und für die Notwendigkeit von Begründungen und Beweisen zu wecken, bevor diese Dinge in den folgenden Abschnitten anhand konkreter geometrischer Sätze zur Anwendung kommen. Die meisten für W4 vom Lehrplan vorgeschlagenen Beweise und Konstruktionen kommen in den Aufgaben des Kapitels explizit vor.			
Die Schülerinnen und Schüler				
⊢⊢ – begründen den Umfangswinkelsatz und den Mittelpunktswinkelsatz.	• Winkel am Kreis insbesondere S. 161 und S. 162	159ff.		
– begründen den Satz über die Außenwinkel im Dreieck.				
– begründen die Aussagen über die Umkehrbarkeit der Winkelsätze an geschnittenen Parallelen.				
– konstruieren den Inkreis- und den Umkreismittelpunkt eines Dreiecks.	• Umkreis von Dreieck und Viereck • Inkreis von Dreieck und Viereck	151ff. 156ff.		
– konstruieren Tangenten an einen Kreis.	• Der Satz des Thales	164ff.		
– begründen die Tangentenkonstruktionen.	• Der Satz des Thales	164ff.		
⊢⊢⊢ – begründen, dass die Mittelparallele im Dreieck halb so lang wie die Grundseite ist.				
– begründen, dass alle Seitenhalbierenden eines Dreiecks durch einen Punkt („Schwerpunkt") verlaufen.				
– begründen den Satz über den Inkreis- und den Umkreismittelpunkt eines Dreiecks.	• Umkreis von Dreieck und Viereck • Inkreis von Dreieck und Viereck	151ff. 156ff.		
– begründen den Satz über die Winkelsumme im n-Eck.				

Das tägliche Brot
Mathematikaufgaben selbst entwickeln

Aufgaben sind das tägliche Brot des Mathematikunterrichts ...
Aus der Erkenntnis, dass auch die besten Mathematikbücher und -sammlungen nie genügend passendes Material bieten, entstand diese kompetente Anleitung zur Eigeninitiative: *Mathematikaufgaben selbst entwickeln.*

Von der Frage ausgehend **Was ist eine „gute Aufgabe"?** entfalten die Autoren an praxisnahen Beispielen
- Kriterien für gute Mathematikaufgaben
- Aufgaben zum Entdecken, Üben, Diagnostizieren
- Aufgaben für das Modellieren, Problemlösen und Argumentieren sowie
- Checklisten für die Konstruktion, für den Einsatz und die Bewertung von Aufgaben.

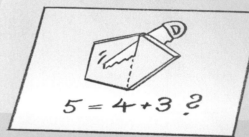

Andreas Büchter, Timo Leuders
Mathematikaufgaben selbst entwickeln
208 Seiten
[Best.-Nr. 221224]
978-**3-589-22122-6**

Den aktuellen Preis finden Sie im Internet unter **www.cornelsen-shop.de**

Cornelsen Verlag • 14328 Berlin
www.cornelsen.de

Willkommen in der Welt des Lernens

Wegweiser für die Praxis
Mit handfesten Tipps und Hilfen für Ihre Mathematikstunden

Bildungsstandards sind im Fach Mathematik für den Mittleren Bildungsabschluss bzw. den Hauptschulabschluss verbindlich in allen Ländern eingeführt.

Der Band illustriert die Standards durch ein breites Spektrum von Aufgaben und gibt Anregungen für deren Umsetzung im Unterricht wie auch in der Fortbildung. Die Aufgaben wurden von Lehrkräften aus allen Bundesländern unter wissenschaftlicher Begleitung entwickelt und in der Schulpraxis erprobt.

Die Begleit-CD-ROM enthält sämtliche Aufgaben und exemplarische Schülerlösungen. Eine Datenbank verhilft dazu, die Aufgaben gezielt nach Kompetenzen, Leitideen, Klassenstufen und Anforderungsbereichen zu filtern.

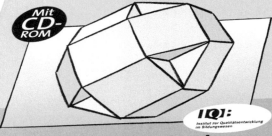

Werner Blum u. a. (Hrsg.)
Bildungsstandards Mathematik: konkret
240 Seiten, mit CD-ROM
[Best.-Nr. 223219]
978-3-589-22321-3

Den aktuellen Preis finden Sie im Internet unter www.cornelsen-shop.de

Cornelsen Verlag • 14328 Berlin
www.cornelsen.de

Willkommen in der Welt des Lernens